普通高等教育工程造价类专业"十二五"系列规划教材

建 筑 力 学

主　编　王秀丽
副主编　张晓丽
参　编　冉令刚　张　琳
主　审　邹　坦

机械工业出版社

本书是普通高等教育工程造价类专业"十二五"系列规划教材。作为工程造价类专业的力学教材，本书围绕土木工程的力学问题，提炼整理了理论力学、材料力学和结构力学的核心内容，并充分考虑这三门课程的内在联系，将它们有机地融为一个整体。

全书共分 13 章：绪论、平面力系的合成与平衡、截面的几何性质、轴向拉伸与压缩、剪切与扭转、平面弯曲梁、杆件在组合变形下的强度计算、结构体系的几何组成分析、静定结构的内力分析、静定结构的位移计算、力法计算超静定结构、位移法与力矩分配法、压杆稳定。

本书旨在为工程造价类专业的学生提供一部和建筑结构密切相关的基础力学教材，在保证教学体系完整的前提下，力求简明通俗，因此，本书可作为高等院校工程造价、工程管理、建筑学、城市规划等专业的建筑力学教材，也可作为土建类工程技术人员的参考用书。

图书在版编目（CIP）数据

建筑力学/王秀丽主编. —北京：机械工业出版社，2014.8（2017.11 重印）
普通高等教育工程造价类专业"十二五"系列规划教材
ISBN 978-7-111-47550-7

Ⅰ.①建…　Ⅱ.①王…　Ⅲ.①建筑科学 – 力学 – 高等职业教育 – 教材
Ⅳ.①TU311

中国版本图书馆 CIP 数据核字（2014）第 170016 号

机械工业出版社（北京市百万庄大街 22 号　邮政编码 100037）
策划编辑：刘　涛　责任编辑：刘　涛　李　乐　姜　凤
版式设计：霍永明　责任校对：陈立辉
封面设计：马精明　责任印制：李　洋
北京天时彩色印刷有限公司印刷
2017 年 11 月第 1 版第 2 次印刷
169mm×239mm·17.75 印张·327 千字
标准书号：ISBN 978-7-111-47550-7
定价：32.00 元

序　一

1996 年，原建设部和人事部联合发布了《造价工程师执业资格制度暂行规定》，工程造价行业期盼多年的造价工程师执业资格制度和工程造价咨询制度在我国正式建立。该制度实施以来，我国工程造价行业取得了三个方面的主要成就：

一是形成了独立执业的工程造价咨询产业。通过住房和城乡建设部标准定额司和中国建设工程造价管理协会（以下称中价协），以及行业同仁的共同努力，造价工程师执业资格制度和工程造价咨询制度得以顺利实施，目前，我国已拥有注册造价工程师近 11 万人，甲级工程造价咨询企业 1923 家，年产值近 300 亿元，进而形成了一个社会广泛认同独立执业的工程造价咨询产业。该产业的形成不仅为工程建设事业作出了重要的贡献，也使工程造价专业人员的地位得到了显著提高。

二是工程造价管理的业务范围得到了较大的拓展。通过大家的努力，工程造价专业从传统的工程计价发展为工程造价管理，该管理贯穿于建设项目的全过程、全要素，甚至项目的全寿命周期。造价工程师的地位之所以得以迅速提高就在于我们的业务范围没有仅仅停留在传统的工程计价上，而是与我们提出的建设项目全过程、全要素和全寿命周期管理理念得到很好的贯彻分不开的。目前，部分工程造价咨询企业已经通过他们的工作成就，得到了业主的充分肯定，在工程建设中发挥着工程管理的核心作用。

三是通过推行工程量清单计价制度实现了建设产品价格属性从政府指导价向市场调节价的过渡。计划经济体制下实行的是预算定额计价，显然其价格的属性就是政府定价；在计划经济向市场经济过渡阶段，仍然沿用预算定额计价，同时提出了"固定量、指导价、竞争费"的计价指导原则，其价格的属性具有政府指导价的显著特征。2003 年《建设工程工程量清单计价规范》实施后，我们推行工程量清单计价方式，该计价方式不仅是计价模式形式上的改变，更重要的是通过"企业自主报价"改变了建设产品的价格属性，它标志着我们成功地实现了建设产品价格属性从政府指导价向市场调节价的过渡。

尽管取得了具有划时代意义的成就，但是，必须清醒地看到我们的主要业务范围还是相对单一、狭小，具有系统管理理论和技能的工程造价专业人才仍很匮乏，学历教育的知识体系还不能适应行业发展的要求，传统的工程造价管理体系部分已经不能适应构建适应我国法律框架和业务发展要求的工程造价管理的发展要求。这就要求我们重新审视工程造价管理的内涵和任务、工程造价行业发展战略和工程造价管理体系等核心问题。就上述三个问题笔者认识：

1. 工程造价管理的内涵和任务。工程造价管理是建设工程项目管理的重要组成部分，它是以建设工程技术为基础，综合运用管理学、经济学和相关的法律知识与技能，为建设项目的工程造价的确定、建设方案的比选和优化、投资控制与管理提供智力服务。工程造价管理的任务是依据国家有关法律、法规和建设行政主管部门的有关规定，对建设工程实施以工程造价管理为核心的全面项目管理，重点做好工程造价的确定与控制，建设方案的优化，投资风险的控制，进而缩小投资偏差，以满足建设项目投资期望的实现。工程造价管理应以工程造价的相关合同管理为前提，以事前控制为重点，以准确工程计量与计价为基础，并通过优化设计、风险控制和现代信息技术等手段，实现工程造价控制的整体目标。

2. 工程造价行业发展战略。一是在工程造价的形成机制方面，要建立和完善具有中国特色的"法律规范秩序，企业自主报价，市场形成价格，监管行之有效"工程价格的形成机制。二是在工程造价管理体系方面，构建以工程造价管理法律、法规为前提，以工程造价管理标准和工程计价定额为核心，以工程计价信息为支撑的工程造价管理体系。三是在工程造价咨询业发展方面，要在"加强政府的指导与监督，完善行业的自律管理，促进市场的规范与竞争，实现企业的公正与诚信"的原则下，鼓励工程造价咨询行业"做大做强，做专做精"，促进工程造价咨询业可持续发展。

3. 工程造价管理体系。工程造价管理体系是指建设工程造价管理的法律法规、标准、定额、信息等相互联系且可以科学划分的整体。制订和完善我国工程造价管理体系的目的是指导我国工程造价管理法制建设和制度设计，依法进行建设项目的工程造价管理与监督。规范建设项目投资估算、设计概算、工程量清单、招标控制价和工程结算等各类工程计价文件的编制。明确各类工程造价相关法律、法规、标准、定额、信息的作用、表现形式以及体系框架，避免各类工程计价依据之间不协调、不配套、甚至互相重复和矛盾的现象。最终通过建立我国工程造价管理体系，提高我国建设工程造价管理的水平，打造具有中国特色和国际影响力的工程造价管理体系。工程造价管理体系的总体架构应围绕四个部分进行完善，即工程造价管理的法规体系，工程造价管理标准体系，工程计价定额体系，以及工程计价信息体系。前两项是以工程造价管理为目的，需要法规和行政授权加以支撑，要将过去以红头文件形式发布的规定、方法、规则等以法规和标准的形式加以表现；后两项是服务于微观的工程计价业务，应由国家或地方授权的专业机构进行编制和管理，作为政府服务的内容。

我国从 1996 年才开始实施造价工程师执业资格制度，至今不过十几年的时间。天津理工大学在全国率先开设工程造价本科专业，2003 年才获得教育部的批准。但是，工程造价专业的发展已经取得了实质性的进展，工程造价业务从传统概预算计价业务发展到工程造价管理。尽管如此，目前，我国的工程造价管理体系还不够完善，专业发展正在建设和变革之中，这就急需构建具有中国特色的工程造价管理体系，并积极把有关内容贯彻到学历教育和继续教育中。2010 年 4月，本人参加了 2010 年度"全国普通高等院校工程造价专业协作组会议"，会上通过了尹贻林教授提出的成立"普通高等院校工程造价专业'十二五'系列规划教材"编审委员会的议题。本人认为，这是工程造价专业发展的一件大好事，也是工程造价专业发展的一项重要基础工作。该套系列教材是在中价协下达的"造价工程师知识结构和能力标准"的课题研究基础上规划的，符合中价协对工程造价知识结构的基本要求，可以作为普通高等院校工程造价专业或工程管理专业（工程造价方向）的本科教材。2011 年 4 月中价协在天津召开了理事长会议，会议决定在部分普通高等院校工程造价专业或工程管理专业（工程造价方向）试点，推行双证书（即毕业证书和造价员证书）制度，我想该系列教材将成为对认证院校评估标准中课程设置的重要参考。

该套教材体系完善，科目齐全，笔者虽未能逐一拜读各位老师的新作，进而加以评论，但是，我确信这将又是一个良好的开端，它将打造一个工程造价专业本科学历教育的完整结构，故笔者应尹贻林教授和机械工业出版社的要求，还是欣然命笔，写了一下对工程造价专业发展的一些个人看法，勉为其序。

中国建设工程造价管理协会　秘书长

吴佐民

序　二

进入 21 世纪，我国高等教育界逐渐承认了工程造价专业的地位。这是出自以下考虑：首先，我国三十余年改革开放的过程主要是靠固定资产投资拉动经济的迅猛增长，导致对计量计价和进行投资控制的工程造价人员的巨大需求，客观上需要在高校中办一个相应的本科专业来满足这种需求；其次，高等教育界的专家、领导也逐渐意识到一味追求宽口径的通才培养不能适用于所有高等教育形式，开始分化，即重点大学着重加强对学生培养的人力资源投资通用性的投入以追求"一流"，而对于更大多数的一般大学则着力加强对学生的人力资源投资专用性的投入以形成特色。工程造价专业则较好地体现了这种专用性，是一个活跃而精准满足了上述要求的小型专业。第三，大学也需要有一个不断创新的培养模式，既不能泥古不化，也不能随市场需求而频繁转变。达成上述共识后，高等教育界开始容忍一些需求大，但适应面较窄的专业。在近十年的办学历程中，工程造价专业周围逐渐聚拢了一个学术共同体，以"普通高校工程造价专业教学协作组"的形式存在着，每年开一次会议，共同商讨在教学和专业建设中遇到的难题，目前已有近三十所高校的专业负责人参加了这个学术共同体，日显人气旺盛。

在这个学术共同体中，大家都认识到，各高校应因地制宜，创出自己的培养特色。但也要有一些核心课程来维系这个专业的正统和根基。我们把这个根基定为与大学生的基本能力和核心能力相适应的课程体系。培养学生基本能力是各高校基础课程应完成的任务，对应一些公共基础理论课程；而核心能力则是今后工程造价专业适应行业要求的培养目标，对应一些各高校自行设置各有特色的工程造价核心专业课程。这两类能力和其对应的课程各校均已达成共识，从而形成了这套"普通高等教育工程造价类专业'十二五'系列规划教材"。以后的任务则是要在发展能力这个层次上设置各校特色各异又有一定共识的课程和教材，从英国工程造价（QS）专业的经验看，这类用于培养学生的发展能力的课程或教材至少应该有项目融资及财务规划、价值管理与设计方案优化、LCC 及设施管理等。那将是我们协作组在"十二五"中后期的任务，可能要到"十三五"才能实现。

那么，高等教育工程造价专业的培养对象，即我们的学生应如何看待并使用这套教材呢，我想，学生应首先从工程造价专业的能力标准体系入手真正了解自己为适应工程造价咨询行业或业主方、承包商方工程计量计价及投资控制的需要而应当具备的三个能力层次体系，即成为工程造价专业人士必须掌握的基本能力、核心能力、发展能力入手，了解为适应这三类能力的培养而设置的课程，并检查自己的学习是否掌握了这几种能力。如此循环往复，与教师及各高校的教学计划互动，才能实现所谓的"教学相长"。

工程造价专业从一代宗师徐大图教授在天津大学开设的专科专业并在技术经济专业植入工程造价方向以来，在21世纪初由天津理工大学率先获教育部批准正式开设目录外专业，到本次教育部调整高校专业目录获得全国管理科学与工程学科教学指导委员会全体委员投票赞成保留，历时二十余载，已日臻成熟。期间徐大图教授创立的工程造价管理理论体系至今仍为后人沿袭，而后十余年间又经天津理工大学公共项目及工程造价研究所研究团队及开设工程造价专业的近三十所高校同行共同努力，已形成坚实的教学体系及理论基础，在工程造价这个学术共同体中聚集了国家教学名师、国家精品课、国家级优秀教学团队、国家级特色专业、国家级优秀教学成果等一系列国家教学质量工程中的顶级成果，对我国工程造价咨询业和建筑业的发展形成强烈支持，贡献了自己的力量，得到了高等工程教育界的认同也获得世界同行们的瞩目。可以想见经过"十二五"的进一步规划和建设，我国高等工程造价专业教育必将赶超世界先进水平。

天津理工大学公共项目与工程造价研究所（IPPCE）所长

尹贻林　博士　教授

前　　言

本书是根据普通高等学校工程造价、工程管理等专业的特点编写而成的，根据力学知识自身内在的联系，将理论力学、材料力学、结构力学三门课程融会贯通形成新的建筑力学体系。全书讲述了静力学基础，静定、超静定结构的内力计算，构件的强度、刚度、稳定性问题等内容。本书注重三门力学的理论严谨性、逻辑推理的清晰性以及相关知识的连贯性。

本书在内容方面尽量做到精简扼要，由浅入深，联系工程实际，理论叙述清楚、概念明确，克服不必要的重复，防止脱节，节省学时；在文字方面尽量做到通俗易懂，便于自学。本书可作为高等院校工程造价、工程管理、建筑学、城市规划等专业的建筑力学教材，也可作为土建类工程技术人员的参考用书。本书讲授学时为80，采用本书时，可根据各专业的不同要求，对内容酌情取舍。

参加本书编写的有江西理工大学王秀丽（第二、三、四、五、六、七、九章）、山东建筑大学张晓丽（第一、十、十一、十二章）、山东建筑大学张琳（第八章）、重庆文理学院冉令刚（第十三章）。全书由王秀丽统稿，邹坦教授主审。本书在编写过程中得到了研究生张祖平及李展鹏在绘图方面的大力帮助，同时得到了教研室其他同事的热心关注，谨此一并致谢。

由于编者的水平及时间所限，书中难免有不妥或错误之处，衷心希望使用本书的读者和教师提出宝贵意见，从而使本书得到完善和充实。

编者

目　　录

第一章 绪 论

第一节 建筑力学的任务和内容

一、建筑力学的任务

建筑力学是将理论力学中的静力学、材料力学、结构力学课程中的主要内容，依据知识自身的内在连续性和相关性，重新组织形成的知识体系。建筑力学的任务是研究能使建筑结构安全、正常地工作且符合经济要求的理论和计算方法。例如，在荷载作用下，建筑结构和构件会引起周围物体对它们的反作用，同时构件本身也将产生变形，并且存在着发生破坏的可能性。但结构本身具有一定的抵抗变形和破坏的能力，而这些能力的大小与构件的材料性质、截面的几何尺寸及形状、受力性质、工作条件和构造情况等有关。在结构设计中，如果构件的承载力设计得过小，则结构将不安全；而构件的承载能力设计得过大，则需要多用材料，造成浪费。因此，建筑力学的主要任务是讨论和研究建筑结构及构件在荷载或其他因素作用下的工作状况及设计问题。

二、建筑力学的主要内容

建筑力学的内容包括以下部分：

1）静力学基础研究物体的受力分析、力系的简化与平衡及杆系结构的组成规律等。

2）内力分析研究静定结构和构件的内力计算方法及其分布规律。

3）强度、刚度和稳定性问题。

强度是指材料或构件抵抗破坏的能力。在一定荷载作用下，如果构件的尺寸、材料的性能与所受的荷载不相适应，构件就要发生破坏。例如，框架梁截面过小，荷载较大就会因抗弯能力不足而断裂，造成工程事故。强度问题是研究满足强度要求的计算理论与方法，解决强度问题的关键是作构件的应力分析。

刚度是指材料或构件抵抗变形的能力。任何物体在外力的作用下，都会产生不同程度的变形，过大的变形会影响构件的正常工作。例如，楼面梁在荷载作用下产生的变形过大，下面的抹灰层就会开裂、脱落。刚度问题是研究结构或构件满足刚度要求的计算理论与方法，解决刚度问题的关键是求结构或构件的变形。

稳定性是指结构或构件的原有形状保持稳定平衡的能力。比较细长的中心受压杆，当压力超过某一定值时，杆就不能保持直线状态，会突然从原来的直线形状变成曲线形状，改变它原来的受压状态而发生破坏，这种现象称为失稳。例如，承重柱过细、过高，就可能由于柱失稳而导致房屋的突然倒塌。

4）超静定结构问题。超静定结构在工程中广泛采用，仅应用静力平衡方程不能完全确定超静定结构的支座反力及内力，必须考虑结构的变形条件，从而获得补充方程才能求解。因此，求静定结构的变形是研究超静定结构问题的基础。

第二节　荷载的分类

实际的建筑工程结构由于其作用和工作条件的不同，作用在它们上面的力是多种多样的。在建筑力学中，我们把作用在物体上的力一般分为两种：一种是使物体运动或使物体有运动趋势的主动力；另一种是阻碍物体运动的约束力。

通常把作用在结构上的主动力称为荷载，而把约束力称为反力。它们都是其他物体作用在结构上的力，所以又统称为外力。在外力作用下，结构内各部分之间产生的作用力称为内力。结构的强度和刚度问题，都直接与内力有关，而内力又是由外力所引起和确定的。在结构设计中，首先要分析和计算作用在结构上的外力，然后进一步计算结构中的内力。因此，确定结构所受的荷载，是进行结构受力分析的前提，必须慎重对待。如果将荷载估计过大，则设计的结构尺寸将偏大，造成浪费；如果将荷载估计过小，则设计的结构不够安全。

在工程实际中，结构受到的荷载是多种多样的，为了便于分析，按荷载作用在结构上的分布情况分为分布荷载和集中荷载。

分布荷载是指分布作用在体积、面积和线段上的荷载，分别称为体荷载、面荷载和线荷载。例如，重力属于体荷载，风、雪的压力属于面荷载。因建筑力学研究由杆系组成的结构，故将杆件所受的分布荷载视为线荷载。例如，梁的自重表示每米长度的重力，单位是 N/m 或 kN/m。

作用在结构上的荷载一般总是分布在一定的面积上，当分布面积远小于结构的尺寸时，则可认为荷载是作用在结构的一点上，称为集中荷载。例如，起重机的轮子对起重机梁的压力、屋架传给柱子或墙的压力，都可以认为是集中荷载，其单位一般用 N 或 kN 表示。

第三节 约束及约束力

物体可分为自由体和非自由体。自由体可自由移动，不受其他任何物体的限制。非自由体不能自由移动，其某些位移受到其他物体的限制而不能发生。结构的各构件是非自由体，它受其他构件的制约，不能自由移动。限制非自由体位移的其他物体称为非自由体的约束，约束对非自由体的作用力称为约束力，约束力的方向总是与它所限制的位移方向相反。

工程物体之间的约束形式是复杂多样的，为了便于分析和计算，需要对约束进行简化，得到一些理想化的约束形式。本节所讨论的正是这些理想化的约束，它们在力学分析和结构设计中被广泛采用。

（1）**柔索约束** 柔索约束由软绳、链条等构成。柔索只能承受拉力，只能限制物体在绳索受拉方向的位移。所以，**柔索的约束力通过接触点，沿柔索而背离物体**。如图 1-1 所示。

（2）**光滑面约束** 光滑面约束是由两个物体光滑接触所构成。两物体可以沿光滑面相对滑动，但沿接触面法线且指向接触面的位移受限。所以，**光滑面的约束力作用于接触点，沿接触面的法线且指向物体**。如图 1-2 所示。

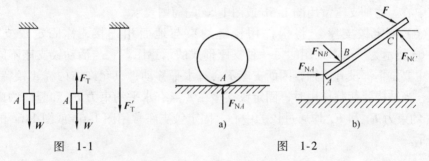

图 1-1   图 1-2

（3）**光滑铰链约束** 铰链约束是连接两个构件的常见约束形式。铰链约束可以这样构成：在 A 和 B 两个物体上各做一个大小相同的圆孔，用光滑圆柱销钉 C 插入两物体的圆孔中，如图 1-3a 所示。这种约束可简化为图 1-3b。根据构造情况其约束功能是：两物体的铰接处允许有相对转动，不允许有相对线位移发生。相对线位移可分解为两个相互垂直的分量，与之对应，**铰链约束有两个相互垂直的约束力**，如图 1-3c 所示。

（4）**链杆约束** 链杆是两端用光滑铰链与其他物体连接，不计自重且中间不受力作用的刚杆，如图 1-4a 所示。链杆只在两铰链处受力，因此又称二力杆。链杆既可受拉也可受压，处于平衡状态时，链杆所受的两个力大小相等、方向相反并作用在两个铰链中心的连线上，如图 1-4b 所示。**链杆对它所约束的物体的约束力必定沿两铰链中心的连线作用在物体上**，如图 1-4c 所示。

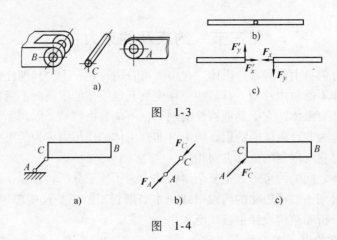

图 1-3

图 1-4

（5）活动铰支座　将构件用铰链约束连接在支座上，支座用滚轴支承在光滑面上，这样的约束称活动铰支座。图 1-5a 所示为桥梁中常被采用的活动铰支座示意图。这种活动铰支座既允许结构绕铰 A 转动，又允许结构通过滚轴沿着支座垫板沿水平方向移动，但是限制 A 点沿支承面的法线方向移动。当结构受到荷载作用时，活动铰支座只有垂直于支承面的法向约束力 F_{Ay}，约束力 F_{Ay} 通过铰中心。这种支座常用图 1-5b 或图 1-5c 的简图表示。

（6）固定铰支座　将构件用铰链约束与地面相连接，称固定铰支座。图 1-6a 所示为桥梁中采用的另一种支座形式的示意图。它与活动铰支座不同之处，主要是下部没有滚轴，因而支座不会有水平移动，只允许结构绕 A 铰转动。因此，当结构受荷载作用时，固定铰支座在 A 点有水平约束力 F_{Ax} 和竖向约束力 F_{Ay}，约束力 F_{Ax} 和 F_{Ay} 均通过铰的中心。固定铰支座常用图 1-6b 或图 1-6c 的简图表示。

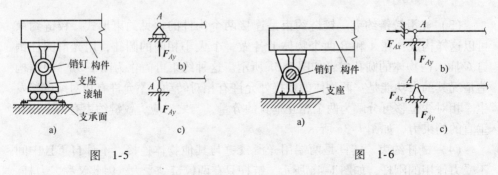

图 1-5　　　　　　　　　图 1-6

（7）固定支座　如图 1-7a 所示，杆 AB 的 A 端被牢固的固定，使杆件在 A 端既不能发生移动也不能发生转动，这种约束称固定端约束或固定支座。固定支座的约束力是两个相互垂直的分力 F_{Ax} 和 F_{Ay}，以及一个力偶 M_A。约束力对被约

束物体限制移动位移，约束力偶对被约束物体限制转动位移，常用图 1-7b 简图
表示。

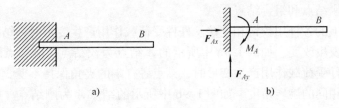

a)   b)

图 1-7

（8）定向支座 图 1-8a 所示的支
座形式只允许结构沿滚轴滚动的方向
移动，而不能发生竖向移动和转动，
称为定向支座。定向支座的约束力简
化为垂直于滚动方向的约束力 F_{Ay} 以及
约束力偶 M_A，常用图 1-8b 简图表示。

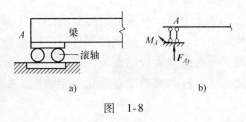

a)   b)

图 1-8

第四节 结构计算简图

一、结构计算简图

在实际工程中，建筑物的结构、构造以及作用的荷载，往往是比较复杂的。
结构设计时，若完全严格地按照结构的实际情况进行力学分析，会使问题非常复
杂甚至是不可能的，也是不必要的。因此，在对实际结构进行力学分析时，有必
要采用简化的图形来代替实际的结构，这种简化了的图形称为结构的计算简图。

由于在建筑力学中，我们是以计算简图作为力学计算的主要对象。因此，在
结构设计中，如果计算简图取错了，就会出现设计差错，甚至造成严重的工程事
故。所以，合理地选取计算简图是一项十分重要的工作，必须引起足够的重视。

在选取结构的计算简图时，一般来说，应遵循以下两个原则：

1）既要忽略次要因素，又要尽可能地反映结构的主要受力情况；

2）使计算工作尽量简化，而计算结果又要有足够的精确性。

在上述两个原则的前提下，对实际结构主要从以下三个方面进行简化。

1. 杆件及杆与杆之间的连接构造的简化

由于杆件的截面尺寸通常比杆件的长度小得多，在计算简图中，杆件用其纵
轴线来表示。例如，梁、柱等构件的纵轴线为直线，就用相应的直线来表示；曲
杆的纵轴线为曲线，则用相应的曲线来表示。

在结构中，杆件与杆件相连接处称为结点。尽管各杆之间连接的形式有各种各样，特别是材料不同，连接的方式就有很大的差异，但在计算简图中，常简化为铰结点、刚结点和组合结点。

铰结点上的各杆用铰链相连接。杆件受荷载作用产生变形时，结点上各杆端部的夹角会发生改变，如图 1-9a 中所示的 A 结点为铰结点。**刚结点**的各杆件刚性连接。杆件受荷载作用产生变形时，结点各杆端的夹角保持不变，即各杆的刚接端都有一相同的旋转角度，如图 1-9b 中所示的结点 A 为刚结点。如果结点上的一些杆用铰连接，而另一些杆用刚性连接，这种结点叫做组合结点，如图 1-9c、d 所示。

如图 1-10a 中所示的屋架端部和柱顶设置有预埋钢板，将钢板焊接在一起，构成结点。由于屋架端部和柱顶之间不能发生相对位移，但可发生微小的相对转动，故可简化为铰结点，如图 1-10b 所示。图 1-10c 所示为钢筋混凝土框架中间层结点，柱和梁的结点简化为刚结点，如图 1-10d 所示。

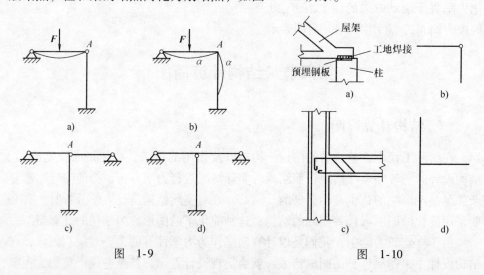

图　1-9　　　　　　　　　　　图　1-10

2. 支座的简化

前面介绍的固定铰支座、活动铰支座、固定支座等都是理想支座，这些理想的支座在土建工程中很难遇到。设计中，需要根据实际结构支座的构造和约束情况进行简化。

图 1-11 所示的预制钢筋混凝土柱置于杯形基础中，如果杯口四周用细石混凝土填实（图 1-11a），柱端被坚实的固定，其约束功能基本上与固定

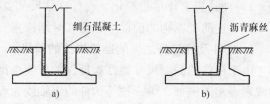

图　1-11

支座相符，则简化为固定支座。如果杯口四周填入沥青麻丝（图1-11b），柱端可发生微小转动，其约束功能基本上与固定铰支座相符，则简化为固定铰支座。

3. 荷载的简化

关于荷载的简化已在前面讨论过，实际结构受到的荷载，一般是作用在构件内各处的体荷载（如自重），以及作用在某一面积上的面荷载（如风压力）。在结构计算简图中，把它们简化到作用在构件纵轴线上的线荷载、集中荷载和力偶。

二、平面杆系结构的分类

由前述可知，建筑力学研究的直接对象并不是实际的结构物，而是代表实际结构的计算简图。因此，所谓结构的分类，也就是结构计算简图的分类。

工程中常见的平面杆系结构有下列几种：

（1）梁 梁是一种常见的结构，其轴线常为直线，是受弯杆件，有单跨和多跨连续的形式。如图1-12所示。

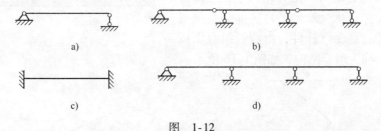

a) b)

c) d)

图 1-12

（2）刚架 刚架是由梁和柱组成的结构，各杆主要受弯曲变形，结点大多数是刚结点，也可以有部分铰结点，如图1-13所示。

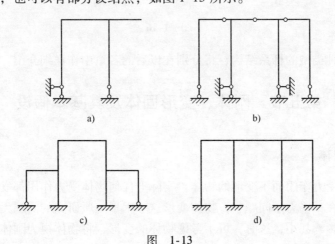

a) b)

c) d)

图 1-13

（3）拱 拱的轴线是曲线，在竖向荷载作用下，不仅产生竖向约束力，而且还产生水平约束力。在一定条件下可以使拱以压缩变形为主，使拱的各截面主要产生轴力，如图 1-14 所示。

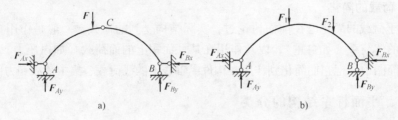

图　1-14

（4）桁架　桁架由直杆组成，各结点假设为理想铰结点，荷载作用在结点上，各杆只产生轴力，如图 1-15 所示。

（5）组合结构　这种结构中，一部分是桁架杆件只承受轴力，另一部分是梁或刚架杆件，是受弯杆件，由两者组合而成的结构，称为组合结构，如图 1-16 所示。

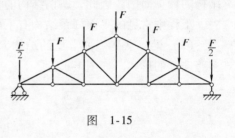

图　1-15

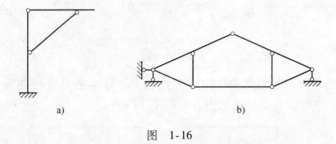

图　1-16

以上五种类型的杆系结构，将分别在以后的各章中作详细介绍。

第五节　刚体、变形固体及其基本假设

一、刚体

刚体是受力作用而不变形的物体。实际上任何物体受力作用都发生或大或小的变形，但在一些力学问题中，物体变形这一因素与所研究的问题无关，或对所研究的问题影响甚小，这时，可不考虑物体的变形，将物体视为刚体，从而使研究的物体得到简化。

在微小变形的情况下，变形因素对求解平衡问题和求解内力问题的影响甚

小。因此，研究平衡问题和求解内力问题时，可将物体视为刚体。

二、变形固体及其基本假设

构件所用的材料虽然在物理性质方面是多种多样的，但它们的共同点是在外力作用下均会发生变形。为解决构件的强度、刚度、稳定性问题，需要研究构件在外力作用下的内效应——内力、应力、变形等。这些内效应又与构件材料的变形有关。因此，在研究构件的强度、刚度、稳定性问题时，应将组成构件的固体材料视为可变形固体。在进行理论分析时为使问题得到简化，对材料的性质作如下的基本假设。

（1）**连续性假设** 认为在材料体积内部充满了物质，密实而无空隙。

（2）**均匀性假设** 认为材料内部各部分的力学性能是完全相同的。所以在研究构件时，可取构件内任意的微小部分作为研究对象。

（3）**各向同性假设** 认为材料沿各方向的力学性能完全相同，即物体的力学性能不随方向的不同而改变，对这类材料从不同方向作理论分析时，可得到相同的结论。

有的材料沿不同方向表现出不同的力学性能，例如木材、复合材料等，这种材料被称为各向异性材料。我们着重研究的是各向同性的材料。

构件在受外力作用的同时将发生变形，在撤除外力后构件能恢复的变形部分称为弹性变形，而不能恢复的变形部分称为塑性变形。在工程实际中，常用的钢材、铸铁、混凝土等材料制成的构件在外力作用下的弹性变形与构件整个尺寸相比是微小的，所以称为小变形。在弹性变形范围内作静力分析时，构件的长度可按原尺寸进行计算。

综上所述，当对构件进行强度、刚度、稳定性等力学方面的研究时，把构件材料看做连续、均匀、各向同性、在弹性范围内工作的可变形固体。

第六节 杆件的几何特性与基本变形形式

建筑力学在研究杆及杆系各部分的强度、刚度和稳定性问题时，首先要了解杆件的几何特性及基本变形形式。

一、杆件的几何特性

构件的长度方向称为纵向，垂直长度的方向称为横向。工程上经常遇到的杆件是指纵向尺寸远大于横向尺寸的构件。杆件有两个常用到的几何元素：横截面和轴线。前者指垂直于杆件长度方向的截面，后者为各横截面形心的连线，两者具有互相垂直的关系。

按杆件轴线的形状，分为直杆、曲杆和折杆。而等直杆就是轴线为直线且横截面形状、尺寸均不改变的杆件。

二、杆件的基本变形形式

工程中的杆件所受的外力是多种多样的，因此杆的变形也是多种多样的，但杆件的基本变形形式不外乎下列四种。

（1）轴向拉伸或轴向压缩　在一对大小相等、方向相反、作用线与杆件轴线相重合的轴向外力作用下，使杆件在长度方向发生伸长变形的称为轴向拉伸；长度方向发生缩短变形的称为轴向压缩，如图 1-17a、b 所示。

（2）剪切　在一对大小相等、方向相反、作用线相距很近的横向力作用下，杆件的主要变形是横截面沿外力作用方向发生错动，这种变形形式称为剪切，如图 1-17c 所示。

（3）扭转　在一对大小相等、转向相反、作用平面与杆件轴线垂直的外力偶矩 T 作用下，直杆的相邻横截面将绕着轴线发生相对转动，而杆件轴线仍保持直线，这种变形形式称为扭转，如图 1-17d 所示。

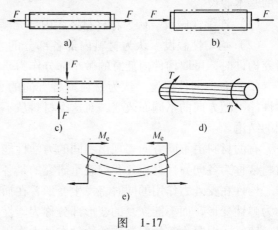

图 1-17

a）轴向拉伸　b）轴向压缩　c）剪切　d）扭转　e）弯曲

（4）弯曲　在杆的纵向平面内作用一对大小相等、转向相反的外力偶矩 M_e，使直杆任意横截面发生相对倾斜，且杆件轴线弯曲变形为曲线，此种变形形式称为弯曲，如图 1-17e 所示。

工程实际中的杆可能同时承受不同形式的外力，同时发生两种及以上的基本变形，这种变形情况称为组合变形。本书将先讨论杆件在每种基本变形下的强度及刚度问题，然后进一步讨论构件的几种组合变形问题。

思 考 题

1-1　建筑力学的基本任务是什么？

1-2　理想的约束形式有哪些？各自的约束力是什么？

1-3　固定铰支座的支座反力方向是不定的，但为什么在简图中可以用两个相互垂直的方向已知的力来表示？

1-4　工程中常见的平面杆系结构有哪几种？

1-5　杆件的基本变形形式有哪几种？

第二章 平面力系的合成与平衡

在工程实践中，经常会遇到所有的外力都作用在一个平面内的情况，这样的力系称为平面力系。当构件有对称平面、荷载又对称作用时，常把外力简化为作用在此对称平面内的力系。

第一节 力、力矩、力偶及物体受力分析

一、力的性质

力是物体之间的相互作用，因此，力不能离开物体而存在，它总是成对地出现。物体在力的作用下，可能产生如下两种效应：一是使物体的运动状态发生变化；二是使物体发生变形。当我们研究第一种效应时，考虑作用在物体上力的简化与平衡问题，我们将把物体视为刚体。这样，既简化了所研究的问题，又不影响研究的结果。下面将阐明力的基本性质。

性质一 力的三要素

力对物体的效应由力的大小、方向和作用点三要素所决定。因此，力是一个矢量，常用黑体字表示，如 **F**。当作图表示时，用线段的长度（按所定的比例尺）表示力的大小，用箭头表示力的指向，用箭尾或箭头表示该力的作用点。

当力作用在刚体上时，只要不改变力的大小与方向，则力的作用点在其作用线上移动并不改变该力对物体的外效应，这称为力的可传性。例如，有一人用同样大小的力推车或拉车，对物体机械运动的效应是相等的（或称等效），如图 2-1 所示。必须说明，力的可传性只是对刚体的外效应而言，并不适用于变形体的内效应。

图 2-1

性质二 作用力与反作用力定律

力是物体间的相互机械作用，因此，力总是成对出现的，有作用力必有反作用力。而作用力与反作用力是一对大小相等、方向相反、作用线相同、分别作用

在两个不同物体上的力，这就是作用力与反作用力定律。注意，作用力与反作用力这一对力并不在同一物体上出现。

如图2-2所示，一根木梁搁置在两砖柱上，若取砖柱作为研究对象，则砖柱所受的力 F'_A、F'_B 是木梁对砖柱施加的压力；若取木梁作为研究对象，则木梁两端的 F_A、F_B 是砖柱对木梁的支撑力。F_A 与 F'_A、F_B 与 F'_B 均是作用力与反作用力关系，且 $F_A = F'_A$、$F_B = F'_B$。

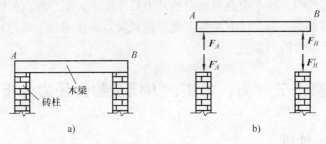

图 2-2

性质三 力的平行四边形法则

力的合成 当有两个力作用在物体上某点时，该两力对物体的作用效应可用一个合力来代替。这个合力也作用在该点上，合力的大小与方向用这两个力为边的平行四边形的对角线来确定。这个规律称为力的平行四边形法则。

如图2-3所示，已知有两力 F_1、F_2 作用在物体上的 A 点，则过 A 点按比例作以 F_1、F_2 为邻边的平行四边形 $ABCD$，那么，对角线 AC 的长度就是合力的大小，其方向也即为合力 F_R 的方向。

力的分解 力的分解是力的合成的逆运算，将一个力分解为两个力时，可得到无数个结果，如图2-4a所示。如果要想得到唯一的解答，还必须给出足够的规定条件：如已知两个分力的方向、或两个分力中一个分力的大小和方向。工程中，常将一个力沿着互相垂直的两个方向正交分解成两个分力，如图2-4b所示。

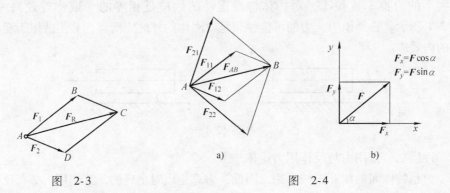

图 2-3 图 2-4

性质四 二力平衡公理

受两力作用的物体，处于平衡状态的充要条件是：两力的大小相等、方向相反、作用线重合，如图2-5所示。当物体在两个力作用下处于平衡时，则该物体称为二力体，当物体是杆件时，称为二力杆，如图2-6所示。在今后的解题过程中，应善于发现二力杆并正确运用二力平衡公理。

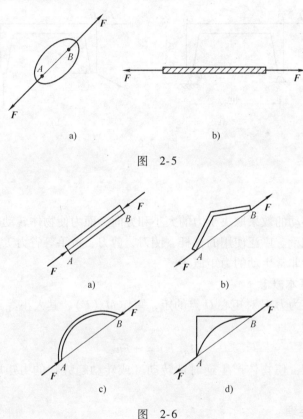

图 2-5

图 2-6

推论 三力平衡汇交定理

刚体受三个力作用而平衡时，若其中两个力的作用线交于一点，则此三力必在同一平面内，且第三个力的作用线通过汇交点，如图2-7所示。三力平衡汇交定理说明了不平行的三力平衡的必要条件，常用以确定第三个力的作用线方位。

例2-1 如图2-8a所示，已知刚架受水平力 **F** 作用，不计刚架自重，画刚架的受力分析图。

解：先把刚架从它所受的约束中脱离出来，画

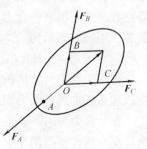

图 2-7

刚架的脱离体，以及画作用在该脱离体上的外力 F。由于刚架分别在 D、B、A 三处受力作用而平衡，其中 B 处为可动铰支座，其支座反力 F_B 垂直于支承面，F_B 的作用线与已知力 F 的作用线交于 C 点，根据三力平衡汇交定理可知，A 处固定铰支座的支座反力 F_A 必通过 C 点，从而画出刚架的受力图，如图 2-8b 所示。

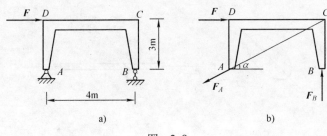

图　2-8

二、力矩

力使物体移动的效果取决于力的大小和方向，而力使物体转动的效果则取决于力矩这个物理量。广泛使用的杠杆、铡刀、剪刀、扳手等省力工具，它们的工作原理中都包含非常生动的力矩概念。

1. 力矩的基本概念

力矩的定义为力 F 对矩心 O 点的矩，写作 $M_O(F)$，其大小等于力 F 的大小与力臂 h 的乘积，即

$$M_O(F) = \pm Fh \qquad\qquad (2\text{-}1)$$

习惯上规定：使物体产生逆时针转动（或转动趋势）的力矩取为正值；反之，则为负值。

2. 合力矩定理

平面内合力对某一点之矩等于其分力对同一点之矩的代数和，这称为合力矩定理。合力矩定理适用于任意两个或两个以上的力，不论其是否为汇交力系，只要它有合力，那么，合力对某点的矩必然等于力系中各个分力对同一点之矩的代数和，用公式表示为

$$M_O(F_R) = M_O(F_1) + M_O(F_2) + \cdots + M_O(F_n) \qquad (2\text{-}2)$$

这说明合力对物体的转动效应与各分力对物体转动效应的总和是等效的，但应该注意相加的各个力矩的矩心必须相同。

在计算力矩时，若遇到力臂不易计算的情况，可在适当的位置把力沿适当方向正交分解，使得两个分力的力矩易于计算，从而用合力矩定理来计算力对点之矩。

例 2-2 已知力 F 的作用点 A 的坐标为（3m，4m），$F=10$kN，如图 2-9a 所示，试计算力对坐标原点 O 的力矩。

解： 由于本题中力 F 对 O 点之矩的力臂不易计算，可利用合力矩定理计算。将力 F 在 A 点沿坐标轴方向分解为两个分力 F_x、F_y，如图 2-9b 所示，则

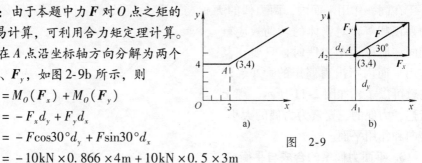

$$M_O(F) = M_O(F_x) + M_O(F_y)$$
$$= -F_x d_y + F_y d_x$$
$$= -F\cos30°d_y + F\sin30°d_x$$
$$= -10\text{kN} \times 0.866 \times 4\text{m} + 10\text{kN} \times 0.5 \times 3\text{m}$$
$$= -19.64\text{kN} \cdot \text{m}$$

图 2-9

3. 力矩的平衡

物体在力矩作用下的平衡条件：作用在物体上同一平面内的各力，对支点或转轴之矩的代数和应为零。用公式表示为

$$M_O(F_1) + M_O(F_2) + \cdots + M_O(F_n) = 0$$

或写作

$$\sum_{i=1}^{n} M_O(F_i) = 0 \qquad (2-3)$$

三、力偶

1. 力偶的概念

作用在同一物体上的两个大小相等、方向相反且不共线的平行力，叫做力偶，如图 2-10 所示。组成力偶的两个力的作用线所决定的平面称为力偶的作用平面，两力间的垂直距离 h 称为力偶臂。力偶对物体产生转动效应的大小用力偶矩来衡量，力偶矩大小等于力 F 与力偶臂 h 的乘积，计算公式为

$$M = Fh$$

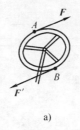

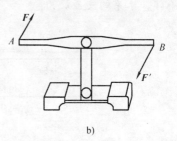

图 2-10

2. 力偶的性质

力偶没有合力，不能用一个力来等效代换力偶，也不能用一个力来平衡力偶。力偶是大小相等、方向相反，且不共线的一对力，它对物体产生的是转动的效应，而力对物体产生的是移动的效应，所以力与力偶是两个相互独立的量。

力偶使物体绕其作用平面内任一点的转动效应完全取决于力偶矩的大小，与矩心的位置无关，即力偶对其作用平面内任一点的转动效应是相同的。

在同一作用平面内，两力偶的 F 值与力臂 h 值虽然各不相同，但只要它们的乘积相等，对物体的转动效应就相同，所以表示力偶时，只要在其作用平面内指出力偶矩的大小、转向就可以了，如图 2-11 所示。综上所述，力偶的三要素为力偶的大小、转向和作用平面。

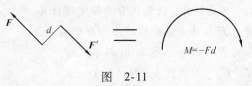

图　2-11

3. 平面力偶系的合成与平衡

设物体上同一平面内作用 n 个力偶，其力偶矩分别为 $M_i(i=1, 2, \cdots, n)$，则各力偶所产生的转动效应的总和与一个力偶矩为 M 的力偶所产生的转动效应相同，称此力偶为力偶系的合力偶，其合力偶矩为

$$M = M_1 + M_2 + \cdots + M_n = \sum_{i=1}^{n} M_i \tag{2-4}$$

即平面力偶系可以合成为一个合力偶，此合力偶的力偶矩等于力偶系中各分力偶的力偶矩的代数和。

当 $M=0$ 时，表示物体处于平衡状态，各分力偶对物体产生的转动效应相互抵消，所以平面力偶系的平衡条件是各分力偶的代数和为零，即

$$\sum_{i=1}^{n} M_i = 0 \tag{2-5}$$

例 2-3　如图 2-12a 所示，已知 $F_1 = F_1' = 5\text{kN}$，$M = 10\text{kN} \cdot \text{m}$，梁自重忽略不计，求梁的支座反力。

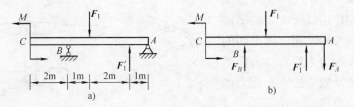

图　2-12

解：选取梁 AC 为研究对象，梁在力偶（F_1，F_1'）、M 和支座 A、B 两处的支座反力作用下处于平衡，因为力偶只能跟力偶平衡，所以支座 A、B 两处的支座反力 F_A、F_B 必组成一个力偶；又由 A、B 两处支座的性质知，F_B 沿竖直方向，而 F_A 的方向待定，根据力偶的定义可知，A 处的支座反力 F_A 与 B 处的支座反力 F_B 必大小相等、作用线平行，假设其指向如图 2-12b 所示。

由平面力偶系的平衡条件得

$$\sum M_A = 0, \quad M + F_1 d - F_B l_{AB} = 0$$

即

$$10\text{kN} \cdot \text{m} + 5\text{kN} \times 2\text{m} - F_B \times 4\text{m} = 0$$

故

$$F_B = 5\text{kN}(\uparrow), \quad F_A = 5\text{kN}(\downarrow)$$

第二节　平面汇交力系的合成与平衡

平面汇交力系是作用在平面内的所有力的作用线都汇交于一点的力系。平面汇交力系是力系中最简单、最基本的力系，不仅在工程上有直接的应用，而且是研究其他复杂力系的基础。建筑工程中有不少平面汇交力系的实例。

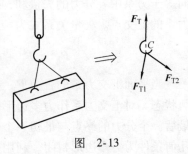

图　2-13

例如，起重机起吊构件时，作用于吊钩的力有钢绳拉力 F_T 及缆绳的拉力 F_{T1}、F_{T2}，它们都在同一铅垂平面内并汇交于 C 点，组成平面汇交力系，如图 2-13 所示。我们通过两种方法——几何法和解析法，讨论该力系的简化与平衡问题。

一、几何法——力多边形法则

用平行四边形法则与三角形法则求它们的合力 F_R，这种方法称为几何法。当要求用图解法求更多的汇交于一点的力的合力时，也可以此为基础进行求解，下面举例说明。

如图 2-14a 所示，在一物体平面内作用了一个由 F_1、F_2、F_3、F_4 组成的汇交力系，力的大小及方向已知，求该力系的合力。应用力的三角形法则，首先将 F_1 与 F_2 合成得 F_{R1}，然后把 F_{R1} 与 F_3 合成得 F_{R2}，最后将 F_{R2} 与 F_4 合成得 F_R，合力 F_R 就是原汇交力系 F_1、F_2、F_3、F_4 的合力，如图 2-14b 所示。

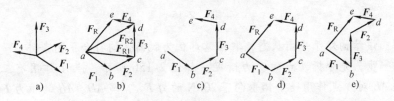

图　2-14

实际作图时，不必画出图中虚线所示的中间合力 F_{R1} 和 F_{R2}，只要按照一定的比例尺将表达力矢的有向线段首尾相接，形成一个不封闭的多边形，如

图 2-14c 所示；然后再画一条从起点指向终点的矢量 $\boldsymbol{F}_R$，即为原汇交力系的合力，如图 2-14d 所示。把由各分力和合力构成的多边形 "*abcde*" 称为力多边形，合力矢是力多边形的封闭边。按照与各分力同样的比例，封闭边的长度表示合力的大小，合力的方向与封闭边的方向一致，指向则由力多边形的起点至终点，合力的作用线通过汇交点。这种求合力的几何作图法，称为力多边形法。

从图 2-14e 还可以看出，改变各分力矢量相连的先后顺序，只会影响力多边形的形状但不会影响合成的最后结果。将这一作法推广到由 n 个力组成的平面汇交力系，可得结论：平面汇交力系合成的最终结果是一个合力，合力的大小和方向等于力系中各分力的矢量和，可由力多边形的封闭边确定，合力的作用线通过力系的汇交点。矢量关系式为

$$\boldsymbol{F}_R = \boldsymbol{F}_1 + \boldsymbol{F}_2 + \boldsymbol{F}_3 + \cdots + \boldsymbol{F}_n = \sum_{i=1}^{n} \boldsymbol{F}_i$$

当平面汇交力系的合力 $\boldsymbol{F}_R$ 为零时，该力系为平衡力系，称物体处于静力平衡状态。对汇交力系作力多边形时，各分力必自行组成一个封闭的力多边形，即最后一个分力的终点与最初一个分力的起点相重合，因此，平面汇交力系平衡的几何条件为力多边形封闭。利用这个条件，可以解得平衡的平面汇交力系的两个未知数。

例 2-4 如图 2-15a 所示，在 E 处挂有一重为 200N 的重物，由 2 根绳子保持平衡。绳子 AD 保持水平，绳子 ABC 是连续的，并跨过无摩擦的滑轮 B。求绳子 AD 的拉力 F_{AD} 和为平衡重物而在 C 处悬挂的重物 W 的重量。

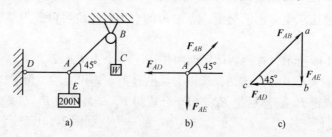

图 2-15

解： 该结构处于平衡状态，取任意部位为脱离体均符合平衡条件。

第一步，先分析 A 点的受力情况。如图 2-15b 所示，点 A 作用有三个汇交力，绳 AE 对 A 点作用一个铅垂向下 200N 的力 $\boldsymbol{F}_{AE}$，绳 AD、AB 的拉力 $\boldsymbol{F}_{AD}$、$\boldsymbol{F}_{AB}$ 的大小未知，但方向已知。

第二步，作力多边形。制定比例尺，以 10mm 等于 100N 的比例画力三角形。以任意点 A 为起点，作力 $\boldsymbol{F}_{AE}$ 的方向线 ab 边，取 ab 长 20mm 的 b 点，由 b 点作力 $\boldsymbol{F}_{AD}$ 的方向线 bc，过 a 点作力 $\boldsymbol{F}_{AB}$ 的方向线 ac，交于 c 点。

第三步，用相同的比例量得 $F_{AD} = 200\text{N}$，$F_{AB} = 283\text{N}$。因为绳索 ABC 跨过无摩擦的滑轮 B，而在重物的作用下处于平衡，故悬挂重物的重量等于力 F_{AB}，即 $W = F_{AB} = 283\text{N}$。

例 2-5　如图 2-16a 所示，简支梁 AB 在 C 点处受 $F = 10\text{kN}$ 的力作用，梁自重不计，求支座 A、B 的支座反力。

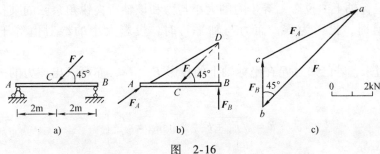

图　2-16

解：取梁为研究对象，画它的受力图。梁受到主动力 F 和支座反力 F_A、F_B 的作用。B 处是可动铰支座，F_B 的作用线垂直于支承面，其指向假设向上；A 处是固定铰支座，F_A 的方向未定。因为梁只受到三个共面不平行力的作用而处于平衡，所以可应用三力平衡汇交定理求解。

力 F 与 F_B 作用线相交于 D 点，F_A 必沿着 AD 直线作用，其指向假设如图 2-16b 所示。按比例尺作闭合的力三角形 abc，如图 2-16c 所示。由图可见，两约束力指向的假设正确，按比例尺量得 $F_A = 9.7\text{kN}$，$F_B = 3.5\text{kN}$。

对于由多个力组成的平面汇交力系，用几何法进行简化的优点是直观、方便、快捷。画出力多边形后，与画分力同样的比例，用尺子和量角器即可量得合力的大小和方向。但是，这种方法要求作图精确，否则误差会较大。

二、解析法

将力系置于直角坐标系中，利用力在坐标轴上投影的代数运算得到部分解答。该直角坐标系是人为假设的，所以，应尽量使所建立的坐标系有利于简化计算。

1. 力在平面直角坐标轴上的投影

设力 F 用矢量 $\overrightarrow{AB}$ 表示，如图 2-17 所示。取直角坐标系 Oxy，使力 F 在 xOy 平面内。过力矢 $\overrightarrow{AB}$ 的两端点 A 和 B 分别向 x 轴、y 轴作垂线，得垂足 a、b 及 a'、b'，带有正负号的线段 ab 与 $a'b'$ 分别称为力 F 在 x、y 轴上的投影，记作 F_x、F_y。并规定：当力的始端的投影到终端的投影的方向

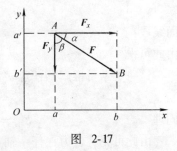

图　2-17

与投影轴的正向一致时，力的投影取正值；反之，当力的始端的投影到终端的投影的方向与投影轴的正向相反时，力的投影取负值。

一般情况下，若已知力 F 与 x 轴和 y 轴所夹的锐角分别为 α、β，则该力在 x、y 轴上的投影分别为

$$F_x = \pm F\cos\alpha, \qquad F_y = \pm F\cos\beta$$

即力在坐标轴上的投影，等于力的大小与力和该轴所夹锐角余弦的乘积。当力与轴垂直时，投影为零；而力与轴平行时，投影大小的绝对值等于该力的大小。

反过来，若已知力 F 在坐标轴上的投影 F_x、F_y，亦可求出该力的大小和方向，即

$$F = \sqrt{F_x^2 + F_y^2}, \qquad \tan\alpha = \left|\frac{F_y}{F_x}\right|$$

式中，α 为力 F 与 x 轴所夹的锐角，F 所在的象限由 F_x、F_y 的正、负号来确定。

应当注意，力的投影和分力是两个不同的概念：力的投影是标量，它只有大小和正负；而力的分力是矢量，有大小和方向。在直角坐标系中，分力的大小和投影的绝对值是相同的。

2. 合力投影定理

为了用解析法求平面汇交力系的合力，先讨论合力及其分力在同一坐标轴上投影的关系。

如图 2-18a 所示，设有一平面汇交力系 F_1、F_2、F_3 作用在物体的 O 点。从任一点 A 作力多边形 $ABCD$，则矢量 $\overrightarrow{AD}$ 就表示该力系的合力 F_R 的大小和方向，如图 2-18b 所示。取任一轴 x，把各力都投影在 x 轴上，并且令 F_{x1}、F_{x2}、F_{x3} 和 F_{Rx} 分别表示各

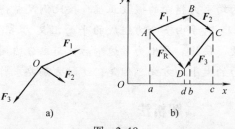

图 2-18

分力 F_1、F_2、F_3 和合力 F_R 在 x 轴上的投影。由图 2-18b 可知

$$F_{x1} = ab, \ F_{x2} = bc, \ F_{x3} = -cd, \ F_{Rx} = ad$$

而线段：
$$ad = ab + bc - cd$$

由此可得
$$F_{Rx} = F_{x1} + F_{x2} + F_{x3}$$

这一关系可推广到任意一个汇交力系的情形，即

$$F_{Rx} = F_{x1} + F_{x2} + \cdots + F_{xn} = \sum F_x \qquad (2\text{-}6a)$$

同理
$$F_{Ry} = F_{y1} + F_{y2} + \cdots + F_{yn} = \sum F_y \qquad (2\text{-}6b)$$

由此可见，合力在任一轴上的投影，等于各分力在同一轴上投影的代数和。

这就是合力投影定理。

3. 用解析法求平面汇交力系的合力

当平面汇交力系为已知时，我们可选直角坐标系，先求出力系中各力在 x 轴和 y 轴上的投影，再根据合力投影定理求得合力在 x、y 轴上的投影 F_{Rx}、F_{Ry}，合力 F_R 的大小和方向由下式确定，即

$$F_R = \sqrt{F_{Rx}^2 + F_{Ry}^2} = \sqrt{\left(\sum F_x\right)^2 + \left(\sum F_y\right)^2}, \quad \tan\alpha = \left|\frac{F_{Ry}}{F_{Rx}}\right| = \left|\frac{\sum F_y}{\sum F_x}\right|$$

式中，α 为合力 F_R 与 x 轴所夹的锐角，F_R 在哪个象限由 F_x 与 F_y 的正、负号来确定，合力的作用线通过力系的汇交点 O。

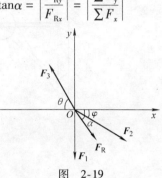

例 2-6 如图 2-19 所示，已知作用在刚体上并交于 O 点的三力均在 xOy 平面内，$F_1 = 200\text{N}$，$F_2 = 250\text{N}$，$F_3 = 300\text{N}$，$\varphi = 30°$，$\theta = 60°$。用解析法求此平面汇交力系的合力 F_R。

图 2-19

解：（1）求合力在坐标轴上的投影

$$F_{Rx} = \sum F_x = F_{1x} + F_{2x} + F_{3x} = F_1\cos90° + F_2\cos30° - F_3\cos60°$$
$$= 0 + 250\text{N} \times 0.866 - 300\text{N} \times 0.5 = 66.5\text{N}$$

$$F_{Ry} = \sum F_y = F_{1y} + F_{2y} + F_{3y} = -F_1\sin90° - F_2\sin30° + F_3\sin60°$$
$$= -200\text{N} - 250\text{N} \times 0.5 + 300\text{N} \times 0.866 = -65.2\text{N}$$

（2）求合力 F_R 的大小和方向

大小：$\quad F_R = \sqrt{F_{Rx}^2 + F_{Ry}^2} = \sqrt{(66.5\text{N})^2 + (-65.2\text{N})^2} = 93.13\text{N}$

方向：因为 F_{Ry} 是负值，F_{Rx} 是正值，故 F_R 的方向为右向下，与 x 轴的夹角为

$$\tan\alpha = \left|\frac{F_{Ry}}{F_{Rx}}\right| = \left|\frac{65.2}{66.5}\right| = 0.98, \quad \alpha = 44.4°$$

4. 平面汇交力系的平衡

平面汇交力系平衡的充分必要条件是平面汇交力系的合力为零。用方程表示为

$$\begin{cases} F_{Rx} = \sum F_x = 0 \\ F_{Ry} = \sum F_y = 0 \end{cases} \tag{2-7}$$

方程组（2-7）的两个方程为平面汇交力系的平衡方程。应用这两个彼此独立的联立方程，可求解两个未知量。平面汇交力系平衡问题的解析法解题步骤如下。

1）选取研究对象，画受力图。

2）建立坐标系。

3）根据平衡条件列出平衡方程，并求解未知量。

例 2-7 图 2-20a 所示简易起重机，已知起吊重物重 10kN，$\alpha = 45°$，$\beta = 30°$，滑轮和杆的自重不计，滑轮大小和滑轮轴承的摩擦忽略不计。支架 A、B、C 三处的连接均为铰接，求起重架 AB、AC 杆所受到的力。

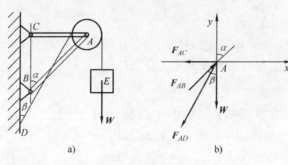

图 2-20

解： 因为杆 AC 和 AB 两端铰接，中间不受力作用，因此均为二力杆。假设 AC 杆受拉，AB 杆受压。考察重物的平衡，重物受自重 10kN 和绳子拉力作用，构成二力平衡，则有绳子的拉力等于重物的重量 10kN。

选取滑轮 A 为研究对象，作用于滑轮上的力有：绳子拉力 W 和 F_{AD}，$F_{AD} = W = 10$kN，杆 AC 对滑轮的约束力 F_{AC}、杆 AB 对滑轮的约束力 F_{AB}，忽略滑轮大小，建立平面直角坐标系，画出滑轮 A 的受力图如图 2-20b 所示。列出平衡方程：

$$\sum F_y = 0, \quad F_{AB}\cos45° - F_{AD}\cos30° - W = 0$$

解得

$$F_{AB} = 26.4\text{kN（压力）}$$

$$\sum F_x = 0, \quad F_{AB}\sin45° - F_{AD}\sin30° - F_{AC} = 0$$

解得

$$F_{AC} = 13.7\text{kN（拉力）}$$

所求结果均为正值，表示实际受力方向与假设一致，即 AB 杆受压力，AC 杆受拉力。

例 2-8 如图 2-21a 所示，平面刚架在 C 点受水平力 F 作用，已知 $F = 10$kN，刚架自重不计，求支座 A、B 的约束力。

解： 取刚架为研究对象，它受到力 F、F_A 和 F_B 的作用。这三力平衡，则其作用线必汇交于一点，故可画出刚架的受力图如

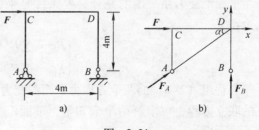

图 2-21

图 2-21b 所示，图中 F_A 和 F_B 的指向均为假设的。建立直角坐标系如图所示，列平衡方程有

$$\sum F_x = 0, \quad F_A\cos45° + F = 0$$

解得

$$F_A = -14.14\text{kN}$$

$$\sum F_y = 0, \quad F_A\sin45° + F_B = 0$$

解得

$$F_B = 10\text{kN}$$

第三节 平面任意力系的合成

在平面力系中，力的作用线既不全部相互平行，也不全部汇交于一点，其分布情况没有任何规律的力系称为平面任意力系，如图 2-22 所示。它是在实际工程中很常见的一种力系，因为平面任意力系概括了平面内各种特殊力系，因此将平面任意力系的问题分析清楚之后，对于其他特殊力系的认识也会更加深刻。

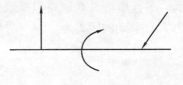

图 2-22

为了对物体的运动效果有明确的判断，常常需要将平面任意力系进行简化与合成。在保证作用效果等效的前提下，用最简单的力系来代替原力系对刚体的作用，这就称为对平面任意力系进行简化与合成。要进行简化与合成，需要用到一个非常重要的定理——力的平移定理。

一、力的平移定理

作用在物体上的力，它对物体作用的效应，取决于力的三要素：力的大小、方向、作用点。如果只讨论物体的外效应，那么，可将作用点扩大为作用线。但若将力 F 的作用线由 A 点（图 2-23a）平行移动到物体的任一点 B（图 2-23b），称其为 F' 时，那么，力 F、F' 对物体作用的效应将是不相同的。如果在图 2-23a 的 B 点增加一对与力 F 平行、大小相等、方向相反的力 F'、F''（图 2-23c），那么，该 F' 力系与原力 F 对物体的作用效应相等。由图可见，力 F 与 F'' 组成一对力偶，其力偶矩为 $M = Fd$。所以，当作用在 A 点的力平行移动至 B 点时，必须附加一个相应的力偶，这样才与原力 F 对物体作用的效应等价，如图 2-23d 所示。于是得力的平移定理：当把作用在物体上的力 F 平行移至物体上任一点时，必须同时附加一个力偶，此附加力偶矩等于力 F 对新作用点的力矩。

根据力的平移定理可知，把一个力经过平行移动后，可以变成一个力和一个力偶，那么反过来，也可以把一个力和一个力偶经过移动变成一个力，这是力的

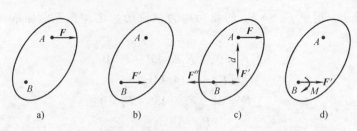

图 2-23

平移定理的逆过程。至于该怎么移动，要视力的方向和力偶的方向而定。如图2-24所示，作用于 A 点的一个力 F 和一个力偶矩为 M 的力偶，平行移动到 B 就可以变成一个力 F'，移动的距离为

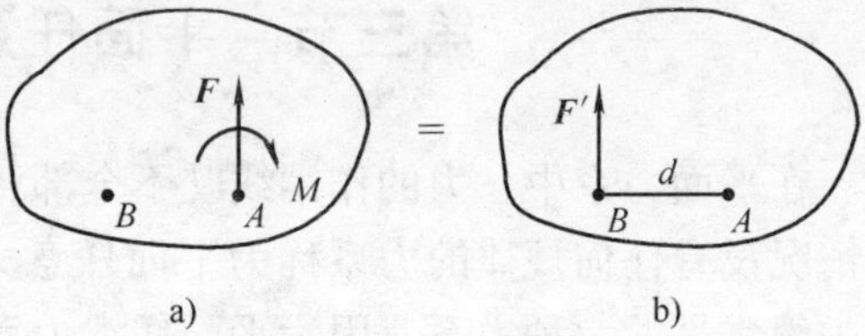

图 2-24

$$d = \frac{M}{F}$$

二、平面一般力系的合成

如图 2-25a 所示，一平面一般力系 F_1、F_2、$\cdots$、F_n 分别作用在 A_1、A_2、$\cdots$、A_n 点。将该力系向作用平面内任一点 O 简化。如图 2-25b 所示，F_1 向 O 点平移，得力 F_1'、力偶 M_1 与原力 F_1 等价；同理，F_2、$\cdots$、F_n 向 O 点平移，分别得 F_2'、M_2；$\cdots$；F_n'、M_n'。故作用在 A_1、A_2、$\cdots$、A_n 点的力 F_1、F_2、$\cdots$、F_n 向作用平面内 O 点简化后得一汇交力系 F_1'、F_2'、$\cdots$、F_n' 及一平面力偶系 M_1、M_2、$\cdots$、M_n。由前面内容可知，平面汇交力系可合成得一合力矢量，称为主矢量 F_R'。平面力偶系可合成为一合力偶矩，称为主矩 M_O，如图 2-25c 所示。

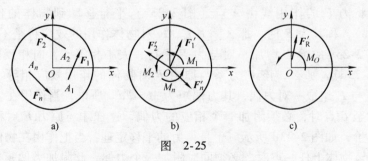

图 2-25

主矢量 F_R' 的大小与方向由原力系的矢量和决定，可用几何法或解析法求解。

平面力偶系的合力偶矩等于各分力偶矩的代数和，所以

$$M_O = M_1 + M_2 + \cdots + M_n = \sum M_O(F_i)$$

即，主矩 M_O 是原力系中各力对简化中心（O 点）之矩的代数和。

需要说明的是，主矢量 F_R' 的大小与方向和简化中心 O 点的位置无关，但其在一般情况下不是 F_1、F_2、F_3 力系的合力，也即该力系的合力作用线一般情况下不通过 O 点。主矩 M_O 的数值和方向与简化中心 O 点的位置有关，因为对于不同的简化中心，其力偶臂是不同的。

上面讨论的是平面一般力系求合力的一般情况，下面进一步讨论其特殊情况。

1）若 $F_R' \neq 0$，$M_O \neq 0$，则力系简化与合成的最终结果是一个合力。可以根据力的平移定理的逆过程，经过移动，将主矢 F_R' 和主矩 M_O 合成一个合力 F_R。

2）若 $F_R' \neq 0$，$M_O = 0$，则原力系向 O 点简化后得一个力 F_R'，且该 F_R' 即为原力系的合力 F_R。

3）若 $F_R' = 0$，$M_O \neq 0$，则原力系向 O 点简化后得一力偶 M_O，且原力系无合力 F_R，而只有合力偶矩 M。

4）$F_R' = 0$，$M_O = 0$，则原力系是平衡力系，下面一节将对此进行讨论。

第四节　平面一般力系的平衡方程和应用

由上一节讨论，已经知道一般力系合成的结果为一主矢量 F_R' 与主矩 M_O，因此平面一般力系平衡的必要与充分条件是主矢量 $F_R' = 0$ 与主矩 $M_O = 0$。一般将 $F_R' = 0$ 用解析方程表示，则平衡方程表达式为

$$\begin{cases} \sum F_x = 0 \\ \sum F_y = 0 \\ \sum M_A = 0 \end{cases} \tag{2-8}$$

方程组（2-8）是平面一般力系的平衡方程，称为一矩式方程组，其中，前两式叫做投影方程，第三式叫做力矩方程，这组方程是平面一般力系平衡的基本形式，它表明：平面一般力系平衡的必要和充分条件是力系中各力在直角坐标系 Oxy 两坐标轴上的投影代数和为零，且力系中各力对坐标平面内任意点（A 点）力矩的代数和也等于零。

除上面基本形式的平衡方程以外，平面一般力系的平衡方程还可表达为下面两种形式：

二矩式： $$\begin{cases} \sum F_x = 0 \\ \sum M_A = 0 \ (AB \ 不垂直 \ x \ 轴) \\ \sum M_B = 0 \end{cases} \tag{2-9}$$

式（2-9）中的 $\sum M_A = 0$，表示该力系不能简化为力偶，但可能简化为一个

通过 A 点的合力 $\boldsymbol{F}_{R}$。若该力系同时满足 $\sum M_{B}=0$，那么，力系的平衡条件还不充分，因当 AB 连线与合力 $\boldsymbol{F}_{R}$ 的作用线相重合时，力系能同时满足 $\sum M_{A}=0$ 与 $\sum M_{B}=0$，而合力还可能不为零，如图 2-26a 所示。所以，还必须要求 AB 连线与 x 轴不垂直，且合力 $\boldsymbol{F}_{R}$ 在 x 轴上的投影为零，即 $\sum F_{x}=0$。因合力 $\boldsymbol{F}_{R}$ 作用线不垂直于 x 轴，那么，只有 $\boldsymbol{F}_{R}$ 为零，才能满足方程 $\sum F_{x}=0$。

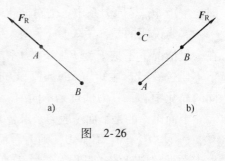

图　2-26

三矩式： $\begin{cases} \sum M_{A}=0 \\ \sum M_{B}=0 \ (A、B、C 不在同一直线上) \\ \sum M_{C}=0 \end{cases}$ (2-10)

式 (2-10) 中的 $\sum M_{A}=0$，$\sum M_{B}=0$，同样说明该力系不可能简化为力偶，合力 $\boldsymbol{F}_{R}$ 的作用线若与 AB 连线相重合，合力 $\boldsymbol{F}_{R}$ 可不为零。现进一步要求 A、B、C 三点不在同一直线上，如图 2-26b 所示，当该力系同时需满足 $\sum M_{C}=0$ 时，才表明原力系必然为平衡力系。那么，为何强调 C 点必须与 A、B 点不在同一直线上呢？因为当 C 点与 A、B 点在同一直线上，即合力作用线过 C 点，当然 $\boldsymbol{F}_{R}$ 不为零也满足 $\sum M_{C}=0$，这样式 (2-10) 不能表明该力系是平衡的，即该力系的平衡条件还不充分。现要求 C 点必须不与 A、B 点在同一直线上，那么，只有当合力 $\boldsymbol{F}_{R}$ 为零时，才能满足方程 $\sum M_{C}=0$。

这样，平面一般力系的平衡条件可有式 (2-8)～式 (2-10) 三种方程组的表示形式。每一组方程均由三个彼此独立的方程组成，只要满足其中一组方程组，该力系就必定平衡。所以，当一个物体受平面任意力系作用而处于平衡状态时，只能写出三个独立方程，解三个未知量。对于另外写出的投影方程或力矩方程，只能作为校核计算结果之用，故称为不独立方程。

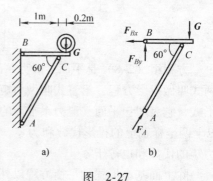

图　2-27

例 2-9　如图 2-27a 所示，三角形管道支架，每个支架负担的管道重量是 5kN，支架杆重不计，求支架 A、B 两处的约束力。

解：支架 AC 杆为二力杆，所以 A 铰处的约束力 $\boldsymbol{F}_{A}$ 沿 AC 的方向作用，而 BC 杆不是二力杆，B 处的约束力以 $\boldsymbol{F}_{By}$ 和 $\boldsymbol{F}_{Bx}$ 两分力代替，约束力指向假定如图 2-27b 所示。

（1）用一矩式方程组求解

$$\sum M_B = 0, \quad F_A\cos60° \times \sqrt{3}\text{m} - G \times 1.2\text{m} = 0, \quad F_A = \frac{1.2 \times 5 \times 2}{\sqrt{3}}\text{kN} = 6.93\text{kN}$$

$$\sum F_x = 0, \quad F_A\cos60° - F_{Bx} = 0, \quad F_{Bx} = F_A\cos60° = 3.47\text{kN}$$

$$\sum F_y = 0, \quad F_A\sin60° + F_{By} - G = 0, \quad F_{By} = G - F_A\sin60° = -1\text{kN}$$

（2）用二矩式方程组求解

如上，先由 $\sum M_B = 0$ 求得 $F_A = 6.93\text{kN}$

$$\sum M_A = 0, \quad F_{Bx} \times \sqrt{3}\text{m} - G \times 1.2\text{m} = 0, \quad F_{Bx} = 3.47\text{kN}$$

再由 $\sum F_y = 0$ 方程与一矩式中相同求得 $F_{By} = -1\text{kN}$

（3）用三矩式方程组求解

如上，先由 $\sum M_B = 0$ 求得 $F_A = 6.93\text{kN}$

再由 $\sum M_A = 0$ 求得 $F_{Bx} = 3.47\text{kN}$

$$\sum M_C = 0, \quad -F_{By} \times 1\text{m} - G \times 0.2\text{m} = 0, \quad F_{By} = -1\text{kN}$$

上面三组方程在解题时，只需选取其中任何一组即可。

例2-10   图2-28a所示为一悬臂式起重机，A、B、C三处都是铰链连接。梁AB自重 $G = 1\text{kN}$，作用在梁的中点，提升重量 $G' = 8\text{kN}$，杆BC自重不计，求支座A的约束力和杆BC所受的力。

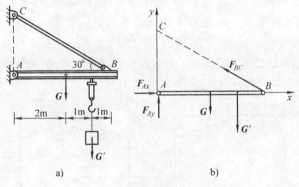

a)   b)

图 2-28

解：取梁AB为研究对象，其受力图如图2-28b所示。A处为固定铰支座，其约束力用两分力 F_{Ay} 和 F_{Ax} 表示；杆BC为二力杆，它的约束力 F_{BC} 沿BC线，并假设受拉。梁AB所受各力组成平面一般力系，三个未知力两两相交于A、B、C三点，用三矩式平衡方程可以求解这三个未知力。

$$\sum M_A = 0, \quad -G \times 2\text{m} - G' \times 3\text{m} + F_{BC}\sin30° \times 4\text{m} = 0$$

$$F_{BC} = \frac{2 \times 1 + 3 \times 8}{4 \times 0.5}\text{kN} = 13\text{kN}$$

$$\sum M_B = 0, \quad G \times 2\text{m} + G' \times 1\text{m} - F_{Ay} \times 4\text{m} = 0$$

$$F_{Ay} = \frac{2 \times 1 + 8}{4} kN = 2.5 kN$$

$$\sum M_C = 0, \quad -G \times 2m - G' \times 3m + F_{Ax} \tan 30° \times 4m = 0$$

$$T = \frac{2 \times 1 + 3 \times 8}{4 \times \frac{\sqrt{3}}{3}} kN = 11.26 kN$$

物体系统的平衡　在工程中，常常遇到几个物体通过一定的约束联系在一起的系统，这种系统称为物体系统。研究物体系统的平衡时，不仅要求解支座反力，而且还需要计算系统内各物体之间的相互作用力。

当物体系统平衡时，组成该系统的每一个物体也都处于平衡状态，因此对于每一个受平面一般力系作用的物体，均可写出 3 个平衡方程。若由 n 个物体组成物体系统，则共有 $3n$ 个独立的平衡方程。如果系统中有的物体受平面汇交力系或平面平行力系作用，则系统的平衡方程数目相应减少。当系统中的未知力数目等于独立平衡方程的数目时，则所有未知力都能由平衡方程求出。

求解物体系统的平衡问题，关键在于恰当地选取研究对象，正确地选取投影轴和矩心，列出适当的平衡方程。总的原则是：尽可能地减少每一个平衡方程中的未知量，最好是每个方程只含有一个未知量，以避免求解联立方程。对图 2-29a 所示的三铰刚架，就适合于先取整体为研究对象。如图 2-29b 所示，对 A、B 两点列力矩方程，求出两个竖向约束力 F_{Ay}，F_{By}，再取 AC 或 BC 部分刚架为研究对象，如图 2-29c、d 所示，求出其余约束力。分析物体系统的平衡问题的方法与分析单个物体的平衡问题的方法基本上一样，但也有差别。

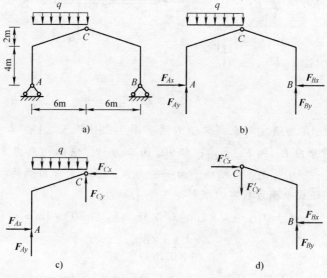

图　2-29

例2-11　图2-30a 所示为组合梁，已知受荷载 $F_1 = 10kN$，$F_2 = 20kN$，梁自重不计。求支座 A、C 的约束力。

解： 组合梁由两段梁 AB 和 BC 组成，作用于每一个物体的力系都是平面一般力系，共有 6 个独立的平衡方程；而约束力的未知数也是 6 个（A 处有 3 个，B 处有两个，C 处有一个）。首先取整个梁为研究对象，受力图如图 2-30b 所示，有

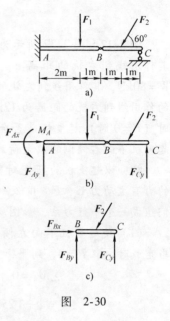

图　2-30

$$\sum F_x = 0, \quad F_{Ax} - F_2\cos60° = 0, \quad F_{Ax} = F_2\cos60° = 10kN$$

其余 3 个未知数 F_{Ay}、F_{Cy} 和 M_A，无论怎样选取投影轴和矩心，都无法求出其中任何一个，因此，必须将 AB 和 BC 分开考虑，现取 BC 为研究对象，受力图如图 2-30c 所示，有

$$\sum M_B = 0, \quad F_{Cy} \times 2m - F_2\sin60° \times 1m = 0,$$

$$F_{Cy} = \frac{F_2\sin60°}{2} = 8.66kN$$

再回到受力图 2-30b，有

$$\sum M_A = 0, \quad F_{Cy} \times 5m - F_2\sin60° \times 4m -$$
$$F_1 \times 2m + M_A = 0$$

$$M_A = 45.98kN \cdot m$$

$$\sum F_y = 0, \quad F_{Ay} + F_{Cy} - F_1 - F_2\sin60° = 0$$

$$F_{Ay} = F_1 + F_2\sin60° - F_{Cy} = 18.66kN$$

第五节　平面平行力系的合成与平衡

在工程实际中，往往遇到作用在物体同一平面内的力是相互平行的，如图 2-31 所示，称之为平面平行力系。平面平行力系是平面任意力系的一个特例，如何求得平面平行力系的合力，在工程上有时是至关重要的问题。

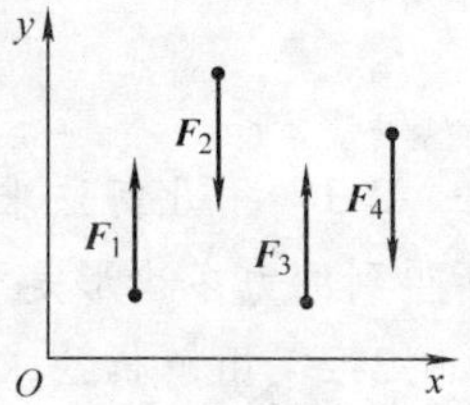

平面平行力系是平面任意力系的特殊情况，其平衡方程可由平面任意力系的平衡方程导出。若取 x 轴与平面平行力系各力的作用线垂直，y 轴与各力作用线平行，则力系中各力在 x 轴上的投影均为零，那么式 $\sum F_x = 0$ 恒成立，因此，平面平行力系的平衡方程为

图　2-31

$$\begin{cases} \sum F_y = 0 \\ \sum M_A = 0 \end{cases}$$

$$(2-11)$$

或选用

$$\begin{cases} \sum M_A = 0 \\ \sum M_B = 0 \end{cases} \tag{2-12}$$

例2-12 图2-32所示为塔式起重机。已知轨距 $b=4\text{m}$，机身重 $G=250\text{kN}$，其作用线到右轨的距离 $e=1\text{m}$，起重机平衡重 $W=80\text{kN}$，其作用线到左轨的距离为6m，荷载 F 的作用线到右轨的距离为12m。（1）试证明空载时（$F=0$ 时）起重机是否会向左倾倒？（2）求起重机不向右倾倒的最大荷载 F。

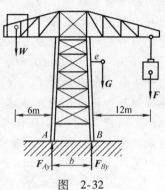

图 2-32

解： 以起重机为研究对象，作用于起重机上的力有主动力 G、F、W 及约束力 F_{Ay} 和 F_{By}，它们组成一个平行力系，如图所示。

（1）使起重机不向左倾倒的条件是 $F_{By} \geq 0$，当空载时，取 $F=0$，列平衡方程，得

$$\sum M_A = 0, \quad W \times 6\text{m} + F_{By} \times 4\text{m} - G(e+b) = 0$$

$$F_{By} = \left\{ \frac{1}{4}[250(1+4) - 80 \times 6] \right\}\text{kN} = 192.5\text{kN} > 0$$

所以起重机不会向左倾倒。

（2）使起重机不向右倾倒的条件是 $F_{Ay} \geq 0$，列平衡方程，得

$$\sum M_B = 0, \quad W \times (6\text{m}+4\text{m}) - F_{Ay} \times 4\text{m} - Ge - F \times 12\text{m} = 0$$

$$F_{Ay} = \frac{1}{4}(10W - Ge - 12F) \geq 0$$

则

$$F \leq \frac{1}{12}(10W - Ge) = \left[\frac{1}{12}(80 \times 10 - 250 \times 1) \right]\text{kN} = 45.8\text{kN}$$

所以，当 $F \leq 45.8\text{kN}$ 时，起重机是稳定的。

思 考 题

2-1 用几何法求平面汇交力系的合力时，任意变换各分力矢的作图次序，所得到的力多边形是否相同？所得到的合力是否相同？

2-2 用解析法求解平面汇交力系的平衡问题时，直角坐标系的方向和原点选择是否任意？

2-3 力矩和力偶的异同点有哪些？

2-4 某平面任意力系向其作用面内的 A、B 两点简化，得到的主矩均为零，则该力系的最终简化结果会有哪些可能？

2-5 平面任意力系对其作用面内任意一点的简化结果均相同，该力系的最

终简化结果是什么?

2-6 何谓平面任意力系的合力?它与主矢有什么异同?

2-7 为解题方便,选择平面任意力系的平衡方程时应注意什么?

2-8 在对结构整体分析时,为什么系统内力可以不考虑?

练 习 题

2-1 试画出图2-33所示各构件AB的受力图,除注明外,各物体的自重及各接触处的摩擦不计。

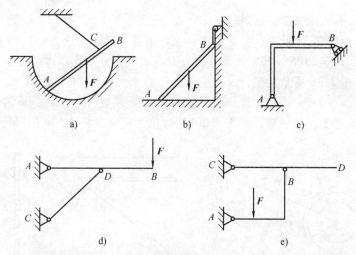

图2-33 题2-1图

2-2 试分别画出图2-34所示各物体系统中每个物体以及整体的受力图。除注明外,各物体的自重及各接触处的摩擦均不计。

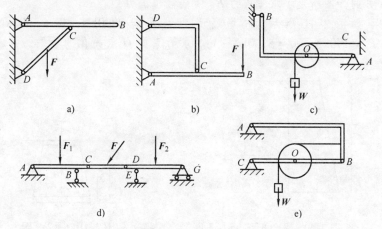

图2-34 题2-2图

2-3 用三力平衡汇交定理画出图 2-35 所示各刚架的整体受力图。

2-4 由 F_1、F_2、F_3 三个力组成的平面汇交力系如图 2-36 所示。已知 $F_1 = 4kN$，$F_2 = 5kN$，$F_3 = 3kN$，求该力系的合力。

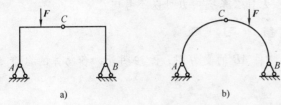

图 2-35 题 2-3 图   图 2-36 题 2-4 图

2-5 如图 2-37 所示，固定的圆环上作用着共面的 3 个力，已知 $F_1 = 10kN$，$F_2 = 20kN$，$F_3 = 25kN$，三力均通过圆心 O。试求此力系合力的大小和方向。

2-6 图 2-38 所示支架，求支座 A 处的约束力和杆 BC 所受的力。

2-7 如图 2-39 所示，铰接起重架的铰 C 处装有一小滑轮，绳索绕过滑轮，一端固定于墙上，另一端吊起重为 20kN 的重物。试求杆 AC 和 BC 所受的力。

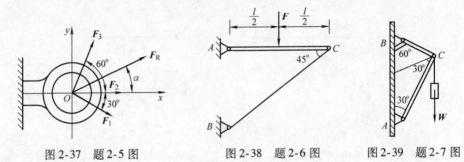

图 2-37 题 2-5 图   图 2-38 题 2-6 图   图 2-39 题 2-7 图

2-8 如图 2-40 所示，每 1m 长挡土墙所受土压力的合力为 F_R，它的大小为 200kN，方向如图所示。求土压力 F_R 使墙倾覆的力矩。

2-9 如图 2-41 所示，桥墩所受的力 $F_1 = 2800kN$，$W = 1300kN$，$F_2 = 200kN$，$F_3 = 140kN$，$M = 5100kN \cdot m$。求力系向 O 点简化的结果，并求合力作用线的位置。

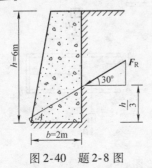

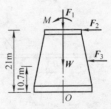

图 2-40 题 2-8 图   图 2-41 题 2-9 图

2-10 如图2-42所示，外伸梁受力 **F** 和力偶矩为 **M** 的力偶作用。已知 $F = 2kN$，$M = 5kN \cdot m$。求支座 A 和 B 的约束力。

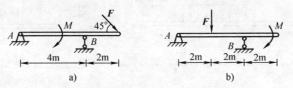

图2-42 题2-10图

2-11 试求图2-43所示各梁的支座反力。

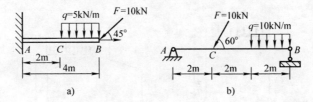

图2-43 题2-11图

2-12 试求图2-44所示各刚架的支座反力。

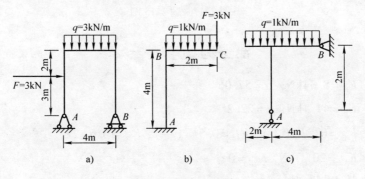

图2-44 题2-12图

2-13 试求图2-45所示各刚架的支座约束力。

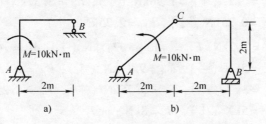

图2-45 题2-13图

2-14   多跨静定梁如图2-46所示，试求各梁的支座约束力。

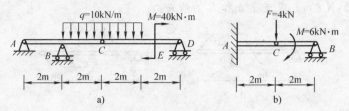

图 2-46   题 2-14 图

2-15   刚架如图2-47所示，试求支座 A、B 两处的约束力。

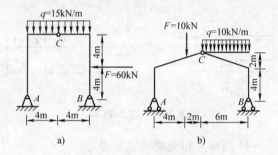

图 2-47   题 2-15 图

部分习题参考答案

2-4 $F_R = 8.34\text{kN}$，$\alpha = 57.06°$

2-5 $F_R = 44.4\text{kN}$，$\alpha = 22.2°$

2-6 $F_{Ay} = 0.5F$（↑），$F_{Ax} = 0.5F$（←），$F_{BC} = 0.5\sqrt{2}F$

2-7 $F_{AC} = 20\sqrt{3}\text{kN}$，$F_{BC} = 0$

2-8 $M_A = 146.4\text{kN} \cdot \text{m}$

2-9 $F'_R = 4114\text{kN}$，$M_O = 10798\text{kN} \cdot \text{m}$，$\alpha = 85°$

2-10   a）$F_{Ax} = \sqrt{2}\text{kN}$，$F_{Ay} = 1.96\text{kN}$（↓），$F_{By} = 3.37\text{kN}$（↑）

   b）$F_{Ay} = 0.25\text{kN}$（↓），$F_{By} = 2.25\text{kN}$（↑）

2-11   a）$F_{Ax} = 5\sqrt{2}\text{kN}$，$F_{Ay} = (10 + 5\sqrt{2})$ kN（↑），$M_A = (30 + 20\sqrt{2})$ kN $\cdot$ m

   b）$F_{Ax} = 5\text{kN}$（→），$F_{Ay} = 9.11\text{kN}$（↑），$F_{By} = 19.55\text{kN}$（↑）

2-12   a）$F_{Ax} = 3\text{kN}$（←），$F_{Ay} = 3.75\text{kN}$（↑），$F_{By} = 8.25\text{kN}$（↑）

   b）$F_{Ay} = 5\text{kN}$（↑），$M_A = 8\text{kN} \cdot \text{m}$

   c）$F_{Ay} = 4.5\text{kN}$（↑），$F_{By} = 1.5\text{kN}$（↑）

2-13   a）$F_{By} = 5\text{kN}$（↑），$F_{Ay} = 5\text{kN}$（↓）

b) $F_{By} = 3.54\text{kN}$

2-14　a) $F_{Ay} = 15\text{kN}$（↓），$F_{By} = 40\text{kN}$（↑），$F_{Dy} = 15\text{kN}$（↑）

b) $F_{By} = 3\text{kN}$（↑），$F_{Ay} = 1\text{kN}$（↑），$M_A = 2\text{kN} \cdot \text{m}$

2-15　a) $F_{Ay} = 90\text{kN}$（↓），$F_{By} = 30\text{kN}$（↑），$F_{Ax} = F_{Bx} = 30\text{kN}$（→）

b) $F_{By} = 48.33\text{kN}$（↑），$F_{Ay} = 21.67\text{kN}$（↑），$F_{Ax} = 18.33\text{kN}$（→），

$F_{Bx} = 18.33\text{kN}$（←）

第三章　截面的几何性质

一、截面的形心和静矩

材料力学研究的是杆件的强度、刚度和稳定性问题，这些都与杆件横截面的几何性质密切相关。反映截面形状和尺寸某些性质的一些量（如 A、S、I_ρ、I_z 等）统称为截面的几何性质。下面介绍材料力学中常用的截面几何性质的定义和计算方法。

1. 截面的静矩

图 3-1 所示的平面图形代表任一截面，其面积为 A。在图形内任取微面积 dA，其坐标为 (z, y)。定义乘积 zdA 和 ydA 分别为微面积 dA 对 y 轴和 z 轴的静矩。整个图形的面积 A 对 z 轴和 y 轴的静矩分别表示为

$$S_z = \int_A y dA \qquad (3\text{-}1a)$$

$$S_y = \int_A z dA \qquad (3\text{-}1b)$$

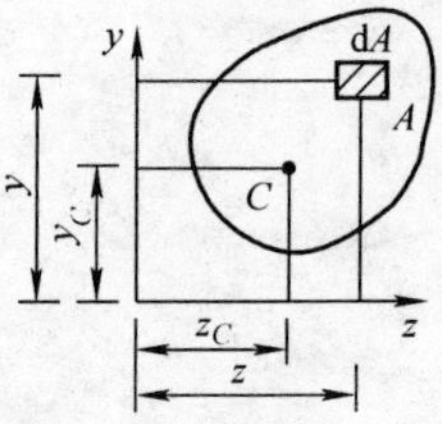

图　3-1

静矩是对一定轴而言的，同一截面对不同坐标轴的静矩是不同的。从式（3-1）可以看出，静矩可能为正值或负值，也可能为 0，其常用单位是 m^3 或 mm^3。

在实际中，截面经常由几个简单的图形组成，由于简单图形的面积及其形心位置均为已知，从静矩定义可知，截面各组成部分对于某一轴的静矩代数和等于该截面对于同一轴的静矩。即

$$S_z = \sum_{i=1}^{n} A_i \overline{y_i}, \quad S_y = \sum_{i=1}^{n} A_i \overline{z_i} \qquad (3\text{-}2)$$

2. 截面的形心

形心是指截面图形的几何中心，在工程中往往需要知道平面图形形心的位置。若截面的形心坐标为 (z_C, y_C)（C 为截面的形心），将面积看成一组平行力，即等厚、均质薄板的重力，由合力矩定理可得

$$y_C = \frac{\int_A y dA}{A}, \quad z_C = \frac{\int_A z dA}{A} \qquad (3\text{-}3)$$

显然均质薄板的重心与该薄板平面图形的形心是重合的，故式（3-3）可用来计算截面的形心坐标。式（3-3）可改写成

$$y_C = \frac{S_z}{A}, \quad z_C = \frac{S_y}{A} \tag{3-4}$$

或写成

$$S_z = y_C A, \quad S_y = z_C A \tag{3-5}$$

由式（3-5）可知，若 y 轴和 z 轴都通过截面形心，则 y_C、z_C 都等于 0，此时，$S_z = 0$，$S_y = 0$，即截面对通过其形心轴的静矩等于 0。反之，若截面对某轴的静矩等于 0，则该轴一定通过截面形心。

由于有些截面是组合截面，将式（3-2）代入式（3-4）可得计算组合截面形心坐标式为

$$y_C = \frac{\sum_{i=1}^{n} A_i \overline{y_i}}{\sum_{i=1}^{n} A_i}, \quad z_C = \frac{\sum_{i=1}^{n} A_i \overline{z_i}}{\sum_{i=1}^{n} A_i} \tag{3-6}$$

例3-1 图 3-2 所示的 L 形截面，试求该截面的形心位置（图中单位为 mm）。

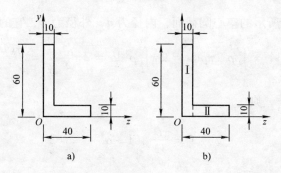

图 3-2

解：（1）如图 3-2 所示，L 形截面可看成由矩形 I 和矩形 II 组成，C_1、C_2 分别为两矩形的形心。则两矩形的截面面积和形心坐标分别为

$$A_I = 60\text{mm} \times 10\text{mm} = 600\text{mm}^2, \quad A_{II} = 30\text{mm} \times 10\text{mm} = 300\text{mm}^2$$

$$y_{CI} = 30\text{mm}, \quad z_{CI} = 5\text{mm}; \quad y_{CII} = 5\text{mm}, \quad z_{CII} = 25\text{mm}$$

（2）根据式（3-6）求 L 形截面的形心：

$$y_C = \frac{\sum_{i=1}^{2} A_i \overline{y_i}}{\sum_{i=1}^{2} A_i} = \frac{A_I y_{CI} + A_{II} y_{CII}}{A_I + A_{II}} = \frac{600 \times 30 + 300 \times 5}{600 + 300} \text{mm} = 21.67\text{mm}$$

$$z_C = \frac{\sum\limits_{i=1}^{2} A_i \, \overline{z_i}}{\sum\limits_{i=1}^{2} A_i} = \frac{A_{\mathrm{I}} z_{C\mathrm{I}} + A_{\mathrm{II}} z_{C\mathrm{II}}}{A_{\mathrm{I}} + A_{\mathrm{II}}} = \frac{600 \times 5 + 300 \times 25}{600 + 300} \mathrm{mm} = 11.67 \mathrm{mm}$$

二、惯性矩、惯性积及惯性半径

1. 极惯性矩

任一截面（图 3-3），其面积为 A，从截面中坐标为 (y, z) 处取一微面积 $\mathrm{d}A$，则 $\mathrm{d}A$ 与其至坐标原点 O 的距离平方的乘积 $\rho^2 \mathrm{d}A$，称为微面积对 O 点的极惯性矩。而对其在整个面积 A 上进行积分得

$$I_\rho = \int_A \rho^2 \mathrm{d}A \tag{3-7}$$

式中，I_ρ 为整个截面对于 O 点的极惯性矩，单位为 m^4 或 mm^4。

如图 3-4a 所示，直径为 d 的圆截面，取宽度为 $\mathrm{d}\rho$ 的圆环形区域作为微面积，令 $\mathrm{d}A = 2\pi\rho\mathrm{d}\rho$，得

$$I_\rho = \int_A \rho^2 \mathrm{d}A = \int_0^{\frac{d}{2}} \rho^2 2\pi\rho\mathrm{d}\rho = 2\pi \int_0^{\frac{d}{2}} \rho^3 \mathrm{d}\rho = 2\pi \frac{\rho^4}{4} \Big|_0^{\frac{d}{2}} = \frac{\pi d^4}{32} \tag{3-8}$$

对于图 3-4b 所示的空心圆截面，内径为 d，外径为 D，它的极惯性矩为

$$I_\rho = \int_A \rho^2 \mathrm{d}A = \int_{\frac{d}{2}}^{\frac{D}{2}} \rho^2 2\pi\rho\mathrm{d}\rho = 2\pi \int_{\frac{d}{2}}^{\frac{D}{2}} \rho^3 \mathrm{d}\rho = 2\pi \frac{\rho^4}{4} \Big|_{\frac{d}{2}}^{\frac{D}{2}} = \frac{\pi(D^4 - d^4)}{32}$$

如果令 $\alpha = \dfrac{d}{D}$，则

$$I_\rho = \frac{\pi D^4}{32} (1 - \alpha^4) \tag{3-9}$$

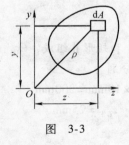

图　3-3

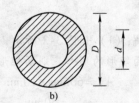

图　3-4

2. 惯性矩

如图 3-3 所示，对于任一截面，在图形内任取一微面积 $\mathrm{d}A$，其坐标是 (y, z)。将乘积 $y^2 \mathrm{d}A$ 和 $z^2 \mathrm{d}A$ 分别称为微面积 $\mathrm{d}A$ 对 z 轴和 y 轴的惯性矩，将积分

$\int_A y^2 \mathrm{d}A$ 和 $\int_A z^2 \mathrm{d}A$ 分别称为整个截面对 z 轴和 y 轴的惯性矩，分别用 I_z 和 I_y 来表示，即

$$I_z = \int_A y^2 \mathrm{d}A, \qquad I_y = \int_A z^2 \mathrm{d}A \qquad (3-10)$$

惯性矩恒为正值，其常用的单位是 m^4 和 mm^4。

在极惯性矩中，ρ 为微面积 $\mathrm{d}A$ 的矢径，$\rho^2 = y^2 + z^2$，因此，

$$I_\rho = \int_A \rho^2 \mathrm{d}A = \int_A (y^2 + z^2) \mathrm{d}A = \int_A y^2 \mathrm{d}A + \int_A z^2 \mathrm{d}A = I_z + I_y \qquad (3-11)$$

即截面图形对于任一相互垂直的两直角坐标轴的惯性矩之和，恒等于它对该两轴交点的极惯性矩。

图 3-5a 所示矩形截面，高度为 h，宽度为 b，取 y 轴和 z 轴为截面形心轴，且平行于矩形两边。则矩形截面对 z 轴和 y 轴的惯性矩分别为

$$I_z = \frac{bh^3}{12}, \qquad I_y = \frac{hb^3}{12} \qquad (3-12)$$

图 3-5b 所示圆形截面，设半径为 R，直径为 D，取 y 轴和 z 轴为截面形心轴，则

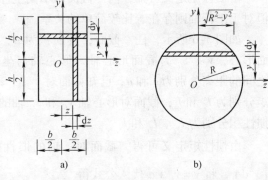

图　3-5

$$I_z = I_y = \frac{\pi D^4}{64} \qquad (3-13)$$

3. 惯性积

如图 3-3 所示，对于任一横截面，在图形上取任一微面积 $\mathrm{d}A$，其坐标是 (y, z)。将乘积 $yz\mathrm{d}A$ 称为该微面积对两坐标轴的惯性积，而积分 $\int_A yz\mathrm{d}A$ 为整个截面对于 y、z 两坐标轴的惯性积，用 I_{yz} 表示，即

$$I_{yz} = \int_A yz\mathrm{d}A \qquad (3-14a)$$

同理可得

$$I_{xy} = \int_A xy\mathrm{d}A, \qquad I_{xz} = \int_A xz\mathrm{d}A \qquad (3-14b)$$

由式（3-14）可知，同一截面对于不同坐标轴的惯性矩或惯性积一般是不同的。惯性矩的数值恒为正值，而惯性积则可能为正值，也可能为负值，也可能为零。若 y、z 两坐标轴中有一个为截面的对称轴，则其惯性积 I_{yz} 为 0。惯性积的单位和惯性矩的单位一样，均为 m^4。

4. 惯性半径

在某些应用中，将惯性矩表示为截面面积 A 与某一长度平方的乘积，即

$$I_y = i_y^2 A, \qquad I_z = i_z^2 A \tag{3-15}$$

式中，i_y、i_z 分别为截面对 y 轴和 z 轴的惯性半径，单位为 m。

从式（3-15）可以得到惯性半径的计算公式，即

$$i_y = \sqrt{\frac{I_y}{A}}, \qquad i_z = \sqrt{\frac{I_z}{A}} \tag{3-16}$$

三、组合截面的惯性矩计算

1. 平行移轴公式

由惯性矩定义可知，同一截面对不同坐标轴的惯性矩和惯性积一般是不同的，但对于平行轴则存在着比较简单的关系。

如图 3-6 所示，任一截面，其面积为 A，设 C 为截面形心，y_C、z_C 为截面形心轴，形心轴与坐标轴 y、z 之间的距离分别为 b 和 a，已知截面对 y 轴、z 轴的惯性矩分别为 I_y 和 I_z，截面对形心轴 y_C 和 z_C 轴的惯性矩和惯性积分别为 I_{y_C}、I_{z_C} 和 $I_{y_C z_C}$。

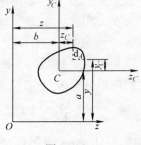

图 3-6

由惯性矩定义可得，截面对 z 轴的惯性矩为 $I_z = \int_A y^2 \mathrm{d}A$，将 $y = y_C + a$ 代入公式得

$$I_z = \int_A y^2 \mathrm{d}A = \int_A (y_C + a)^2 \mathrm{d}A = \int_A y_C^2 \mathrm{d}A + 2a \int_A y_C \mathrm{d}A + a^2 \int_A \mathrm{d}A$$

因为 $\int_A y_C^2 \mathrm{d}A$ 为截面形心轴惯性矩，$\int_A y_C \mathrm{d}A$ 为截面对形心轴的静矩，其值为零；$\int_A \mathrm{d}A = A$，故上式简化为

$$I_z = I_{z_C} + a^2 A \tag{3-17a}$$

同理可得

$$I_y = I_{y_C} + b^2 A \tag{3-17b}$$

$$I_{yz} = I_{y_C z_C} + abA \tag{3-17c}$$

由式（3-17），可以得出惯性矩和惯性积的平行移轴公式，即截面对任一轴的惯性矩和惯性积等于它对平行于该轴的形心轴的惯性矩和惯性积，加上截面面积与两轴间距离的平方的乘积。

2. 组合截面的惯性矩和惯性积

实际工程中常常遇到组合截面，特别是建筑中的组合梁截面，如由钢板焊成箱形梁、Ⅰ字形梁、T 形梁等。由惯性矩和惯性积的定义可知，组合截面对于某

一坐标轴的惯性矩（或惯性积）可以看成其各组成部分对同一轴的惯性矩（或惯性积）之和。计算公式为

$$I_y = \sum_{i=1}^{n} I_{y_i}, \quad I_z = \sum_{i=1}^{n} I_{z_i}, \quad I_{yz} = \sum_{i=1}^{n} I_{y_i z_i} \tag{3-18}$$

式中，I_y、I_z、I_{yz} 分别为组合截面中各组成部分对于 y 轴、z 轴的惯性矩和惯性积。

例 3-2　试求图 3-7 所示的一倒 T 形截面对 z 轴的惯性矩（z 轴与截面下边缘重合，图中单位为 mm）。

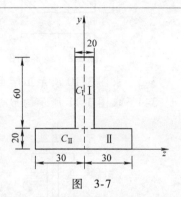

图　3-7

解： 如图所示，将 T 形截面分成两个矩形 Ⅰ、Ⅱ，分别计算每个矩形对 z 轴的惯性矩后相加。

由图知：矩形 Ⅰ 的形心距 z 轴 50mm，面积 $A_{\mathrm{I}} = 1200\mathrm{mm}^2$；矩形 Ⅱ 的形心距 z 轴 10mm，面积 $A_{\mathrm{II}} = 1200\mathrm{mm}^2$，由式（3-12）及式（3-17）求得矩形 Ⅰ、Ⅱ 对 z 轴的惯性矩分别为

$$I_{z\mathrm{I}} = I_{z_C\mathrm{I}} + a_{\mathrm{I}}^2 A_{\mathrm{I}} = \left(\frac{20 \times 60^3}{12} + 50^2 \times 1200\right)\mathrm{mm}^4 = 3360000\mathrm{mm}^4 = 336\mathrm{cm}^4$$

$$I_{z\mathrm{II}} = I_{z_C\mathrm{II}} + a_{\mathrm{II}}^2 A_{\mathrm{II}} = \left(\frac{60 \times 20^3}{12} + 10^2 \times 1200\right)\mathrm{mm}^4 = 160000\mathrm{mm}^4 = 16\mathrm{cm}^4$$

故截面对 z 轴的惯性矩为

$$I_z = I_{z\mathrm{I}} + I_{z\mathrm{II}} = 336\mathrm{cm}^4 + 16\mathrm{cm}^4 = 352\mathrm{cm}^4$$

思 考 题

3-1　什么是图形的静矩？静矩可以是正值、负值或零吗？

3-2　怎样计算平面图形的形心位置？什么是形心轴？

3-3　什么是平面图形的极惯性矩？怎样计算实心圆截面、空心圆截面的极惯性矩？

3-4　什么是平面图形的惯性矩？平面图形的惯性矩和极惯性矩有何关系？

3-5　什么是平行移轴公式？怎样计算组合截面的惯性矩和惯性积？

练 习 题

3-1　图 3-8 所示 T 形截面，$b_1 = 0.2\mathrm{m}$，$b_2 = 0.3\mathrm{m}$，$h_1 = 0.5\mathrm{m}$，$h_2 = 0.2\mathrm{m}$。求：（1）形心的位置；（2）阴影部分对 z_C 轴的静矩。

3-2　求图 3-9 所示槽形截面的形心及截面对形心轴 z 轴的惯性矩（图中单位为 mm）。

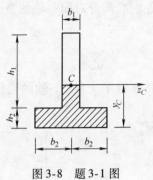

图 3-8　题 3-1 图

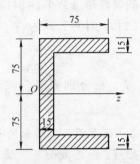

图 3-9　题 3-2 图

3-3　求图 3-10 所示工字形截面对形心轴 z 轴的惯性矩（图中单位为 mm）。

3-4　求图 3-11 所示的形心惯性矩（单位：mm）。

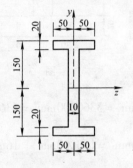

图 3-10　题 3-3 图

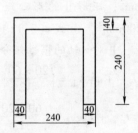

图 3-11　题 3-4 图

3-5　图 3-12 所示为由两个 25b 的槽钢组成的平面，当组合平面对于两形心主轴的惯性矩 $I_y = I_z$ 时，求间距 b 的大小。

3-6　如图 3-13 所示，试求工字钢与槽钢组合截面的形心坐标 y_C 及对形心轴 x 的惯性矩 I_x。

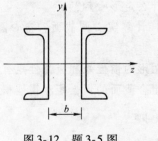

图 3-12　题 3-5 图

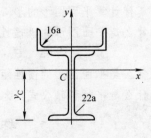

图 3-13　题 3-6 图

部分习题参考答案

3-1　$y_C = 0.26\text{m}$，$S_z = 19.56 \times 10^{-3}\text{m}^3$

3-2　$x_C = 24.17\text{mm}$, $I_z = 12.45 \times 10^6 \text{mm}^4$

3-3　$I_z = 93.18 \times 10^6 \text{mm}^4$

3-4　$y_C = 145\text{mm}$, $I_{z_C} = 141.01 \times 10^6 \text{mm}^4$, $I_{yC} = 208.21 \times 10^6 \text{mm}^4$

3-5　$b = 14.32\text{cm}$

3-6　$y_C = 158.5\text{mm}$, $I_x = 5917\text{cm}^4$

第四章 轴向拉伸与压缩

当外力作用线与杆件轴线相重合时，称杆件为拉（压）杆。力作用线箭头离开端截面的外力（图 4-1a）叫做拉力，力作用线箭头指向端截面的外力（图 4-1b）叫做压力。杆件在一对大小相等、方向相反的拉力作用下发生伸长变形，叫做轴向拉伸。若这对力是压力，则发生缩短变形，叫做轴向压缩。在工程中组成桁架的杆件、房屋结构中的柱、起重构架中的二力杆等均属拉（压）杆。

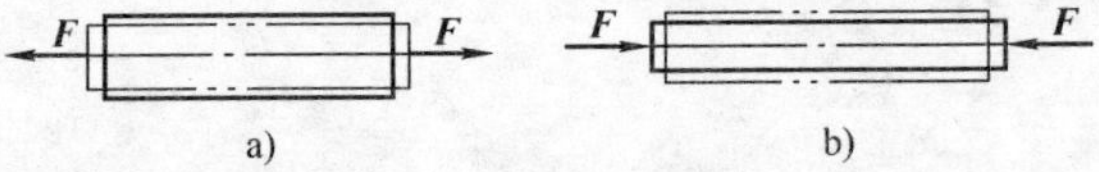

图 4-1

第一节 拉（压）杆横截面上的内力、轴力图

为解决杆件的强度与刚度问题，必须了解杆件各横截面上的内力。所谓内力，是指由于杆件受外力作用后，在其内部所引起的各部分之间的相互作用力。下面以弹簧为例说明，当我们对弹簧施加一对轴向拉力，弹簧随之发生伸长变形，同时弹簧必然产生一种阻止其伸长变形的抵抗力，手拉弹簧费力，正是我们感受到的弹簧的抵抗力。力学中把构件对变形的抗力称为内力。构件的内力是由于外力作用才引起的，因此又称其为附加内力。

下面介绍常用的用截面法求内力的方法。

图 4-2a 所示杆件受一对轴向外力作用，为求杆件某一横截面上的内力，可假想在该处用 m—m 截面将杆件截为两部分。保留左段（图 4-2b），则在 m—m 截面上原互相作用的内力以外力的形式显示了出来，令其合力为 F_N，也即用力 F_N 代替被舍弃的右段对左段的作用。因杆件在一对外力作用下处于静力平衡状态，所以截取的左段也应处于平衡状态。由二力平衡条件可知，在截面上分布的内力的合力 F_N 必与轴线重合。令

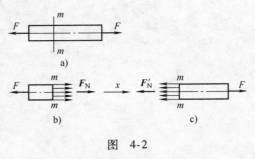

图 4-2

杆件轴线方向为 x 坐标方向，对左段建立静力平衡方程：

$$\sum F_x = 0, \quad F_N - F = 0$$

从而得 m—m 截面上内力：　　　$F_N = F$

可用同样的方法研究右段的平衡（图4-2c），得　$F'_N = F$

截面法是建筑力学中求内力的一个基本方法，现将截面法求内力的过程归纳为以下三个步骤：

（1）截开　在需要求内力的截面处，用假想的截面将构件截开为两部分。

（2）代替　留下一部分（即脱离体），弃去一部分，并以内力代替弃去部分对保留部分的作用。

（3）平衡　对脱离体建立静力平衡方程，求解未知内力。

杆件受多个轴向外力作用，杆件各横截面上内力的大小与性质（拉、压）可用轴力图表示。轴力图的 x 横坐标轴平行杆件轴线，表示相应的横截面位置；纵坐标表示内力值，如果内力为轴向拉力，则画在 x 轴上方；反之，轴向压力画在 x 轴的下方。从轴力图中可找到杆件最大轴向内力 F_{Nmax} 的位置。

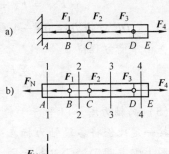

例4-1　一直杆受轴向外力作用，已知 $F_1 = 2\mathrm{kN}$、$F_2 = 5\mathrm{kN}$、$F_3 = 4\mathrm{kN}$、$F_4 = 3\mathrm{kN}$，如图4-3a所示。试求杆内各截面的轴力，并画轴力图。

解：（1）为了运算方便，首先求出支座反力。根据平衡条件可知，x 轴向拉压杆固定端的支座反力只有轴力，如图4-3b所示，取整根杆为研究对象，列平衡方程为

$$\sum F_x = 0, \quad -F_N - F_1 + F_2 - F_3 + F_4 = 0$$
$$F_N = -F_1 + F_2 - F_3 + F_4$$
$$= -2\mathrm{kN} + 5\mathrm{kN} - 4\mathrm{kN} + 3\mathrm{kN}$$
$$= 2\mathrm{kN}$$

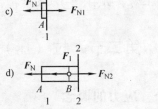

（2）求各段杆的轴力。在计算中，为了使计算结果的正、负号与轴力规定的符号一致，在假设截面轴力指向时，一律假设为拉力。如果计算结果为正，表示内力的实际指向与假设指向相同，轴力为拉力；如果计算结果为负，表明内力的实际指向与假设指向相反，轴力为压力。

1）求 AB 段轴力：用1—1截面将杆件在

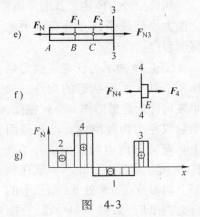

图　4-3

AB 段内截开，取左段为研究对象，如图 4-3c 所示，以 F_{N1} 表示截面上的轴力，由平衡方程得

$$\sum F_x = 0, \quad -F_N + F_{N1} = 0 \quad F_{N1} = F_N = 2kN（拉力）$$

2）求 BC 段轴力：用 2—2 截面将杆件截开，取左段为研究对象，如图 4-3d 所示，由平衡方程得

$$\sum F_x = 0, \quad -F_N - F_1 + F_{N2} = 0$$

$$F_{N2} = F_N + F_1 = 4kN（拉力）$$

3）求 CD 段轴力：用 3—3 截面将杆件截开，取左段为研究对象，如图 4-3e 所示，由平衡方程得

$$\sum F_x = 0, \quad -F_N - F_1 + F_2 + F_{N3} = 0$$

$$F_{N3} = F_N + F_1 - F_2 = -1kN（压力）$$

4）求 DE 段轴力：用 4—4 截面将杆件截开，取右段为研究对象，如图 4-3f 所示，由平衡方程得

$$\sum F_x = 0, \quad F_4 - F_{N4} = 0$$

$$F_{N4} = F_4 = 3kN（拉力）$$

（3）画轴力图。以平行于杆轴的 x 轴为横坐标，垂直于杆轴的坐标轴为 y 轴，按一定比例将各段轴力标在坐标轴上，可作出轴力图，如图 4-3g 所示，在轴力图上需表明 ⊕、⊖ 以表示拉、压。

第二节　拉（压）杆横截面及斜截面上的应力

一、应力的概念

构件受外力作用，其内部横截面上某点分布内力的集度称为该点的应力。应力的大小反映了该点分布内力的强弱程度。

图 4-4a 所示为任意平面力系作用下处于平衡状态的构件。如果在构件上假想地作 m—m 截面，然后取左边为脱离体，可知截面上必有分布内力与外力 F_1、F_2、F_3 平衡。分布内力并不一定在截面上均匀分布，K 处 ΔA 面积上的合力为 ΔF，如图 4-4b 所示，则

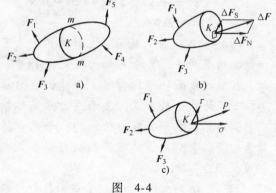

图　4-4

K 处 ΔA 面积上的平均应力 $p_m = \dfrac{\Delta F}{\Delta A}$。当 $\Delta A \to 0$ 时的极限值，即为 K 点的应力（图 4-4c）：

$$p = \lim_{\Delta A \to 0} \frac{\Delta F}{\Delta A} = \frac{\mathrm{d}F}{\mathrm{d}A}$$

工程上的构件，常常是垂直于截面的正应力 σ 引起材料的分离破坏，平行于截面的切应力 τ 引起材料的滑移破坏。故将 ΔA 面积上的分布内力 ΔF 分解为垂直于截面的分布内力 ΔF_N 与平行于截面的分布内力 ΔF_S，当 $\Delta A \to 0$ 时的应力极限值，即为 K 点的正应力与切应力：

$$\sigma = \lim_{\Delta A \to 0} \frac{\Delta F_N}{\Delta A} = \frac{\mathrm{d}F_N}{\mathrm{d}A} \tag{4-1}$$

$$\tau = \lim_{\Delta A \to 0} \frac{\Delta F_S}{\Delta A} = \frac{\mathrm{d}F_S}{\mathrm{d}A} \tag{4-2}$$

应力的单位为 $\dfrac{力}{长度^2}$，在国际单位制中，应力单位为帕［斯卡］，符号为 Pa，$1\mathrm{Pa} = 1\mathrm{N/m^2}$，$1\mathrm{kPa} = 1 \times 10^3 \mathrm{Pa}$，$1\mathrm{MPa} = 1 \times 10^6 \mathrm{Pa}$，$1\mathrm{GPa} = 1 \times 10^9 \mathrm{Pa}$。

二、拉（压）杆横截面上的应力

受轴向拉（压）力、横截面面积为 A 的杆件，其横截面上法向内力的大小可用截面法求得。那么内力在横截面上是否均匀分布？应力的大小与内力的关系又如何？为此，采用观察杆件受力后的变形情况进行分析、研究，从而得到结论。首先在杆件未受力前的表面画两条横向线 ab、cd 表示横截面，再画两条纵向线 ef、gh（图 4-5a）表示纵向截面。当杆件受一对轴向拉力 F 作用后，将发生伸长变形（图 4-5b），原来的纵向线伸长变形为图中的 $e'f'$、$g'h'$；原来的横向线缩短为 $a'b'$、

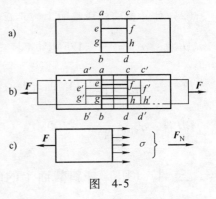

图 4-5

$c'd'$，但是各直线变形后仍保持为直线。通过实验观察，由表及里作出杆件内部变形的几何假设，即杆件的横截面变形前是平面，变形后仍保持为平面，这称之为平面假设。两横截面在变形后只是相对平移了一段距离，即两横截面间各纵向线的伸长变形相等，这表明横截面上的法向内力是均匀分布的（图 4-5c），各点分布内力的集度均相等，横截面上分布内力的合力为 F_N。

由式（4-1），横截面上一点的正应力

$$\sigma = \frac{\mathrm{d}F_{\mathrm{N}}}{\mathrm{d}A}$$

可表达为 $\qquad\qquad\qquad \mathrm{d}F_{\mathrm{N}} = \sigma\mathrm{d}A$

两边积分得 $\qquad\qquad F_{\mathrm{N}} = \int \mathrm{d}F_{\mathrm{N}} = \int_A \sigma\mathrm{d}A$

由于 σ 在横截面上各点均相等，则

$$F_{\mathrm{N}} = \sigma\int_A \mathrm{d}A = \sigma A$$

所以可得拉（压）杆横截面上正应力的计算式为

$$\sigma = \frac{F_{\mathrm{N}}}{A} \qquad\qquad\qquad\qquad\qquad (4\text{-}3)$$

当轴力为正号（拉伸）时，正应力也为正号，称为拉应力；当轴力为负号（压缩）时，正应力也为负号，称为压应力。具有最大正应力 $\sigma_{\max}$ 的截面称为杆件的危险截面。

例 4-2　图 4-6a 所示一阶梯杆，已知横截面面积为 $A_1 = 400\mathrm{mm}^2$，$A_2 = 300\mathrm{mm}^2$，$A_3 = 200\mathrm{mm}^2$，试求各横截面上的应力。

解：（1）用截面法计算轴力，画轴力图 $F_{\mathrm{N1}} = 50\mathrm{kN}$，$F_{\mathrm{N2}} = 10\mathrm{kN}$，$F_{\mathrm{N3}} = -20\mathrm{kN}$，轴力图如图 4-6b 所示。

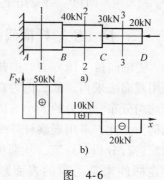

图　4-6

（2）计算各段杆横截面上的正应力

AB 段：$\sigma_{AB} = \dfrac{F_{\mathrm{N1}}}{A_1} = 125\mathrm{MPa}$（拉应力）

BC 段：$\sigma_{BC} = \dfrac{F_{\mathrm{N2}}}{A_2} = 33\mathrm{MPa}$（拉应力）

CD 段：$\sigma_{CD} = \dfrac{F_{\mathrm{N3}}}{A_3} = -100\mathrm{MPa}$（压应力）

三、拉（压）杆斜截面上的应力

由于拉（压）杆的破坏断口并不一定都在垂直于轴线的横截面上，同时，为了研究拉（压）杆内一点沿不同方位斜截面上的应力情况，所以，首先要学会分析拉（压）杆斜截面上的内力。

如图 4-7a 所示，杆件轴线方向为 x 方向，斜截面与横截面的夹角为 θ，该斜截面法线与 x 轴正向也等于 θ（θ 以逆时针转向为正）。假想用斜截面将杆分成两部分，取左段为脱离体（图 4-7b），用内力 $F_{\mathrm{N}\theta}$ 表示右段对左端的作用，因为 $F_{\mathrm{N}\theta}$ 在斜面上也是均匀分布的，θ 截面面积用 A_θ 表示，则 θ 面上均匀分布的内力为

$$p_\theta = \frac{F_{N\theta}}{A_\theta}$$

由于 A_θ 是斜截面的面积，从几何投影关系可知

$$A_\theta = \frac{A}{\cos\theta}$$

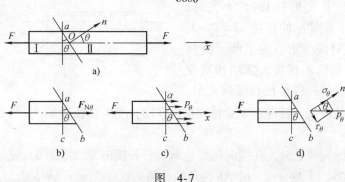

图　4-7

将杆件在 a—b 截面处截开，取左半段为研究对象，如图 4-7b 所示，由静力平衡方程得

$$\sum F_x = 0, \qquad F_{N\theta} = F$$

$$p_\theta = \frac{F_{N\theta}}{A_\theta} = \frac{F}{A_\theta} = \frac{F}{A}\cos\theta = \sigma\cos\theta \quad (\sigma \text{ 为横截面上的正应力})$$

为便于研究，通常将 p_θ 分解为与斜截面垂直的正应力 σ_θ 和与斜截面相切的切应力 τ_θ，如图 4-7d 所示，由投影关系得到

$$\sigma_\theta = p_\theta\cos\theta = \sigma\cos^2\theta = \frac{1}{2}\sigma(1 + \cos2\theta) \tag{4-4}$$

$$\tau_\theta = p_\theta\sin\theta = \sigma\cos\theta\sin\theta = \frac{1}{2}\sigma\sin2\theta \tag{4-5}$$

式（4-4）、式（4-5）反映出轴向受拉杆斜截面上任一点的正应力 σ_θ 和切应力 τ_θ 的数值随斜截面位置 θ 角变化的规律。同样它们也适用于轴向受压杆。

当 $\theta = 0$ 时，$\sigma_\theta = \sigma_{max}$，$\tau_\theta = 0$，即最大正应力发生在垂直于杆轴的横截面上。

当 $\theta = 45°$ 时，$\sigma_\theta = \frac{1}{2}\sigma$，$\tau_\theta = \tau_{max} = \frac{1}{2}\sigma$，即最大切应力发生在与横截面上呈 45° 角的斜截面上，为最大正应力的一半。

当 $\theta = 90°$ 时，$\sigma_\theta = 0$，$\tau_\theta = 0$，即纵向面上正应力、切应力均为零。

σ_θ 和 τ_θ 的正负号规定如下：正应力 σ_θ 以拉应力为正，压应力为负；切应力 τ_θ 以它使研究对象绕其中任意一点有顺时针转动趋势时为正，反之为负。

第三节　拉（压）杆的变形、胡克定律

直杆受一对轴向拉力 F 作用时，在纵向（轴线方向）会发生伸长变形，若杆长为 l，伸长变形后长度为 l_1，如图 4-8 所示，则实际伸长量 $\Delta l = l_1 - l$，称为杆的绝对线变形。为了能了解杆件伸长变形的强弱程度，常用相对变形 $\varepsilon = \Delta l/l$ 表示杆件单位长度伸长量，

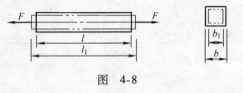

图　4-8

称 ε 为纵向线应变。杆件由于受轴向拉力作用，发生伸长变形，ε 为正，称为拉应变。

拉杆在纵向伸长时，在横向将发生缩短，若横向原尺寸为 b，变形后尺寸为 b_1，则横向线变形 $\Delta b = b_1 - b$，Δb 为负值，横向线应变 $\varepsilon' = \Delta b/b$ 也为负值。

反之，杆件受轴向压力作用，将发生纵向缩短变形，Δl 为负，ε 也为负值，称 ε 为压应变。但横向为伸长变形，故 ε 与 ε' 的正负号相反。

由实验知，纵向线应变 ε 与横向线应变 ε' 成正比关系：

$$\varepsilon' = -\mu\varepsilon \quad \text{或} \quad \mu = \left|\frac{\varepsilon'}{\varepsilon}\right|$$

式中，比例常数 μ 是无量纲量，称为泊松比或横向变形因数，它属于材料的力学性能——材料的弹性常数之一。对于不同的材料有不同的 μ 值，可由实验测定。

工程上常用低碳钢或合金钢材料制成拉（压）杆。实验证明，当杆内的应力不超过材料的比例极限 σ_p（即正应力 σ 与线应变 ε 成正比的最高限度的应力）时，则杆的伸长（或缩短）量 Δl 与轴力 F_N、杆长 l 成正比，而与横截面面积 A 成反比，即

$$\Delta l \propto \frac{F_\mathrm{N} l}{A}$$

引进比例常数 E，则

$$\Delta l = \frac{F_\mathrm{N} l}{EA} \tag{4-6}$$

式中，E 称为拉伸（压缩）弹性模量，表示材料抵抗变形的能力。EA 称为抗拉（或抗压）刚度，反映杆件抵抗变形的能力，抗拉刚度越大，杆件越不易变形。将式（4-6）改写成

$$\frac{\Delta l}{l} = \frac{1}{E} \frac{F_\mathrm{N}}{A}$$

则

$$\varepsilon = \frac{\sigma}{E}$$

或写作

$$\sigma = E\varepsilon \tag{4-7}$$

式（4-6）、式（4-7）所表达的关系称为胡克定律。式中，弹性模量 E 也属材料的弹性常数，其量纲与应力一样，国际常用单位为 Pa 或 MPa。

例4-3　已知 $E = 2 \times 10^5 \mathrm{MPa}$，每段杆的长度为1m，求例4-2中杆端 D 点的水平位移 Δ_D。

解：杆端截面 D 的水平位移实际上就是杆 AD 长度的变化量 Δl，由于杆的截面积不是常数，杆的轴力 AB 段：$F_{NAB} = 50\mathrm{kN}$，BC 段：$F_{NBC} = 10\mathrm{kN}$，CD 段：$F_{NCD} = -20\mathrm{kN}$，故分段计算杆的变形，然后取其代数和。

设 AB 段的变化量为 Δl_1，则

$$\Delta l_1 = \frac{F_{NAB} l_1}{EA_1} = \frac{50 \times 10^3 \times 1}{2 \times 10^{11} \times 400 \times 10^{-6}} \mathrm{m} = 0.625 \times 10^{-3} \mathrm{m} = 0.625 \mathrm{mm} \ （伸长）$$

设 BC 段的变化量为 Δl_2，则

$$\Delta l_2 = \frac{F_{NBC} l_2}{EA_2} = \frac{10 \times 10^3 \times 1}{2 \times 10^{11} \times 300 \times 10^{-6}} \mathrm{m} = 0.17 \times 10^{-3} \mathrm{m} = 0.17 \mathrm{mm} \ （伸长）$$

设 CD 段的变化量为 Δl_3，则

$$\Delta l_3 = \frac{F_{NCD} l_3}{EA_3} = \frac{-20 \times 10^3 \times 1}{2 \times 10^{11} \times 200 \times 10^{-6}} \mathrm{m} = 0.5 \times 10^{-3} \mathrm{m} = 0.5 \mathrm{mm} \ （缩短）$$

故杆的总变形量，即杆端位移 Δ_D 为

$$\Delta_D = \Delta l = \Delta l_1 + \Delta l_2 + \Delta l_3 = 0.625 \mathrm{mm} + 0.17 \mathrm{mm} - 0.5 \mathrm{mm} = 0.295 \mathrm{mm} \ （伸长）$$

第四节　材料在拉伸和压缩时的力学性能

在前面几节中所提及的弹性模量 E、泊松比 μ、比例极限 σ_p 以及拉（压）杆横截面上的正应力达到什么值时构件材料才发生破坏等。这些均属于材料在强度与变形方面的力学性能，对不同的材料是不尽相同的。这些力学性能可在材料的拉伸和压缩基本试验中测定。

为了解决构件的强度、刚度与稳定性问题，必须了解并掌握材料的力学性能。本节通过对常用材料在常温、静载下的拉伸与压缩试验，获取材料的力学性能指标。

一、试件简介

为了使试验所得的材料的力学性能具有可比性，试件尺寸须按国家标准进行

制作。如图 4-9a 所示，拉伸试件为圆截面试件，中间测量变形部分的长度 l_0 称为标距，其直径 d 与标距 l_0 之比有 $l_0/d=5$ 或 $l_0/d=10$ 两种。常用 d 为 10mm、l_0 为 100mm 的试件进行测试。对于压缩试验，为防止试验中压弯试件，故圆截面试件的高度 h 与直径 d 之比为 $1:3$，如图 4-9b 所示。

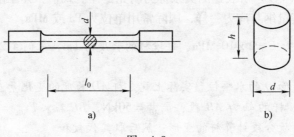

图　4-9

拉伸与压缩试验均可在万能试验机上进行，万能试验机的加载部分可对试件加力，测力部分的测力指针指示加力值，机上绘图部分可绘制 $F-\Delta l$ 的拉伸图。

为观察与测量在加载过程中试件的变形情况，常在试件的标距处安装球铰式引伸仪。具体试件安装、机器仪操作、试验步骤等，请参看《材料力学试验》。

二、材料在拉伸时的力学性能

1. 低碳钢材料

将低碳钢拉伸试件置于万能试验机上做拉伸试验时，从试验机的绘图部分可得到图 4-10a 所示试件受力与变形关系的 $F-\Delta l$ 拉伸图。对于不同尺寸的试件将得到不同坐标值的拉伸图。为了表达材料本身的力学性能，必须消除尺寸的影响，故将纵坐标 F 除以试件横截面面积 A，即以正应力 σ 表示；横坐标 Δl 除以试件标距 l_0，即以线应变 ε 表示，这样处理后得到应力-应变（σ-ε）图（图 4-10b）的形状与拉伸图相似。

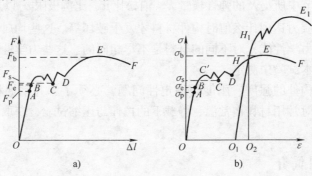

图　4-10

由图 4-10b 所示低碳钢材料的应力-应变图，可将该材料在拉伸时的变形过程分为四个阶段。

第一阶段：图中 OB 部分称为**弹性阶段**。材料在该阶段范围内加载时发生变形，在撤除外力过程中变形可随之全部消失，这种变形叫做弹性变形。该阶段的应力最大值 σ_e 称为材料的弹性极限。

弹性阶段 OA 为直线，即应力 σ 与应变 ε 成正比，常称 OA 为材料的线弹性范围，A 点的应力值 σ_p 称为比例极限。从 A 点至 B 点，σ 与 ε 不成正比，AB 为曲线段。但由于 A、B 两点应力值非常接近，在实验中很难区分，因此，在工程中常说在弹性范围内材料服从胡克定律。低碳钢的比例极限在 200MPa 左右。

第二阶段：试件材料超过弹性范围后，试件中增加的变形为塑性变形。当应力到达 C' 点以后，虽然应力值不再增加，但应变以很快速度增加，称材料到达了**屈服阶段**。材料在屈服阶段，应力值保持在某一数值附近上下波动，在图中呈锯齿状，这是由于材料内部晶格在 45° 方向发生相对滑移所致，此时若将试件表面磨光，可见 45° 的阴影线。取该阶段最低点 C 点的应力值为屈服极限，以 σ_s 表示。低碳钢的 σ_s 约为 240MPa。

第三阶段：经过屈服阶段以后，图中自 D 点起应力与应变恢复曲线上升的关系。直至应力-应变图的最高点 E，称为**强化阶段**。E 点的应力值 σ_b 称为强度极限。低碳钢的 σ_b 约为 400MPa。

若在该阶段中，曲线上升至任意点 H 处时停止加载，并卸载。可发现材料的应力-应变曲线沿着近似平行于 OA 的直线 HO_1 返回至 ε 坐标轴的 O_1 点。OO_1 代表塑性变形，O_1O_2 代表已恢复的弹性变形。若卸载后立即进行第二次加载，则应力-应变曲线仍按原直线 O_1H 上升，至 H 点后，又按照原来的曲线趋势发展直至破坏。若经过一段时间再张拉，材料张拉曲线为 $O_1H_1E_1$，材料的屈服极限、强度极限均有所提高，但材料塑性降低。低碳钢经过预加载后（即从开始加载到强化阶段再卸载），使材料的屈服强度提高，而塑性降低的现象称为冷作硬化。工程中，常利用冷作硬化来提高材料的弹性极限。

第四阶段：从最高点 E 至断裂点 F，这部分曲线称为**局部变形阶段**。试件在不断伸长变形的同时，在某一横截面处逐渐出现较其他横截面细的"缩颈"现象，同时荷载下降，达到 σ-ε 曲线的终点，试件突然在缩颈处断裂。

从上面 σ-ε 曲线的四个阶段可以得出以下结论：①弹性模量 E 是弹性阶段直线 OA 的斜率 $\tan\alpha = \dfrac{\sigma}{\varepsilon}$；②材料服从胡克定律的最高应力值是比例极限 σ_p；③材料的两个强度指标：屈服极限表示材料达到 σ_s 值后，在应力不增加的情况下，塑性变形将很快发展；强度极限 σ_b 表示材料达到 σ_b 值时，将发生断裂破坏。

如图 4-11 所示，试件断裂后，变形中的弹性变形部分随着荷载的卸除而消

失，塑性变形却保存下来。测量试件断裂后原标距 l_0 的变形后长度 l_1，则

伸长率　　$\delta = \dfrac{l_1 - l_0}{l_0} \times 100\%$

测量缩颈断裂处直径，计算断裂处面积 A_1，则

断面收缩率　$\psi = \dfrac{A - A_1}{A} \times 100\%$

式中，A 为试件原横截面面积。

伸长率 δ 与断面收缩率 ψ 是衡量材料塑性的两个重要指标，低碳钢材料：

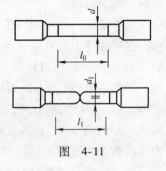

图　4-11

$$\delta \approx 20\% \sim 30\%$$

$$\psi \approx 60\%$$

一般将 $\delta > 5\%$ 的材料称为塑性材料；$\delta < 5\%$ 的材料称为脆性材料。

2. 其他材料在拉伸时的力学性能

典型的脆性材料，其应力-应变曲线是一段微弯的曲线。图 4-12a 所示为灰口铸铁的 σ-ε 图，其特点是从一开始它就不是直线的。对于 σ-ε 图没有直线阶段的材料，通常以某一割线代替图中开始部分的曲线，用该割线的斜率确定材料的弹性模量 E，称为割线弹性模量。脆性材料的强度指标只有一个，即材料发生断裂时的强度极限 σ_b。

工程上规定，对不存在明显屈服阶段的塑性材料，通常将产生 0.2% 塑性应变时所对应的应力作为屈服应力，称为材料的名义屈服极限，并用 $\sigma_{0.2}$ 表示，$\sigma_{0.2} = 0.85\sigma_b$，将它作为衡量材料强度的指标，如图 4-12b 所示。

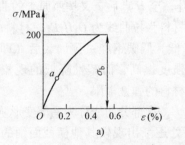
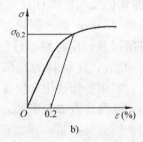

图　4-12

三、材料在压缩时的力学性能

图 4-13a 所示为低碳钢压缩（实线）与拉伸（虚线）的 σ-ε 图，由图可见，曲线的弹性阶段和屈服阶段在拉、压试验中是重合的。故压缩时的弹性模量 E、比例极限 σ_p、屈服极限 σ_s 均与拉伸时的相同，一般只需做拉伸试验即可测定这

些力学指标。由于低碳钢材料是塑性材料，它的延性较好，试件受压以后，随着荷载的不断加大，横向尺寸也相应增大，所以实际单位面积上受力增加较慢，一直可压至很扁，而无法测得受压时的强度极限。例如，图 4-13a 中压缩时的 σ-ε 曲线至强化阶段后，曲线可一直上升，而无法测得断裂点。

图 4-13b 所示为铸铁在压、拉时的 σ-ε 曲线，实线为压缩时的 σ-ε 曲线，虚线为拉伸时的 σ-ε 曲线。比较这两条曲线可知，铸铁压缩的强度极限与塑性指标都较拉伸时的大，经试验测定 $\sigma_{b压} \approx 4\sigma_{b拉}$，故铸铁材料常被作为受压构件。铸铁试件受压破坏的断口为斜截面（图 4-13b），与轴线大致呈 45°的倾角，这说明破坏是由斜截面上切应力达到使材料产生滑移所致。

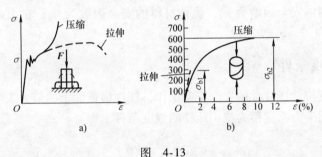

图 4-13

工程中常用的木材是各向异性的材料，它的力学性能是具有方向性的，顺纹方向的强度要比横纹方向的高很多，而且其抗拉强度高于抗压强度。

第五节 极限应力、许用应力和强度条件

一、极限应力

任何一种材料制成的构件都存在一个能承受荷载的固有极限，这个固有极限称为极限应力，用 σ_{jx} 表示。当构件内的工作应力到达此值时，就会被破坏。对于由塑性材料制成的构件，当应力达到屈服极限 σ_s 时，将会产生较大的塑性变形，影响构件的正常工作，这在工程上是不允许的。对于由脆性材料制成的构件，当应力达到强度极限 σ_b 时，将会发生断裂。这两者均为不能承担荷载的破坏标志，所以，极限应力为：

塑性材料：$\sigma_{jx} = \sigma_s$， 脆性材料：$\sigma_{jx} = \sigma_b$

二、许用应力及安全因数

在理想情况下，为了保证构件能正常工作，必须使构件在工作时产生的工作应力不超过材料的极限应力。由于在实际设计时有许多因素无法预计，如实际荷

载有可能超出在计算中所采用的标准荷载，实际结构取用的计算简图往往忽略一些次要因素，个别构件在经过加工后有可能比设计尺寸小，材料并不是绝对均匀等，而这些因素都会造成构件偏于不安全的状态。此外，考虑到构件在使用过程中可能遇到意外事故，或其他不利的工作条件，以及构件的重要性等的影响，在设计时，必须使构件有必要的安全储备，即构件中的最大工作应力不超过某一极限值。将材料的极限应力除以一个大于1的安全因数 n，作为衡量材料承载能力的依据，称为允许应力（或称为许用应力），用 $[\sigma]$ 表示：

$$[\sigma] = \frac{\sigma_{jx}}{n}$$

塑性材料的安全因数为 n_s，脆性材料的安全因数为 n_b。在土建工程中，一般 n_s 取 $1.4 \sim 1.7$，n_b 取 $2 \sim 3$。

三、强度条件

为了保证拉、压杆件的安全正常工作，杆件横截面上的最大工作应力不得超过材料的许用应力，这称为拉、压杆的强度条件，即

$$\sigma_{max} = \frac{F_N}{A} \le [\sigma] \tag{4-8}$$

F_N、A、$[\sigma]$ 三个量中，若已知其中两个，即可用式（4-8）求得第三个未知量。因此，利用强度条件可进行：

1）强度校核，验算杆件内最大工作正应力

$$\sigma_{max} \le [\sigma]$$

2）选择杆件所需的最小横截面面积

$$A \ge \frac{F_N}{[\sigma]}$$

3）计算杆件的最大许可承载能力

$$[F_N] \le [\sigma]A$$

例4-4　结构尺寸及受力如图4-14a所示，AC 可视为刚体，BC 为圆截面钢杆，直径为 $d = 30\text{mm}$，材料为Q235钢，许用应力为 $[\sigma] = 160\text{MPa}$，承受荷载 $F = 50\text{kN}$，试校核此结构的强度。

解： 受力图如图4-14b所示，由平衡方程

$$\sum M_A = 0, F_{CB}\sin45° \times 2\text{m} - F \times 3\text{m} = 0$$

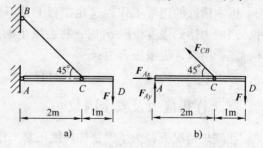

图　4-14

解得
$$F_{CB} = 106\text{kN}$$

则 BC 杆横截面上的应力为

$$\sigma = \frac{F_{CB}}{A} = \frac{F_{CB}}{\dfrac{\pi d^2}{4}} = \frac{4 \times 106 \times 10^3}{\pi \times 30^2 \times 10^{-6}}\text{Pa} = 150\text{MPa} < [\sigma] = 160\text{MPa}$$

由计算结果知，杆 BC 是安全的。

例4-5　图4-15a所示支架，钢杆 AB 为圆截面杆，材料的许用应力 $[\sigma]_1 = 150\text{MPa}$，木杆 BC 为正方形木杆，其许用应力 $[\sigma]_2 = 5\text{MPa}$，$F = 40\text{kN}$。试设计杆的截面尺寸。

图　4-15

解：（1）轴力计算

取结点 B 为研究对象，设钢杆的轴力为 F_{NAB} 为拉力，横截面面积为 A_1。木杆的轴力 F_{NBC} 为压力，横截面面积为 A_2。受力分析如图4-15b所示，根据静力平衡条件，可得

$$\sum F_y = 0,\quad F_{NBC}\sin\alpha - F = 0,\quad F_{NBC} = 50\text{kN}$$
$$\sum F_x = 0,\quad F_{NBC}\cos\alpha - F_{NAB} = 0,\quad F_{NAB} = 30\text{kN}$$

（2）设计钢杆 AB 的截面

由式（4-8）可得，AB 杆的截面尺寸需满足：

$$A \geqslant \frac{F_{NAB}}{[\sigma]_1},\quad 即\frac{\pi d^2}{4} \geqslant \frac{F_{NAB}}{[\sigma]_1}$$

解得
$$d \geqslant 15.9\text{mm}，取 \, d = 16\text{mm}$$

（3）设计木杆 BC 的截面

由式（4-8）可得，BC 杆的截面尺寸需满足：

$$A \geqslant \frac{F_{NBC}}{[\sigma]_2},\quad 即 \, a^2 \geqslant \frac{F_{NBC}}{[\sigma]_2}$$

解得
$$a \geqslant 100\text{mm}，取 \, a = 100\text{mm}$$

第六节　应力集中的概念

受轴向拉伸或压缩的杆件，其横截面上的应力是均匀分布的。但是由于实际工程需要，常在杆件上钻孔、开槽、切口等，以使截面的形状和尺寸发生较大的改变。试验和理论研究表明，构件在截面突变处应力并不是均匀分布的。例如，图4-16a所示开有圆孔的直杆受到轴向拉伸时，在圆孔附近的局部区域内，应力的数值剧烈增加，而在稍远的地方，应力迅速降低而趋于均匀（图4-16b）。又

如，图4-17a所示具有浅槽的圆截面拉杆，在靠近槽边处应力很大，在开槽的横截面上，其应力分布如图4-17b所示。这种由于杆件外形的突然变化而引起局部应力急剧增大的现象，称为应力集中。

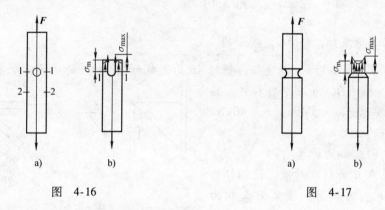

图 4-16   图 4-17

应力集中对构件强度的影响随构件性能不同而异。当构件截面有突变时，会在突变部分发生应力集中现象，截面应力呈不均匀分布，如图4-18a所示。继续增大外力时，塑性材料构件截面上的应力最高点首先到达屈服极限，如图4-18b所示。若再继续增加外力，该点的应力不会

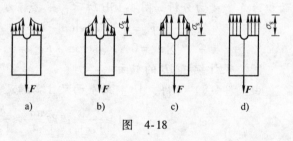

图 4-18

增大，只是应变增加，其他点处的应力继续提高，以保持内外力平衡，外力不断加大，截面上到达屈服极限的区域也逐渐扩大，如图4-18c所示，直至整个截面上各点应力都达到屈服极限（图4-18d），构件才丧失工作能力。因此，对于用塑性材料制成的构件，尽管有应力集中，却并不显著降低它抵抗荷载的能力，所以在强度计算中可以不考虑应力集中的影响。

脆性材料没有屈服阶段，当应力集中处的最大应力达到材料的强度极限时，将导致构件的突然断裂，大大降低了构件的承载能力，因此必须考虑应力集中对其强度的影响。但考虑到脆性材料内部的缺陷（杂质、气孔等）较严重，缺陷处也有应力集中现象，为使杆件安全地工作，采取了适当加大安全因数的方法。故在工程计算中，对这两种材料制造的有截面削弱的杆件进行强度计算时，均以截面削弱处的平均应力小于许用应力作为强度条件，即

$$\sigma_{\mathrm{m}} = \frac{F_{\mathrm{N}}}{A_{\text{净}}} = \frac{F_{\mathrm{N}}}{b_1 \delta} \leqslant [\sigma]$$

思 考 题

4-1 轴力的正负号是如何规定的?

4-2 拉(压)杆横截面上正应力的分布规律是怎样的?

4-3 正应力和切应力的正负号是如何规定的?

4-4 在拉(压)杆中,轴力最大的截面一定是危险截面吗?

4-5 低碳钢在拉伸过程中表现为几个阶段?各有何特点?何谓比例极限、屈服极限与强度极限?

4-6 何谓塑性材料与脆性材料?如何衡量材料的塑性性能?

4-7 何谓工作应力、极限应力和许用应力?

4-8 利用强度条件可以解决工程中哪三种类型的强度计算问题?

4-9 胡克定律有几种表达形式,它们的应用条件是什么?

练 习 题

4-1 试求图4-19所示各杆1—1、2—2、3—3截面的轴力,并作轴力图。

4-2 图4-20所示直杆,已知 $A_1 = 2\text{cm}^2$, $A_2 = 4\text{cm}^2$, $A_3 = 6\text{cm}^2$, $E = 2 \times 10^5\text{MPa}$,求各杆截面的轴力,画出轴力图,并求杆的总伸长。

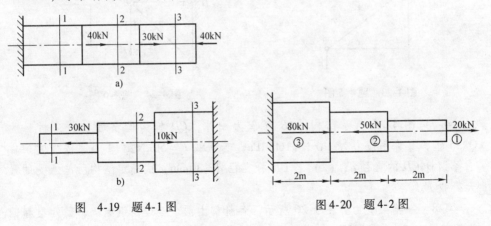

图 4-19 题4-1图   图4-20 题4-2图

4-3 一木柱受力如图4-21所示,柱的横截面边长为200mm的正方形,材料可认为符合胡克定律,材料弹性模量 $E = 10\text{GPa}$。如果不计柱自重,试:(1)作柱的轴力图;(2)求各段柱横截面上的应力;(3)求各段柱的纵向线应变;(4)求柱的总变形。

4-4 图4-22所示三角托架,AB杆为钢杆,BC杆为木杆。钢杆AB的长度 $l = 1\text{m}$,横截面面积 $A_1 = 5\text{cm}^2$,弹性模量 $E_1 = 2 \times 10^5\text{MPa}$;木杆BC的横截面面积 $A_2 = 100\text{cm}^2$,弹性模量 $E_2 = 10^4\text{MPa}$,A、B、C三点均视为铰接,荷载 $F =$

40kN，试求托架结点 B 的水平位移、竖向位移及总位移。

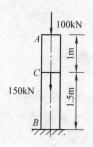

图4-21 题4-3图

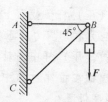

图4-22 题4-4图

4-5 图4-23所示简易吊车的 AB 杆为木杆，BC 杆为钢杆。木杆 AB 的横截面面积 $A_1 = 100\text{cm}^2$，许用应力 $[\sigma]_1 = 10\text{MPa}$；钢杆 BC 的横截面面积 $A_2 = 8\text{cm}^2$，许用应力 $[\sigma]_2 = 150\text{MPa}$。求许可吊重 F。

4-6 图4-24所示支架，钢杆 BD 为直径 $d = 20\text{mm}$ 的圆截面杆，材料的许用应力 $[\sigma]_1 = 150\text{MPa}$；木杆 BC 为横截面面积 $A_2 = 15\text{cm}^2$ 的正方形截面杆，其许用应力 $[\sigma]_2 = 5\text{MPa}$，$F = 4\text{kN}$，试校核支架的强度。

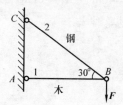

图4-23 题4-5图

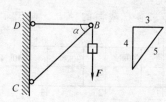

图4-24 题4-6图

4-7 图4-25所示结构，AB 可视为刚体，CD 杆为圆截面钢杆，材料为Q235钢，其许用应力为 $[\sigma] = 160\text{MPa}$，若荷载 $F = 50\text{kN}$。（1）试按强度条件选择钢杆 CD 的直径 d；（2）若 CD 杆直径 $d = 30\text{mm}$，试确定结构所能承受的最大荷载 F。

4-8 一桁架受力如图4-26所示，各杆都由两个等边角钢组成，已知材料的许用应力 $[\sigma] = 160\text{MPa}$，试选择 AC 和 CD 杆角钢的型号。

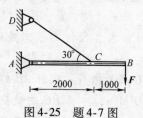

图4-25 题4-7图

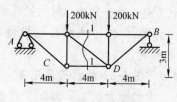

图4-26 题4-8图

4-9 悬臂吊车如图4-27所示，小车可在 AB 梁上移动，斜杆 AC 为圆截面杆，许用应力 $[\sigma] = 160\text{MPa}$，已知小车荷载 $F = 200\text{kN}$，试求杆 AC 的直径 d。

4-10 图4-28所示 AB 刚性梁，用一圆钢杆 CD 悬挂着，B 端作用有集中力 $F = 20\text{kN}$。已知 CD 杆的直径 $d = 20\text{mm}$，长度为1m，许用应力 $[\sigma] = 160\text{MPa}$，弹性模量 $E = 2 \times 10^5 \text{MPa}$。（1）试校核 CD 杆的强度；（2）求 B 点的竖向位移；（3）求结构的许可荷载 $[F]$。

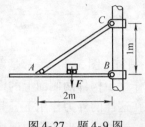

图4-27 题4-9图

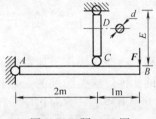

图4-28 题4-10图

部分习题参考答案

4-4 $\Delta_H = 0.4\text{mm}$，$\Delta_V = 1.53\text{mm}$，$\Delta = 1.58\text{mm}$

4-5 $[F] = 57.7\text{kN}$

4-6 强度满足要求

4-7 （1）$d = 35\text{mm}$；（2）$F = 37.7\text{kN}$

4-8 $A_{AC} = 20.83\text{cm}^2$，$A_{CD} = 16.67\text{cm}^2$

4-9 $d = 60\text{mm}$

4-10 （1）强度满足要求；（2）$\Delta_B = 0.72\text{mm}$；（3）$[F] = 33.5\text{kN}$

第五章 剪切与扭转

第一节 剪切概述

工程上一些连接件，如常用的螺栓（图5-1）、销钉（图5-2）等都是发生剪切变形的构件。这类构件的受力和变形的特点是：作用于构件两侧面上的横向外力的合力大小相等、方向相反、作用线相距很近。在这样的外力作用下，其变形特点是：位于两外力作用线间的截面发生相对错动，这种变形形式称为剪切，发生相对错动的截面称为剪切面。剪切面位于构成剪切的两外力之间，且平行于外力作用线。构件中只有一个剪切面的剪切称为单剪，如图5-1所示的螺栓；构件中有两个剪切面的剪切称为双剪，如图5-2所示的销钉。

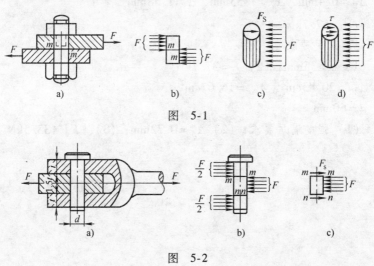

图 5-1

图 5-2

第二节 连接接头的强度计算

一、剪切的计算

设两块钢板用螺栓连接如图5-3a所示，当钢板受拉力 F 作用时，螺栓的受力如图 5-3b 所示，为确定螺栓的强度条件，首先应用截面法确定剪切面上的内力。假想将螺栓沿剪切面 m—m 截开，取下半部分为研究对象（图 5-3c），根据平衡条件，截面 m—m 上必有平行于截面且与外力方向相反的内力存在，这个平行于截面的内力称为剪力，记作 F_S。由平衡条件得

$$F_S = F$$

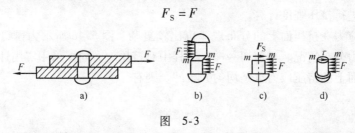

图 5-3

在剪切面上，由于剪切构件的变形比较复杂，因而切应力在剪切面上的分布很难确定。工程上常采用以试验及经验为基础的实用计算法，即假定剪切面上的切应力是均匀分布的，如图 5-3d 所示，则剪切面上任一点的切应力为

$$\tau = \frac{F_S}{A} \tag{5-1}$$

式中，A 为剪切面的面积。

为保证剪切构件工作时安全可靠，要求剪切面上的工作应力不超过材料的许用切应力，即剪切强度条件为

$$\tau = \frac{F_S}{A} \leqslant [\tau] \tag{5-2}$$

式（5-2）称为剪切的强度条件，利用剪切强度条件可以解决三类问题：校核强度、设计截面尺寸及确定许用荷载。

二、挤压的实用计算

构件在受剪切时，常伴随着局部的挤压变形，如图 5-4a 所示的铆钉接头，作用在钢板上的力 F，通过钢板与铆钉的接触面传递给铆钉。当传递的压力增加时，铆钉的侧表面被压溃，或钢板的孔已不再是圆形（图 5-4b）。这种因在接触表面互相压紧而产生局部压陷的现象称为挤压，构件上发生挤压变形的表面称为

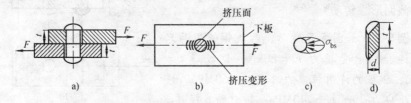

图 5-4

挤压面，挤压面位于两构件相互接触而压紧的地方，与外力垂直，图中挤压面为半圆柱面。作用于挤压面上的外力，称为挤压力，以 F_{bs} 表示。单位面积上的挤压力称为挤压应力，以 σ_{bs} 表示。挤压应力是分布于两构件相互接触表面的局部区域，在工程中，挤压破坏会导致连接松动，影响构件的正常工作。因此对剪切构件还需进行挤压强度计算。

挤压应力在挤压面上的分布规律也比较复杂，图 5-4c 所示为铆钉挤压面上的挤压应力分布情况。和剪切一样，工程中对挤压应力同样采用实用计算法，即假定挤压面上的挤压应力也是均匀分布的。则有

$$\sigma_{bs} = \frac{F_{bs}}{A_{bs}} \tag{5-3}$$

计算挤压面积时，应根据挤压面的形状来确定，当挤压面为平面时，挤压面积等于两构件间的实际接触面积；但当挤压面为曲面时，如铆钉等圆柱形连接件，接触面为半圆柱面，则挤压面积应为实际接触面在垂直于挤压力方向的投影面积，如图 5-4d 所示，挤压面积 $A_{bs} = dt$，d 为螺栓直径，t 为接触面高度。为保证构件的正常工作，要求挤压应力不超过某一许用值，即挤压强度条件为

$$\sigma_{bs} = \frac{F_{bs}}{A_{bs}} \leqslant [\sigma_{bs}] \tag{5-4}$$

式（5-4）称为挤压强度条件，根据此强度条件同样可以解决三类问题：校核强度、设计截面尺寸及确定许用荷载。

三、铆钉（或螺栓）群受力假设

1）若各铆钉的材料及直径均相同，则各铆钉的受力相同。

2）若各铆钉材料相同、直径不同，则各铆钉的受力与该铆钉的截面面积成正比。

3）若铆钉群承受钉群截面内的力偶作用，且各铆钉的材料及直径均相同，则各铆钉的受力（实际为铆钉横截面上的剪力）与其离铆钉群截面形心的垂直距离成正比，而力的方向垂直于该铆钉截面形心至钉群截面形心的连线（即假设连接件将绕钉群截面形心转动）。

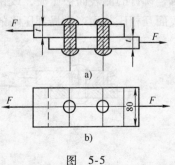

图 5-5

例 5-1 如图 5-5 所示，两块钢板用两只铆钉连接，承受拉力 $F = 60\text{kN}$，钢板厚 $t = 10\text{mm}$，钢板的许用拉应力 $[\sigma] = 160\text{MPa}$，许用挤压应力 $[\sigma_{bs}]_1 = 240\text{MPa}$；铆钉的直径 $d = 17\text{mm}$，许用切应力 $[\tau] = 140\text{MPa}$，许用挤压

应力 $[\sigma_{bs}]_2 = 280\text{MPa}$，试校核铆钉接头的强度。

解：（1）铆钉的剪切强度校核

由铆钉受单剪，得

$$F_S = \frac{F}{n} = \frac{F}{2} = 30\text{kN}$$

则

$$\tau = \frac{F_S}{A} = \frac{30 \times 10^3}{\dfrac{\pi \times 17^2 \times 10^{-6}}{4}}\text{Pa}$$

$$= 132\text{MPa} \leqslant [\tau] = 140\text{MPa}$$

（2）铆钉与钢板的挤压强度校核

由该铆钉接头为搭接，则

$$F_{bs} = \frac{F}{n} = \frac{F}{2} = 30\text{kN}$$

故

$$\sigma_{bs} = \frac{F_{bs}}{A_{bs}} = \frac{F_{bs}}{td} = \frac{30 \times 10^3}{10 \times 17 \times 10^{-6}}\text{Pa} = 176\text{MPa} \leqslant [\sigma_{bs}] = 240\text{MPa}$$

（3）钢板的抗拉强度校核

$$\sigma = \frac{F}{A_{\text{净}}} = \frac{F}{(b-d)t} = \frac{60 \times 10^3}{(80-17) \times 10 \times 10^{-6}}\text{Pa}$$

$$= 95.24\text{MPa} \leqslant [\sigma] = 160\text{MPa}$$

因此，该铆钉接头满足强度要求。

例5-2 两块宽度均为 $b = 150\text{mm}$ 的受拉钢板，按图5-6a所示的铆钉对接连

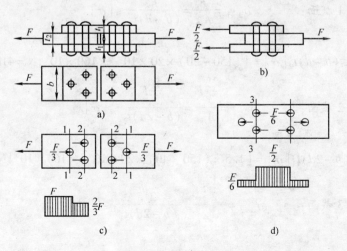

图 5-6

接，已知板的厚度 $t_1 = 12\text{mm}$，$t_2 = 20\text{mm}$，铆钉的直径 $d = 20\text{mm}$，铆钉与钢板的材料相同，许用切应力 $[\tau] = 100\text{MPa}$、许用拉应力 $[\sigma] = 160\text{MPa}$、许用挤压应力 $[\sigma_{bs}] = 280\text{MPa}$，试确定接头所能承受的最大拉力为多少。

解：（1）取脱离体如图5-6b所示，左边的钢板通过铆钉传给上下盖板的力分别为 $F/2$，取铆钉为脱离体，则每个铆钉承担 $F/3$ 的力，且每个铆钉有 2 个剪切面，由截面法得每个截面上的剪力为

$$F_S = \frac{F}{2n} = \frac{F}{6}$$

（2）按铆钉的剪切强度计算

由

$$\tau = \frac{F_S}{A} = \frac{F/6}{\pi d^2 / 4} \leqslant [\tau]$$

得

$$F \leqslant \frac{6}{4} \pi d^2 [\tau] = (1.5 \times \pi \times 20^2 \times 10^{-6} \times 100 \times 10^6)\text{N} = 188.5\text{kN}$$

（3）按挤压强度计算

因为 $2t_1 > t_2$，又材料相同，$A_{bs} = t_2 d$，则由

$$\sigma_{bs} = \frac{F_{bs}}{A_{bs}} = \frac{F/3}{t_2 d} \leqslant [\sigma_{bs}]$$

得

$$F \leqslant 3 t_2 d [\sigma_{bs}] = (3 \times 20 \times 20 \times 10^{-6} \times 280 \times 10^6)\text{N} = 336\text{kN}$$

（4）按拉板及盖板的抗拉强度计算

由 1—1 截面：　　　$\sigma_{1-1} = \dfrac{F}{A_{\text{净}}} = \dfrac{F}{(b-d)t_2} \leqslant [\sigma]$

得

$$F \leqslant (b-d) t_2 [\sigma] = [(150-20) \times 20 \times 10^{-6} \times 160 \times 10^6]\text{N} = 416\text{kN}$$

由 2—2 截面：　　　$\sigma_{2-2} = \dfrac{\dfrac{2}{3}F}{A_{\text{净}}} = \dfrac{\dfrac{2}{3}F}{(b-2d)t_2} \leqslant [\sigma]$

得

$$F \leqslant 1.5(b-2d) t_2 [\sigma] = [1.5 \times (150-40) \times 20 \times 10^{-6} \times 160 \times 10^6]\text{N} = 528\text{kN}$$

由 3—3 截面：　　　$\sigma_{3-3} = \dfrac{\dfrac{1}{2}F}{A_{\text{净}}} = \dfrac{\dfrac{1}{2}F}{(b-2d)t_1} \leqslant [\sigma]$

得

$$F \leqslant 2(b-2d) t_1 [\sigma] = [2 \times (150-40) \times 12 \times 10^{-6} \times 160 \times 10^6]\text{N} = 422.4\text{kN}$$

所以，由上述 3 个方面的计算，最大拉力 F 为 188.4kN。

第三节 扭转的内力计算

一、扭转的概念

杆件在一对大小相等、方向相反、作用平面垂直于杆件轴线的外力偶矩 M_e 的作用下，杆件任意两横截面绕杆的轴线发生相对转动，这种基本变形称为扭转变形。在现实中，受扭杆件是很多的，如汽车的转向轴（图5-7a）、地质钻探机的钻杆（图5-7b）、机器的传动轴（图5-7c）。

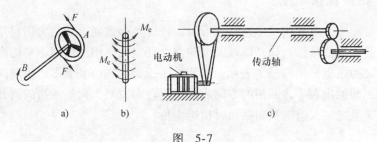

图 5-7

本节主要讲解圆截面直杆扭转时的强度及刚度问题，这是扭转杆件计算的基础。

二、外力偶矩的计算

在工程实践中常常已知主动轮的功率与转速，主动轮通过传动轴将功率分配给从动轮。因此，作用在传动轴上的外力偶矩 M_e 需要通过功率、转速的换算才能得到。

功率的常用单位为 kW，以 P 表示千瓦数，P 相当于每秒钟做功：

$$W = 1000 \times P(\text{N} \cdot \text{m}) \tag{a}$$

转速 n 是指每分钟转动 n 转，那么每秒钟所转动的弧度为

$$\omega = \frac{2\pi n}{60}(\text{rad/s})$$

由于外力偶矩每秒所做的功 W' 等于外力偶矩乘以每秒转动的弧度，即

$$W' = M_e \omega = M_e \times \frac{2\pi n}{60} \tag{b}$$

式（a）、式（b）所表达的功是相同的，故

$$1000 \times P = M_e \times \frac{2\pi n}{60}$$

得

$$M_e = \frac{1000 \times P \times 60}{2\pi n}(N \cdot m)$$

$$= 9.55\frac{P}{n}(kN \cdot m) \tag{5-5a}$$

工程上有时也采用公制马力（hp）N 表示功率。而 $1hp = 0.735kW$，将这一关系代入上式，得外力偶矩

$$M_e = 9.55 \times \frac{N \times 0.735}{n}(kN \cdot m) = 7\frac{N}{n}(kN \cdot m) \tag{5-5b}$$

式中，N 为马力数；n 为每分钟的转数。

三、扭矩和扭矩图

杆件受外力偶矩作用发生扭转变形时，杆件各横截面上的内力仍可用截面法获得。由静力平衡条件可知，横截面上的内力必定为作用在横截面平面内的内力偶矩，称之为扭矩，用符号 T 表示。应用右手螺旋法则（图5-8）确定内力扭矩的正负号，即伸出右手，四指的方向表示扭矩转向，则大拇指的指向离开截面时扭矩为正；反之，大拇指指向截面时扭矩为负。

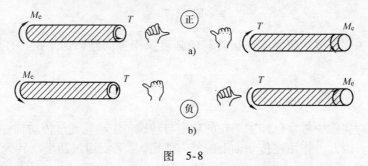

图   5-8

图5-9a 所示为一圆轴计算简图。讨论 AC 轴上各横截面的内力，应根据外力偶矩的作用位置，将轴分段进行研究，将圆轴分 AB、BC 两段。

在 AB 段内任意位置用 1—1 横截面假想地将杆截开，取左段为脱离体（图5-9b），假设 1—1 横截面上的内力扭矩 T_1 的方向如图所示。则根据静力平衡条件 $\sum M_x = 0$，得

$$T_1 = M_1 = 4kN \cdot m$$

假如取右段为脱离体（图5-9c），假设 1—1 横截面上内力扭矩方向如图所示，则由

$$\sum M_x = 0, T_1 - M_2 + M_3 = 0$$

同样可得

$$T_1' = T_1 = 4\text{kN} \cdot \text{m}$$

取左段或右段为研究对象所得的扭矩，由于它们是作用力与反作用力的关系，故大小相等，转向相反。且 T_1 为正，说明实际扭矩方向与假设的相符合，故实际 AB 段为正扭矩。用同样的方法可求得 BC 段内力扭矩 $T_2 = -3\text{kN} \cdot \text{m}$。

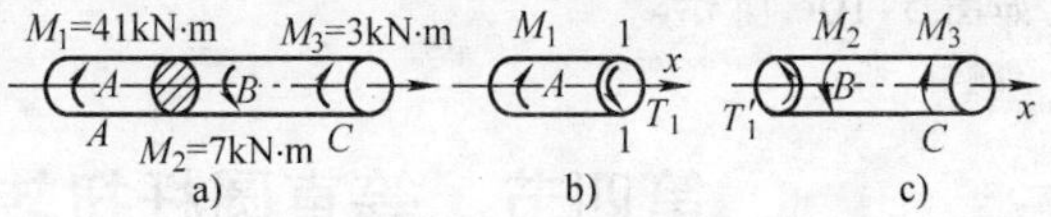

图 5-9

从上面的讨论中，可知 AC 圆轴的内力扭矩是随各横截面的位置而变化的。为方便地了解杆件各横截面上的扭矩值及最大扭矩值的位置，可采用画扭矩图的方式。扭矩图的横坐标平行于杆的轴线，表示圆轴的各横截面的相应位置，纵坐标表示该横截面的扭矩值。正扭矩画在横坐标的上方，负扭矩画在其下方。

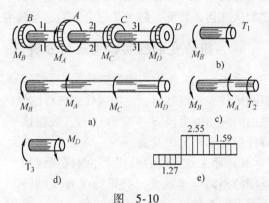

图 5-10

例 5-3　图 5-10a 所示传动轴，其转速 $n = 300\text{r/min}$，主动轮输入功率 $P_A = 120\text{kW}$，从动轮 B、C、D 输出功率分别为 $P_B = 40\text{kW}$，$P_C = 30\text{kW}$，$P_D = 50\text{kW}$，试画出该轴的扭矩图。

解：（1）计算外力扭矩

由式（5-5a）可求得作用在每个齿轮上的外力扭矩分别为

$$M_A = 9.55\frac{P_A}{n} = \left(9.55 \times \frac{120}{300}\right)\text{kN} \cdot \text{m} = 3.82\text{kN} \cdot \text{m}$$

$$M_B = 9.55\frac{P_B}{n} = \left(9.55 \times \frac{40}{300}\right)\text{kN} \cdot \text{m} = 1.27\text{kN} \cdot \text{m}$$

$$M_C = 9.55\frac{P_C}{n} = \left(9.55 \times \frac{30}{300}\right)\text{kN} \cdot \text{m} = 0.96\text{kN} \cdot \text{m}$$

$$M_D = 9.55\frac{P_D}{n} = \left(9.55 \times \frac{50}{300}\right)\text{kN} \cdot \text{m} = 1.59\text{kN} \cdot \text{m}$$

（2）计算每段杆轴的扭矩

根据作用在轴上的外力偶矩，将轴分成 BA、AC 和 CD 三段，利用截面法计算各段的扭矩，得

BA 段：$\qquad T_1 = -M_B = -1.27\text{kN} \cdot \text{m}$　　　　（图 5-10b）

AC 段：$\quad T_2 = M_A - M_B = (3.82 - 1.27)\text{kN} \cdot \text{m} = 2.55\text{kN} \cdot \text{m}$　　（图 5-10c）

CD 段：$\qquad\qquad T_3 = M_D = 1.59\text{kN} \cdot \text{m}$　　　　（图 5-10d）

（3）画扭矩图

T_1、T_2、T_3分别代表了 BA、AC、CD 段的轴内各截面上的扭矩值，扭矩图如图 5-10e 所示。

第四节 等直圆杆扭转时的应力与变形

等直圆杆在扭转时横截面上的内力只有扭矩，要想获知横截面上的应力大小与方向，则与求拉（压）杆横截面上的应力一样，需通过观察扭转时杆件的变形，自表及里地作出变形方面的推论；再根据应力与应变之间的物理关系，推理知横截面上应力的分布规律，最后通过静力平衡条件得到应力计算公式。通常称之为从几何、物理、静力学三个方面进行研究。

一、扭转变形的实验观察与分析

在图 5-11a 所示的橡胶圆柱的表面等距离地画上圆周线与纵向线形成格子，以圆周线表示横截面，纵向线代表杆件的纵向纤维。然后在自由端垂直 x 轴线的平面内施加外力偶 M（图 5-11b），观察该圆杆的变形情况，发现：

1）原来圆周线的形状大小与圆周线相互间的距离均未改变，只是均绕着 x 轴转动了不同的角度，称其为扭转角，用 φ 表示（图 5-11c）。

2）各纵向线均倾斜了一个 γ 角，称 γ 为切应变。

根据观察到的表面变形现象，由表及里推测其内部的变形情况作出如下假设：

1）横截面变形前是平面，变形后仍然是平面，只是像刚性平面一样相对地绕 x 轴转动了一个角度，这称之为平面假设。

2）由于圆周线间的距离没有变化，说明杆件在纵向无伸长或缩短，即横截面上无正应力。

3）由于纵向线的倾斜，使杆件表面的矩形格子（如 abcd）均随外力偶方向错动了一个 γ 角（图 5-12），说明是由横截面上的切应力 τ 所致，且表明横截面的圆周

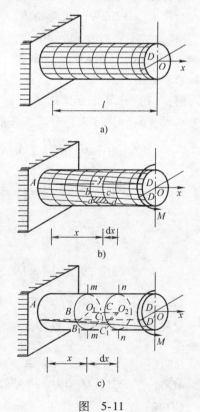

图 5-11

线上各点的切应力均相等。

4）从圆周线的形状大小无变化，可见圆周线的半径无变化，又由于圆轴表面（自由表面）无切应力，从切应力互等定理知，横截面上径向切应力为零。故横截面内各点的切应力方向均垂直于半径。

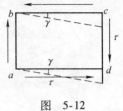

图 5-12

5）如图 5-11c 所示，距坐标原点为 x 的 m—m 截面的扭转角为 φ。n—n 截面与 m—m 截面相距 dx（图中将 dx 长度放大了）。则 φ 的大小与 x 截面至坐标原点的距离成正比，故扭转角的一阶导数为常量，即

$$\frac{d\varphi}{dx} = c$$

二、圆杆扭转时横截面上的切应力计算

从图 5-11c 所示圆杆的 dx 微段中取 $O_2O_1B_1C_1C_1'$ 为脱离体，如图 5-13 所示，微段两端截面的相对扭转角为 $d\varphi$，B_1 点切应变为 γ。E 为 O_1B_1 线上的任意点，该点离圆心 O_1 的距离为 ρ，切应变为 γ_ρ，从图示几何关系可得

$$\gamma_\rho \approx \tan\gamma_\rho = \frac{KK'}{EK} = \frac{\rho d\varphi}{dx}$$

即

$$\gamma_\rho = \frac{\rho d\varphi}{dx} \tag{a}$$

当圆杆材料处于线弹性范围内时，由扭转试验可得，材料的切应力与切应变符合剪切胡克定律：

$$\tau = G\gamma \tag{b}$$

式中，G 为切变模量，单位为 Pa 或 MPa。将式（a）代入式（b）中得

$$\tau_\rho = G\rho \frac{d\varphi}{dx} \tag{c}$$

式（c）表示圆杆横截面半径上各自的切应力按线性规律分布，圆心处切应力为零、周边处的切应力最大（图 5-14a）。由于式中 $\frac{d\varphi}{dx}$ 待定，故还需最后从静力学方面进行研究确定切应力公式。

在圆杆的横截面内取任意微面积 dA，如图 5-14b 所示，dA 面上的分布内力的合力为 $\tau_\rho dA$，方向垂直半径、与 T 相同。其对圆心 O 的力矩为 $(\tau_\rho dA)\rho$，则整个截面上内力微元（$\tau_\rho dA$ 对 O 点的力矩之和为该截面上的扭矩，即

$$T = \int_A \rho\tau_\rho dA \tag{d}$$

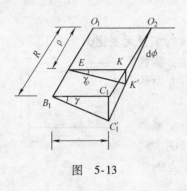

图 5-13

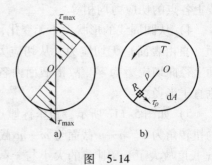

图 5-14

将式（c）代入式（d）得

$$T = \int_A G \frac{\mathrm{d}\varphi}{\mathrm{d}x} \rho^2 \mathrm{d}A$$

因为 G、$\frac{\mathrm{d}\varphi}{\mathrm{d}x}$ 均为常量，故

$$T = G \frac{\mathrm{d}\varphi}{\mathrm{d}x} \int_A \rho^2 \mathrm{d}A$$

由于极惯性矩 $I_{\mathrm{p}} = \int_A \rho^2 \mathrm{d}A$，$I_{\mathrm{p}}$ 是截面的一个几何量，由截面的形状、大小而定。故

$$T = G \frac{\mathrm{d}\varphi}{\mathrm{d}x} I_{\mathrm{p}}$$

或写成

$$\frac{\mathrm{d}\varphi}{\mathrm{d}x} = \frac{T}{GI_{\mathrm{p}}} \qquad (\mathrm{e})$$

将式（e）代入式（c），得

$$\tau_\rho = \frac{T\rho}{I_{\mathrm{p}}} \qquad (5\text{-}6)$$

式（5-6）即为圆杆横截面上的切应力计算公式。

当 $\rho = R$ 时，$\tau_\rho = \tau_{\max}$，即横截面圆周上各点有最大的切应力值：

$$\tau_{\max} = \frac{TR}{I_{\mathrm{p}}}$$

令

$$W_{\mathrm{t}} = \frac{I_{\mathrm{p}}}{R}$$

则

$$\tau_{\max} = \frac{T}{W_{\mathrm{t}}} \qquad (5\text{-}7)$$

式中，W_t 为抗扭截面系数，它的量纲为 L^3。

三、等直圆杆的强度条件

圆杆扭转时必须具有足够的强度才能安全工作，其强度条件为：杆件内的最大工作应力应不超过材料的许用切应力，即

$$\tau_{max} \leqslant [\tau] \tag{5-8a}$$

对于等直圆杆可写为

$$\tau_{max} = \frac{|T|_{max}}{W_t} \leqslant [\tau] \tag{5-8b}$$

材料的许用切应力可由扭转试验所得的剪切屈服极限（或强度极限）除以安全因数确定。或考虑同种材料的许用切应力 $[\tau]$ 与许用拉应力 $[\sigma]$ 的关系，取：

塑性材料　　　　　　$[\tau] = (0.5 \sim 0.6)[\sigma]$
脆性材料　　　　　　$[\tau] = (0.8 \sim 1.0)[\sigma]$

利用强度条件可解决三个问题：①校核强度；②选择截面尺寸；③确定许用荷载。

四、圆截面杆扭转时的变形计算及刚度条件

将式（e）改写为

$$d\varphi = \frac{T}{GI_p}dx$$

对上式进行积分，可得圆杆任意 A、D（图 5-11a）两横截面之间的相对扭转角

$$\varphi = \int_l \frac{T}{GI_p}dx$$

如果 A、D 两个横截面距离 l 内的 T、G, I_p 为常量，则

$$\varphi = \frac{Tl}{GI_p}$$

称 GI_p 为抗扭刚度。扭转角 φ 的单位是 rad。
单位长度扭转角

$$\theta = \frac{\varphi}{l} = \frac{T}{GI_p} \tag{5-9}$$

θ 的单位为 rad/m。如果工程中的某些圆截面杆件（如机器上的传动轴），要求考虑扭转变形的刚度问题时，通常规定圆杆最大单位长度扭转角 θ_{max} 不得超过规定的许用值 $[\theta]$，即刚度条件为

$$\theta_{max} \leqslant [\theta] \tag{5-10a}$$

对于等直圆杆，可写为

$$\theta_{max} = \frac{|T|_{max}}{GI_p} \leqslant [\theta] \tag{5-10b}$$

上两式中的 θ 的单位为 rad/m。

由于工程中 $[\theta]$ 的单位习惯用（°）/m 表示，故常将刚度条件表示为

$$\theta_{max} = \frac{|T|_{max}}{GI_p} \times \frac{180°}{\pi} \leqslant [\theta] \tag{5-10c}$$

式中，$|T|_{max}$、G、I_p 的单位分别采用 N·m、Pa、m^4。

例 5-4　已知一主动轮轴由钢材制成，材料的切变模量 $G = 8 \times 10^4 MPa$，扭转许用切应力 $\tau = 40MPa$，许用单位长度扭转角 $[\theta] = 1.5$（°）/m。工作时承受 $T = 0.5kN·m$ 的扭矩。（1）若为实心圆轴，求轴的直径。（2）若用内外径之比为 0.6 的空心圆轴，求轴的直径。（3）比较上述两种情况下，实心轴与空心轴的用料。

解：（1）实心圆轴

由强度条件：

$$W_t = \frac{\pi D^3}{16}, \quad \tau_{max} = \frac{T_{max}}{W_t} \leqslant [\tau]$$

$$D \geqslant \sqrt[3]{\frac{16T_{max}}{\pi[\tau]}} = \sqrt[3]{\frac{16 \times 500}{3.14 \times 40 \times 10^6}} m = 0.04m = 40mm$$

由刚度条件：

$$I_p = \frac{\pi D^4}{32}, \quad \theta_{max} = \frac{T_{max}}{GI_p} \times \frac{180°}{\pi} \leqslant [\theta]$$

$$D \geqslant \sqrt[4]{\frac{32 \times T_{max} \times 180°}{G\pi^2[\theta]}} = \sqrt[4]{\frac{32 \times 500 \times 180°}{8 \times 10^{10} \times 3.14^2 \times 1.5}} m = 0.039m = 39mm$$

为使该轴同时满足强度条件和刚度条件，轴的直径不小于 40mm，取 $D = 40mm$。

（2）空心圆轴

已知 $\alpha = \dfrac{d_1}{D_1} = 0.6$，则

$$1 - \alpha^4 = 0.87$$

由强度条件：

$$W_t = \frac{\pi D_1^3}{16}(1 - \alpha^4), \quad \tau_{max} = \frac{T_{max}}{W_t} \leqslant [\tau]$$

$$D_1 \geqslant \sqrt[3]{\frac{16T_{max}}{\pi[\tau](1 - \alpha^4)}} = \sqrt[3]{\frac{16 \times 500}{3.14 \times 40 \times 10^6 \times 0.87}} m = 0.042m = 42mm$$

由刚度条件：

$$I_p = \frac{\pi D_1^4}{32}(1-\alpha^4), \quad \theta_{max} = \frac{T_{max}}{GI_p} \times \frac{180°}{\pi} \leq [\theta]$$

$$D_1 \geq \sqrt[4]{\frac{32 \times T_{max} \times 180°}{G\pi^2[\theta](1-\alpha^4)}} = \sqrt[4]{\frac{32 \times 500 \times 180}{8 \times 10^{10} \times 3.14^2 \times 1.5 \times 0.87}}\,m = 0.041\,m = 41\,mm$$

为使该轴同时满足强度条件和刚度条件，轴的外径不小于42mm，取 $D_1 = 42\,mm$，取 $d_1 = 25\,mm$。

（3）空心圆轴与实心圆轴用料之比等于相应的横截面面积之比，即

$$\frac{A_{空}}{A_{实}} = \frac{\frac{\pi}{4}D_1^2(1-\alpha^2)}{\frac{\pi}{4}D^2} = \frac{42^2 \times (1-0.6^2)}{40^2} = 0.706$$

由本例可见，空心圆轴的重量是实心圆轴重量的 70.6%，空心圆轴节省了材料且减轻了重量，从强度和刚度方面考虑，空心圆轴比实心圆轴更合理。

第五节 切应力互等定理的证明

在图 5-11 所示的 AD 圆杆表面取一单元体，如图 5-15 所示，该单元体的 x 面为圆杆的横截面，y 面为径向面，z 面之一为表面。由于圆杆表面不存在内力，当然也就没有应力可言，故 z 面上没有任何应力。但 x 面上有切应力，由 $\sum F_y = 0$ 的静力平衡条件可知，左右 x 面上分布内力的合力必相等，故两面上切应力 τ 的大小相等、方向相反，如图中所示。

由 $\sum M_z = 0$，可知上 y 面上必有切应力 τ'，则

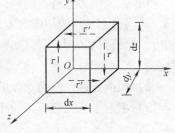

图 5-15

$$\sum M_z = 0, (\tau'dzdx)dy = (\tau dzdy)dx$$

得

$$\tau' = \tau$$

同理，由 $\sum F_x = 0$，可知上、下 y 面上必有大小相等、方向相反的切应力 τ'。这就是一点的切应力互等定理：单元体互相垂直平面上的切应力大小相等，其方向都指向或背离两平面的交线。此定理具有普遍的意义，在其他应力情况下同样成立。

第六节 矩形截面等直杆在自由扭转时的应力和变形

在外力偶矩 M 作用下，矩形截面等直杆发生扭转变形时，横截面已不再保持原来的平面形状，而发生翘曲变形，如图 5-16 所示，此时平面假定已不再成

立，圆截面杆扭转时的应力与变形公式对非圆截面杆均不适用。当该杆的两端面没有约束，端面可以自由翘曲时称为自由扭转。端面不能自由翘曲（如一端固定），则称约束扭转，矩形截面杆在约束扭转的情况下，截面内不但有扭转引起的切应力，而且还有因截面翘曲程度不同而引起的附加的正应力。对于实体截面杆来说，附加正应力一般均很小，可忽略不计。

本节简单介绍矩形截面等直杆在自由扭转时的弹性力学解。

图 5-17 所示矩形截面的长边为 h，短边 b，图中表示了切应力分布的规律与方向。

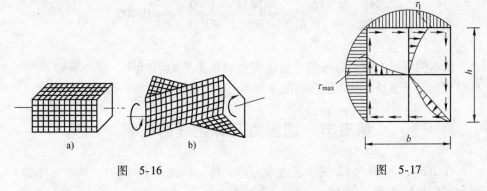

图 5-16   图 5-17

1）截面周边上各点的切应力方向必与周边相切，其流向与内力扭矩方向相同。若周边上各点的切应力方向不与周边相切的话，则必有一切应力分量垂直于周边，但根据切应力互等定理，杆件表面没有任何应力与其成对，故该分量不存在。

2）截面的四个凸角点处的切应力一定为零。

3）截面上最大切应力位于长边的中点，且按下式计算：

$$\tau_{\max} = \frac{T}{W_t} \tag{5-11}$$

式中，抗扭截面系数 $W_t = \alpha h b^2$。

短边的最大切应力 τ' 也在其中点，但小于长边最大切应力 $\tau_{\max}$：

$$\tau' = \nu \tau_{\max} (\nu < 1)$$

矩形截面杆的扭转角

$$\varphi = \frac{Tl}{GI_t} (\text{rad}) \tag{5-12}$$

式中，相当极惯性矩 $I_t = \beta h b^3$；GI_t 仍称为杆件的抗扭刚度。

矩形截面杆的单位长度扭转角

$$\theta = \frac{T}{GI_t} \quad (\text{rad/m}) \tag{5-13}$$

上述式中，h 为截面长边长度；b 为截面短边长度；α、β、γ 均为与比值 h/b 有关的系数，见表 5-1。

表 5-1 α、β、γ 值与 h/b 的关系

h/b	1.0	1.5	2.0	2.5	3.0	4.0	6.0	8.0	10.0	∞
α	0.208	0.231	0.246	0.258	0.267	0.282	0.299	0.307	0.313	0.333
β	0.141	0.196	0.229	0.249	0.263	0.281	0.299	0.307	0.313	0.333
γ	1.000	0.859	0.795	0.766	0.753	0.745	0.743	0.742	0.742	0.742

当 $h/b > 10$ 时，$\alpha = \beta \approx 0.333$，$\gamma = 0.742$。

思 考 题

5-1 连接件的受力和变形特点是什么？

5-2 连接件的剪切和挤压的强度计算采用了什么假设？

5-3 什么叫做挤压？挤压和轴向压缩有什么区别？

5-4 内力扭矩的符号是如何规定的？

5-5 为什么同等的情况下空心圆轴比实心圆轴节省材料？

练 习 题

5-1 图 5-18 所示为两块厚度为 10mm 的钢板，用 4 个直径为 16mm 的铆钉搭接在一起。已知铆钉和钢板的许用应力 $[\tau] = 120$MPa，$[\sigma_{bs}] = 300$MPa，$[\sigma] = 160$MPa，$F = 100$kN，试校核铆钉的强度，并确定板宽最小尺寸。

5-2 图 5-19 所示钢板由两个铆钉连接。已知铆钉直径 $d = 20$mm，钢板厚度 $t = 12$mm，拉力 $F = 25$kN，铆钉许用切应力 $[\tau] = 60$MPa，许用挤压应力 $[\sigma_{bs}] = 120$MPa。试对铆钉作强度校核。

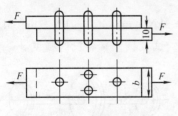

图 5-18 题 5-1 图

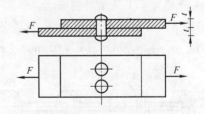

图 5-19 题 5-2 图

5-3 如图 5-20 所示，两块钢板用三个直径相同的铆钉连接，已知钢板的宽度 $b = 100$mm，厚度 $t = 10$mm，铆钉的直径 $d = 20$mm，铆钉的许用切应力 $[\tau] = 100$MPa，钢板的许用挤压应力 $[\sigma_{bs}] = 300$MPa，钢板的许用拉应力 $[\sigma] = 160$MPa。试求许用荷载 F。

5-4 如图 5-21 所示，两块钢板用铆钉对接，已知拉板厚度 $t_1 = 15\text{mm}$，盖板的厚度 $t_2 = 10\text{ mm}$，拉板和盖板的宽度 $b = 150\text{ mm}$，铆钉的直径 $d = 25\text{mm}$，铆钉的许用切应力 $[\tau] = 100\text{ MPa}$，钢板的许用挤压应力 $[\sigma_{\text{bs}}] = 300\text{MPa}$，许用拉应力 $[\sigma] = 160\text{MPa}$，若拉力 $F = 300\text{kN}$，试校核此铆钉接头是否安全。

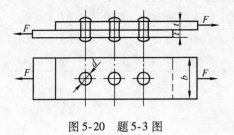

图 5-20 题 5-3 图　　　　　图 5-21 题 5-4 图

5-5 一传动轴如图 5-22 所示，轴上 A 为主动轮，B、C 为从动轮。已知轴的直径 $D = 80\text{mm}$，材料的许用切应力 $[\tau] = 100\text{MPa}$。从动轮上的力偶矩 $M_B : M_C = 3:2$。试确定主动轮上能作用的最大力偶矩 M_A。

5-6 已知等截面轴输入的功率如图 5-23 所示，已知轴的转速 $n = 1400\text{r/min}$，$G = 100\text{GPa}$，$[\tau] = 60\text{MPa}$，$[\theta] = 0.6\ (°)/\text{m}$。试设计轴的直径。

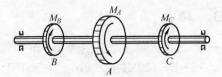
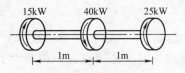

图 5-22 题 5-5 图　　　　　图 5-23 题 5-6 图

5-7 传动轴上的功率分配如图 5-24 所示，已知转速 $n = 300\text{r/min}$，$G = 80\text{GPa}$，$[\tau] = 50\text{MPa}$，$[\theta] = 1(°)/\text{m}$。试作扭矩图，设计各段轴的直径，并计算 4 轮相对于 1 轮的转角 φ_{14}。

5-8 传动轴外力矩如图 5-25 所示，$M_A = 3\text{kN} \cdot \text{m}$，$M_B = 7\text{kN} \cdot \text{m}$，$M_C = 4\text{kN} \cdot \text{m}$，$d_1 = 60\text{mm}$，$d_2 = 65\text{mm}$，$[\tau] = 80\text{MPa}$，试校核该轴各段的强度。

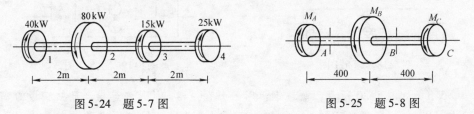

图 5-24 题 5-7 图　　　　　图 5-25 题 5-8 图

5-9 若用内外径比 $\alpha = 0.6$ 的空心轴代替一直径 $D = 200\text{mm}$ 的实心轴，两轴材料相同，长度相同，所受力偶矩相同，试确定空心轴的外径，并比较两轴的质量。

5-10　实心圆轴和空心圆轴由凸缘上的 8 个直径 $d = 10$mm 的螺栓连接，已知凸缘的平均直径 $D_0 = 140$mm，实心圆轴的直径 $d_1 = 60$mm，空心轴的内径 $d_2 = 40$mm，外径 $D_2 = 80$mm。轴与螺栓的材料相同，轴扭转时的许用切应力 $[\tau]_\text{扭} = 80$MPa，螺栓的许用切应力 $[\tau] = 100$MPa，许用挤压应力 $[\sigma_\text{bs}] = 200$MPa，试确定该联轴器所能传递的最大许用外力偶矩的值。

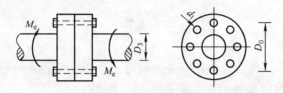

图 5-26　题 5-10 图

部分习题参考答案

5-1　$b \geqslant 79$mm

5-2　安全

5-3　$[F] = 94.2$kN

5-4　安全

5-5　$[M_A] = 16.7$kN · m

5-6　$d \geqslant 36$mm

5-7　$d_{12} = d_{23} \geqslant 55.2$mm，$d_{34} \geqslant 46.5$mm，$\varphi_{14} \leqslant 2°$

5-8　满足要求

5-9　$D_1 = 230$mm，$m_\text{空} : m_\text{实} = 0.846$

5-10　$[M_e] = 3.39$kN · m

第六章　平面弯曲梁

第一节　概　　述

工程上的一些构件，它们所承受的荷载是作用线垂直于杆件轴线的横向力，或者是通过轴平面内的外力偶。在这些外力作用下，杆件的横截面要发生相对转动，杆件的轴线将弯成曲线，这种变形称为弯曲变形。以弯曲变形为主要变形的杆件，通常称为梁。梁是建筑工程结构中应用非常广泛的一种构件，如图 6-1 所示。

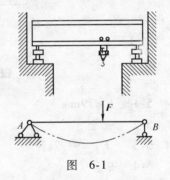

图　6-1

一、梁平面弯曲的概念

工程上常见的梁一般为等直梁（图 6-2a），其横截面有矩形、工字形、T 形和圆形等。它们均有一对称轴 y 轴（图 6-2b），同时外力均作用在横截面的对称轴 y 和梁的轴线 x 所组成的纵向对称平面（$x-y$ 平面）内。外力包括荷载和支座反力，荷载可以是集中力 F、分布力 q 和力偶 M_e。在外力作用下梁的轴线变为一条平面曲线，称为梁的挠曲线。挠曲线也必定在此纵向对称平面内，这种弯曲变形称为平面弯曲。平面弯曲是弯曲问题中最简单的情形，也是建筑工程中经常遇到的情形。

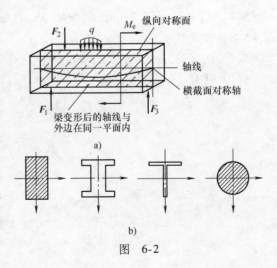

图　6-2

二、梁的类型

静定梁的所有支座反力均可由静力平衡方程确定，其基本形式有：

（1）简支梁 一端为固定铰支座，而另一端为可动铰支座的梁，如图 6-3a 所示。

（2）外伸梁 简支梁的一端或两端伸出支座之外的梁，如图 6-3b 所示。

（3）悬臂梁 一端为固定端，另一端为自由端的梁，如图 6-3c 所示。

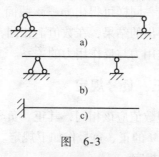

图 6-3

第二节　梁的内力——剪力和弯矩

一、剪力和弯矩

梁横截面上的内力，仍可由截面法、静力平衡条件求出。现以简支梁在跨度中点作用集中力 F 为例（图 6-4a），说明求梁的内力的方法。

首先求支座反力，由对称条件知

$$F_A = F_B = \frac{F}{2}$$

然后在 m—m 截面处假想地切开，考察左段梁的平衡，在左段梁上作用有平行于横截面的外力 F_A，为了保持左段梁的平衡，必须满足平衡方程 $\sum F_y = 0$ 和

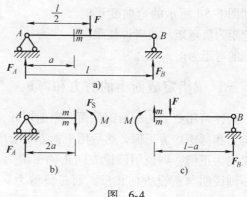

图 6-4

$\sum M_O = 0$。因此，横截面 m—m 上必定有两个内力分量：即平行于横截面的竖向内力 F_S 和位于荷载作用平面内的内力偶矩 M。此处，F_S 称为剪力，它使梁发生相对错动，产生剪切的效果；M 称为弯矩，它使梁发生弯曲变形。

考察左段梁的平衡，假设 m—m 截面上的剪力 F_S 和弯矩 M 的方向如图 6-4b 所示。由 $\sum F_y = 0$，得

$$F_A - F_S = 0, F_S = F_A = \frac{F}{2}$$

再对 m—m 截面的形心 O 取矩，由 $\sum M_O = 0$，得

$$M - F_A a = 0, M = F_A a = \frac{F}{2}a$$

F_S、M 均为正值，说明假设方向是对的。

如果考察右段梁的平衡，同样可得出 m—m 截面上的剪力 F_S 和弯矩 M，它们与考察左段梁的平衡所得出的结果，在数值上相同，而方向和转向则相反。这是必然结果，因为它们是作用力与反作用力的关系。

二、剪力与弯矩的正、负号规定

同一截面上的内力不但数值应该相同，其正、负号也应该一致。因此，我们根据变形对剪力 F_S 和弯矩 M 的正、负号作如下规定。

1. 剪力 F_S 的正、负号规定

规定使梁段发生如图 6-5a 所示的相对错动的剪力 F_S 为正剪力；发生如图 6-5b 所示的相对错动的剪力 F_S 为负剪力。或者说剪力 F_S 绕梁段上任意一点顺时针转时为正剪力，反之为负剪力。

2. 弯矩 M 的正、负号规定

弯矩使梁段发生如图 6-5c 所示的弯曲变形时为正弯矩，发生如图 6-5d 所示的弯曲变形时的弯矩为负弯矩。或者说使梁向下凸的弯矩为正，反之为负。

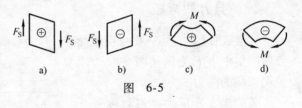

图　6-5

三、梁指定截面上的剪力和弯矩

同样可用截面法沿指定截面假想地切开，在切开后，一般可先假设该截面上的剪力和弯矩均为正值，然后用平衡方程求出该截面的剪力和弯矩。如果得出的结果均为正值，则说明假设方向正确，确为正剪力或正弯矩。如果其结果为负值，则说明与假设方向相反，而是负剪力或负弯矩。

例 6-1　图 6-6a 所示简支梁，在截面 C 处承受集中载荷 $F = 100\text{kN}$ 作用，试求截面 $C_左$ 与截面 $C_右$ 上的剪力与弯矩。截面 $C_左$ 与截面 $C_右$ 分别代表集中力 F 作用处 C 的稍左和稍右截面，它们无限接近于截面 C，并分别位于截面 C 的左侧和右侧。

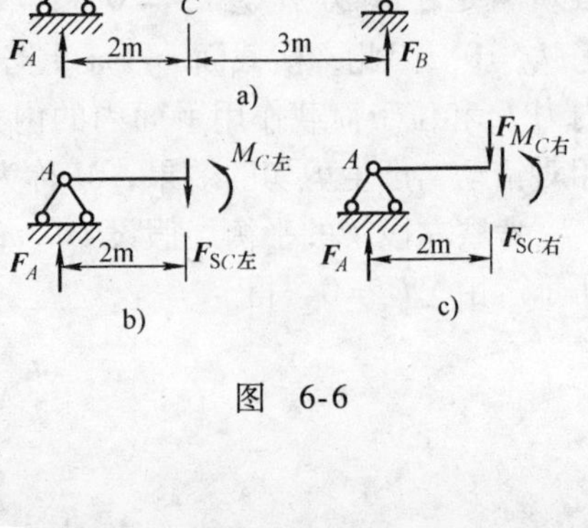

解：（1）求支座反力

图　6-6

由平衡方程 $\sum M_B = 0$ 及 $\sum M_A = 0$ 求得 A 与 B 端支座反力分别为

$$F_A = 60\text{kN}, F_B = 40\text{kN}$$

（2）求指定截面上的内力

对截面 $C_左$ 与截面 $C_右$ 均取左边为脱离体，如图 6-6b、c 所示。

对图 6-6b：

由　$\sum F_y = 0$，$F_A - F_{SC左} = 0$，$F_{SC左} = F_A = 60\text{kN}$

由　$\sum M_C = 0$，$M_{C左} - F_A \times 2\text{m} = 0$，$M_{C左} = 2\text{m} \times F_A = 120\text{kN} \cdot \text{m}$

对图 6-6c：

由　$\sum F_y = 0$，$F_A - F - F_{SC右} = 0$，$F_{SC右} = F_A - F = 60\text{kN} - 100\text{kN} = -40\text{kN}$

由　$\sum M_C = 0$，$M_{C右} - F_A \times 2\text{m} = 0$，$M_{C右} = 2\text{m} \times F_A = 120\text{kN} \cdot \text{m}$

由此可见，在集中力作用处，其左、右两侧横截面上的弯矩相同，而剪力则不同，即有突变。运用截面法、平衡条件来计算指定截面上的剪力和弯矩，从剪力和弯矩的方程中，我们可以总结出以下两条规律：

1）任一截面上的剪力等于截面以左（或以右）梁上外力的代数和。即

$$F_S = \sum (\pm F_i)（一侧）\tag{6-1}$$

根据剪力正、负号的规定，在左边梁上向上的外力或右边梁上向下的外力均取正号；反之取负号。

2）任一横截面上的弯矩等于此截面以左（或以右）梁上的外力对该截面形心的力矩的代数和。即

$$M = \sum (\pm M_{Ci})\tag{6-2}$$

根据弯矩正、负号的规定，向上的外力（无论是左边梁上，还是右边梁上）产生的弯矩均取正号；反之取负号。

第三节　绘制梁的内力图——剪力图和弯矩图

一、剪力方程与弯矩方程

一般情况下，梁各个截面上的剪力和弯矩是不相同的，它们随截面位置而变化，可以表示为坐标 x 的函数，即

$$F_S = F_S(x)$$
$$M = M(x)$$

上面两个关系式分别称为梁的剪力方程和弯矩方程。在列方程时一般将坐标原点放在梁的左端或右端。

二、剪力图和弯矩图

为了更形象地表明剪力和弯矩随截面位置而变化的规律，从而找出最大弯

矩和最大剪力所在的截面位置，以及它们的数值，和轴力图及扭矩图一样，用剪力图和弯矩图来表示梁各截面上的剪力和弯矩沿梁轴线的变化情况。用与梁轴线平行的 x 轴的坐标表示横截面的位置，以纵坐标表示横截面上的剪力值或弯矩值，绘出剪力方程和弯矩方程的图线，这种图线称为剪力图或弯矩图。绘制剪力图时，正剪力画在 x 轴的上方，负剪力画在 x 轴的下方。绘制弯矩图时，正弯矩画在 x 轴的下方，负弯矩画在 x 轴的上方，即将弯矩画在梁的受拉侧。

根据剪力方程、弯矩方程作剪力图和弯矩图时，一般先求支座反力，再根据梁的荷载与支承情况将梁分段，并分段建立剪力方程、弯矩方程，然后，按剪力方程、弯矩方程计算各控制截面的剪力值和弯矩值，绘出剪力图和弯矩图。

例 6-2   图 6-7a 所示的简支梁承受均布荷载 q 的作用。试写出该梁的剪力方程与弯矩方程，并绘制剪力图与弯矩图。

解：（1）求支座反力

根据平衡条件可求得 A，B 两处的支座反力分别为

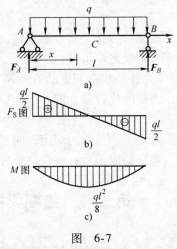

图 6-7

$$F_A = F_B = \frac{1}{2}ql$$

（2）建立剪力方程与弯矩方程

因沿梁的全长外力无变化，故剪力与弯矩均可用一个方程描述。以 A 为原点建立 x 坐标轴，如图 6-7a 所示，在坐标为 x 的截面 m—m 处将梁截开，考察梁左段的平衡，梁的剪力方程和弯矩方程分别为

$$F_S(x) = F_A - qx = \frac{ql}{2} - qx \, (0 < x < l)$$

$$M(x) = F_A x - qx\frac{x}{2} = \frac{ql}{2}x - \frac{q}{2}x^2 \, (0 \leqslant x \leqslant l)$$

（3）作剪力图和弯矩图

根据剪力方程可知，F_S 为 x 的一次函数，剪力图为一斜直线。因此只要求得区间 $(0 < x < l)$ 端点处的剪力值 $F_S(0) = \dfrac{ql}{2}$ 和 $F_S(l) = -\dfrac{ql}{2}$，并在 F_S-x 坐标中标出相应的点 A 和 B，连接 A、B 即得该梁的剪力图（图 6-7b）。

根据弯矩方程为 x 的二次函数可知，弯矩图为一抛物线。为绘制这一曲线，

至少需要三个点。当 $x = 0$ 时，$M(0) = 0$；当 $x = l$ 时，$M(l) = 0$，以及当 $x = \dfrac{l}{2}$ 时，$M\left(\dfrac{l}{2}\right) = \dfrac{ql^2}{8}$，此这三点为控制截面。将它们标在 $M\text{-}x$ 坐标中，可绘出该梁的弯矩图，如图 6-7c 所示。

例 6-3 图 6-8a 所示的简支梁，梁上作用集中力 F，试写出该梁的剪力方程与弯矩方程，并绘制剪力图与弯矩图。

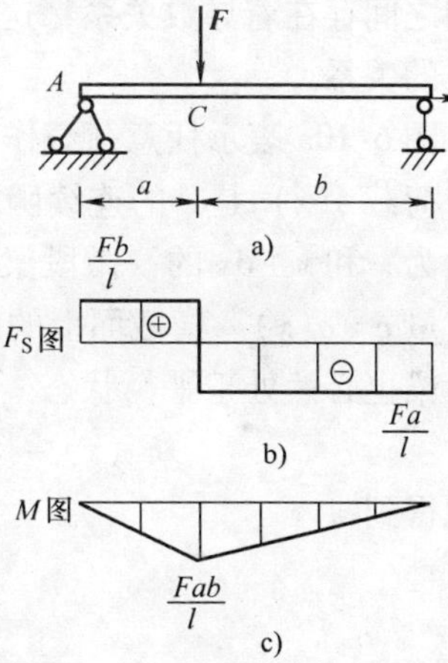

解：（1）求支座反力

根据平衡条件可求得 A、B 两处的支座反力分别为

$$F_A = \frac{Fb}{l},\ F_B = \frac{Fa}{l}$$

（2）建立剪力方程与弯矩方程

以 A 为原点建立 x 坐标轴，如图 6-8a 所示。由于集中力 F 作用在 C 处，所以，将梁分成 AC 和 CB 两段，分别列梁的剪力方程和弯矩方程：

在 AC 段内，

$$F_S(x) = F_A = \frac{Fb}{l}(0 < x < a)$$

$$M(x) = F_A x = \frac{Fb}{l}x(0 \leqslant x \leqslant a)$$

在 CB 段内，

$$F_S(x) = F_A - F = \frac{Fb}{l} - F = -\frac{Fa}{l}(a < x < l)$$

$$M(x) = F_A x - F(x - a) = \frac{Fa}{l}(1 - x)(a \leqslant x \leqslant l)$$

（3）作剪力图和弯矩图

根据剪力方程可知，在 AC 段和 CB 段均为常数，在力 F 作用点 C 处，剪力由 $+\dfrac{Fb}{l}$ 变为 $-\dfrac{Fa}{l}$，数值上发生突变，突变值等于集中力 F 的大小。

根据弯矩方程可知，在 AC 段和 CB 段均为 x 的一次函数，故弯矩图为两条线直线，最大弯矩发生在 C 截面处，其值为 $\dfrac{Fab}{l}$。

同理，分布荷载作用下的悬臂梁的内力图，如图 6-9 所示。

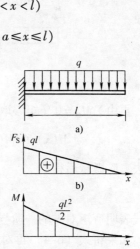

图 6-8

图 6-9

第四节　利用微分关系画剪力图和弯矩图

梁上作用的分布荷载一般是均匀分布的，均布荷载用 q 表示；有时荷载也可能是非均布的，这种荷载沿梁的长度变化，是 x 的函数，用 $q(x)$ 表示。它们的单位是 kN/m。由于梁的内力是由荷载引起的，故梁的内力也是 x 的函数，并且，它们之间存在着导数关系，这一关系是普遍存在的。下面让我们来证明这一普遍存在的关系。

图 6-10a 表示任意荷载作用下的梁，以 A 点为坐标原点选取坐标系。梁上的分布荷载 $q(x)$ 是 x 的连续函数，规定 $q(x)$ 以向上为正，向下为负。取距坐标原点为 x 和 $x+dx$ 的一微段梁进行研究（图 6-10b），此微段上的分布荷载可看作常量 $q=q(x)$。横截面上的内力均假设为正值。因为整根梁处于平衡状态，故微段梁也必然处于平衡状态。这样，由 $\sum F_y = 0$，得

$$F_S(x) - \left[F_S(x) + dF_S(x) \right] + q(x)dx = 0$$

由此得到

$$\frac{dF_S(x)}{dx} = q(x) \tag{6-3}$$

上式表明剪力对 x 的一阶导数等于梁上相应截面分布荷载的集度。

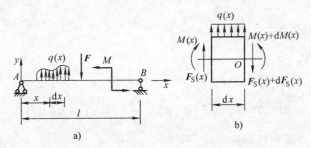

图　6-10

再由 $\sum M_O = 0$（矩心取在右面截面的形心 O 点），得

$$\left[M(x) + dM(x) \right] - M(x) - F_S(x)dx - q(x)\frac{(dx)^2}{2} = 0$$

略去二阶微量后得到

$$\frac{dM(x)}{dx} = F_S(x) \tag{6-4}$$

上式表明弯矩对 x 的一阶导数等于梁上相应截面的剪力。

如果将式（6-4）再对 x 求一阶导数，则得到

$$\frac{d^2 M(x)}{dx^2} = q(x) \tag{6-5}$$

以上三式为弯矩、剪力和分布荷载集度之间的导数关系。

根据弯矩、剪力和分布荷载集度之间的关系，可归纳下面几条规律：

1）梁上无分布荷载时，即 $q(x)=0$，由 $\dfrac{\mathrm{d}F_\mathrm{S}(x)}{\mathrm{d}x}=q(x)=0$ 知，此时 $F_\mathrm{S}(x)=C$，即剪力图的斜率为零，剪力图必为一条水平线。又由 $\dfrac{\mathrm{d}^2M(x)}{\mathrm{d}x^2}=q(x)=0$ 知，$M(x)$ 是 x 的一次函数或弯矩图的斜率为常数，所以，弯矩图必是一条斜直线。

2）梁上有均布荷载时，即 $q(x)=q$，则 $\dfrac{\mathrm{d}^2M(x)}{\mathrm{d}x^2}=\dfrac{\mathrm{d}F_\mathrm{S}(x)}{\mathrm{d}x}=q$。所以，剪力图的斜率为常数，剪力图为一条斜直线。弯矩图 $M(x)$ 是 x 的二次函数，所以，弯矩图是一条二次抛物线。若分布荷载向上，则弯矩图向上凸。反之，如果分布荷载向下，则弯矩图向下凸。

3）梁上某一截面上的剪力为零时，即 $\dfrac{\mathrm{d}M(x)}{\mathrm{d}x}=F_\mathrm{S}=0$，弯矩图的斜率为零，则该截面上弯矩为一极值。

4）梁上集中力作用处，剪力图有突变，其突变值等于该集中力的数值。因而弯矩图的斜率也发生变化，弯矩图上有尖角。

5）在集中力偶作用处，剪力图无变化。弯矩图有突变，其突变值等于该集中力偶的数值。

最大弯矩的绝对值，可能在 $F_\mathrm{S}(x)=0$ 的截面上，也可能在集中力或集中力偶作用处。

例 6-4 一外伸梁如图 6-11a 所示，试作出梁的剪力图和弯矩图。

解：（1）求支座反力

由平衡方程求得支座反力：
$$F_A=22\mathrm{kN},\ F_B=8\mathrm{kN}$$

（2）将梁分段

根据梁的支座及荷载情况，将梁分成 CA、AD、DB 三段。

（3）作剪力图

1）逐段判断剪力图的大致形状并利用式（6-1）计算控制截面的剪力值。

CA 段：梁上无荷载，剪力图为一水平直线，其控制截面的剪力为

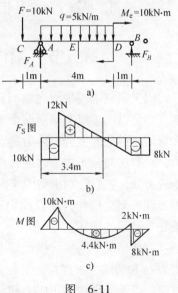

图 6-11

$$F_{SC右} = F_{SA左} = -10\text{kN}$$

AD 段：梁上有向下的均布荷载，剪力图为斜直线，控制截面上的剪力为：

$$F_{SA右} = 12\text{kN}, F_{SD} = -8\text{kN}$$

DB 段：梁上无荷载，剪力图为一水平直线，控制截面上的剪力为

$$F_{SB左} = F_{SD} = -8\text{kN}$$

2）作图　根据上述分析计算结果，作梁的剪力图，如图6-11b所示。从图上可见截面 E 上剪力为零，故弯矩在该点有极值。

（4）作弯矩图

1）逐段判断弯矩图的大致形状，利用式（6-2）计算控制截面上的弯矩值。

CA 段：梁上无荷载，弯矩图为一斜直线，控制截面上的弯矩分别为

$$M_C = 0, M_A = -F \times 1\text{m} = -10\text{kN} \cdot \text{m}$$

DB 段：梁上无荷载，弯矩图为一斜直线，控制截面上的弯矩分别为

$$M_B = 0, M_{D右} = 8\text{kN} \cdot \text{m}$$

AD 段：梁上有向下的均布荷载，弯矩图为抛物线，且在截面 E 有弯矩峰值，E 点距 C 点的距离为 x，则

$$F_S(x) = F_{RA} - F - q(x-1) = 22 - 10 - 5(x-1) = 0$$

$$x = 3.4\text{m}$$

控制截面上的弯矩分别为

$$M_E = F_A \times 2.4\text{m} - F \times 3.4\text{m} - q \times 2.4\text{m} \times 1.2\text{m} = 4.4\text{kN} \cdot \text{m}$$

$$M_{D左} = F_B \times 1\text{m} - 10\text{kN} \cdot \text{m} = -2\text{kN} \cdot \text{m}$$

2）作图　根据上述分析计算结果，作梁的弯矩图，如图6-11c所示。

第五节　梁内正应力及正应力强度条件

以上研究了在平面弯曲时梁的横截面上内力的计算，但要解决梁的强度问题，必须进一步研究梁横截面上内力的分布规律，即研究横截面上的应力。剪力和弯矩是横截面上分布内力的合力，在横截面上只有切向分布内力才能合成为剪力，只有法向分布内力才能合成弯矩。因此梁的横截面上一般存在着切应力 τ 和正应力 σ，它们分别由剪力 F_S 和弯矩 M 所引起。由于弯矩引起弯曲变形，使梁下部伸长而受拉伸，当拉应力 σ 超过材料的极限拉应力时会引起裂缝的发生，最终导致梁的破坏。

一般情况下的梁，横截面上同时存在弯矩 M 和剪力 F_S，因此，也同时有正应力 σ 和切应力 τ 存在。下面我们分别讨论正应力和切应力在横截面上的分布规律，以及分别建立正应力和切应力的计算公式及强度条件。

一、纯弯曲时梁内的正应力

习惯上将只有弯矩而无剪力作用的梁称为纯弯曲梁，既有弯矩又有剪力的梁称为横力弯曲梁。纯弯曲且在正弯矩作用下，梁发生弯曲变形后，上部缩短而下部伸长，所以，横截面上必然出现正应力 σ。同时因为剪力等于零，所以，不可能有平行于横截面的切应力 τ 存在。梁横截面上的正应力的分布规律及正应力计算公式的推导，首先通过实验观察梁在弯曲变形以后的表面现象，然后由表及里地作出假设，使问题既符合实际情况，又得到简化，最后推导出既简单又合理的计算公式，这是本学科在推导应力计算公式时处理问题的基本方法。

1. 矩形截面等直梁的实验观察

我们将梁设想成是由无数纵向纤维所组成的，因而在梁的侧面上画出的平行于梁轴线的纵向线 aa_1 和 bb_1，代表梁的纵向纤维；同时画在梁侧面上垂直于轴线的横向线 mm_1 和 nn_1，代表梁的横截面（图6-12a），并使梁处于纯弯曲的情况下。梁变形后观察到的现象（图6-12b）如下：

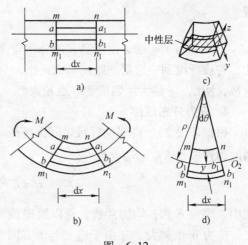

1）纵向线变成了相互平行的圆弧线，梁凹边的纵向线 aa_1 缩短了，凸边的纵向线 bb_1 伸长了。

2）横向线 mm_1 和 nn_1 相互倾斜了一个角度 $d\theta$，但仍保持为直线，且处处与弯曲后的纵向线垂直。

图 6-12

2. 假设和推断

1）平面假设。根据以上观察结果，代表横截面的横向线在梁变形后仍为直线，我们假设梁的整个横截面在变形后仍为平面，这就是平面假设，它是建立梁横截面上正应力计算公式的基础。

由于观察到梁在变形后凹边的纤维缩短而凸边的纤维伸长，同时再由平面假设，可知沿梁的高度各条纤维的变形是线性连续的。那么，从伸长到缩短，必然有一层纤维长度不变。即纤维既不伸长也不缩短，我们称这一层为中性层，中性层与横截面的交线称为中性轴（如图6-12c中所示的 z 轴）。

2）假设纵向纤维之间是纯弯曲而无挤压作用，所以各条纤维仅发生简单的拉伸或压缩，即梁内任一点均处在单向应力状态下，我们仍可应用简单拉伸时的胡克定律 $\sigma = E\varepsilon$。

3）由平面假设知，同一层上的纤维变形相同，故纤维的变形与截面宽度上的位置无关，即在横截面的同一高度上所有纤维的变形是相同的。

3. 应变分布规律

图 6-12d 所示是梁变形后取出的 $\mathrm{d}x$ 长度的微段，假设 O_1O_2 是中性层上的纤维，则其长度在变形后不变，仍为 $\mathrm{d}x$。设中性层的曲率半径为 ρ，纤维 bb_1 到中性层的距离为 y，因 bb_1 在梁凸边，它伸长了一段长度，我们从 O_2 点作 O_1b 的平行线，交 bb_1 于 b_2 点，因角度 $\angle b_1O_2b_2 = \mathrm{d}\theta$，即可得到 bb_1 线段的线应变为

$$\varepsilon = \frac{b_1b_2}{bb_2} = \frac{y\mathrm{d}\theta}{\mathrm{d}x}$$

又因为

$$\frac{\mathrm{d}\theta}{\mathrm{d}x} = \frac{1}{\rho}$$

故

$$\varepsilon = \frac{y}{\rho} \tag{a}$$

上式说明了应变 ε 沿梁高 h 的分布规律。即应变 ε 与中性层曲率半径 ρ 成反比，与该纤维到中性层的距离 y 成正比，与 z 方向的位置无关。纯弯曲时，ρ 是常数，所以，y 越大，则应变 ε 也越大。

4. 应力分布规律

根据假设 2），即纵向纤维之间无挤压（$\sigma_y = 0$），材料服从胡克定律，且材料的弹性模量 $E_拉 = E_压 = E$，故

$$\sigma = E\frac{y}{\rho} \tag{b}$$

式中，因为 E 和 ρ 均为常数，所以梁横截面上的正应力 σ 与 y 成正比。即 y 越大，应力 σ 也越大。又由于应变与 z 方向无关，所以横截面同一高度上各点的正应力相同。即正应力沿梁高度线性分布，中性轴上等于零，外边缘上最大，如图 6-13 所示。

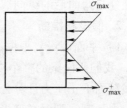

图　6-13

由式（b）还不能算出正应力 σ 的数值。因为中性轴的位置尚未确定，所以中性层的曲率半径 ρ 也未知。下面根据静力平衡条件，确定中性轴位置，从而导出正应力计算公式。

5. 正应力计算公式的推导

将 z 轴设在中性轴上，取微面积 $\mathrm{d}A$，作用在微面积上的微内力 $\mathrm{d}F_N = \sigma \mathrm{d}A$（图 6-14）必须满足静力平衡条件，则：

1）由 $\sum F_x = 0$，得 $\int_A \sigma \mathrm{d}A = 0$，将其代入式（b）得

$$\int_A E\frac{y}{\rho}\mathrm{d}A = \frac{E}{\rho}\int_A y\mathrm{d}A = 0$$

因为 $\frac{E}{\rho}\neq 0$，要满足平衡条件，必须使

$$\int_A y\mathrm{d}A = 0$$

即面积对 z 轴的静矩为零，所以中性轴必定通过截面的形心。

2）由 $\sum M_y = 0$ ，得 $\int_A z\sigma\mathrm{d}A = 0$ ，即

$$\frac{E}{\rho}\int_A zy\mathrm{d}A = 0$$

要满足上式，必须使

$$\int_A zy\mathrm{d}A = 0$$

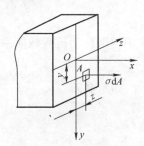

即惯性积 $I_{yz} = 0$ ，因为 y 轴是对称轴，故自动满足。

3）由 $\sum M_z = 0$ ，得 $\int_A y\sigma\mathrm{d}A = M$

图　6-14

式中，M 从平衡的观点看是外力弯矩，如果从静力等效的观点看，那就是横截面上的内力弯矩，所以说，横截面上的弯矩是横截面上分布内力对中性轴 z 轴的合力矩。

将式（b）代入上式，得

$$\frac{E}{\rho}\int_A y^2\mathrm{d}A = M$$

式中，$\int_A y^2\mathrm{d}A = I_z$ 是横截面对中性轴的惯性矩。故得

$$\frac{1}{\rho} = \frac{M}{EI_z} \tag{6-6}$$

式（6-6）称为梁的曲率公式，它是研究弯曲问题的一个基本公式。上式表明，如果 M 一定，EI_z 越大，则曲率 $\frac{1}{\rho}$ 越小，所以称 EI_z 为抗弯刚度。将式（6-6）代入式（b）得

$$\sigma = \frac{My}{I_z} \tag{6-7}$$

式（6-7）为横截面上任一点的正应力计算公式，y 是所求的点到中性轴的距离，中性轴将截面分为受拉区和受压区两个部分。正应力的正负号，可根据变形来判断。判定的方法是以中性层为界，变形后的凸边的应力为拉应力，凹边的则为压应力。y 越大正应力越大，所以最大正应力在横截面的上下边缘处，其值为

$$\sigma_{max} = \frac{My_{max}}{I_z}$$

若令

$$W_z = \frac{I_z}{y_{max}}$$

则

$$\sigma_{max} = \frac{M}{W_z} \tag{6-8}$$

式中，W_z 称为抗弯截面系数，国际单位中用 m^3 表示。

矩形截面

$$W_z = \frac{I_z}{\frac{h}{2}} = \frac{\frac{bh^3}{12}}{\frac{h}{2}} = \frac{bh^2}{6}$$

圆形截面

$$W_z = \frac{I_z}{\frac{d}{2}} = \frac{\frac{\pi d^4}{64}}{\frac{d}{2}} = \frac{\pi d^3}{32}$$

如果是型钢，可查型钢表。

二、纯弯曲理论在横力弯曲中的推广、梁内正应力强度条件

正应力计算公式（6-7）是在纯弯曲情况下推导的，而工程上最常见的弯曲问题是横力弯曲，这时梁的横截面上既有由弯矩引起的正应力，又有由剪力引起的切应力。由于切应力的存在，梁的横截面在变形后不再保持平面而发生翘曲现象。此外，各纵向纤维之间还存在挤压应力。但实验结果证明：对于梁的跨度 l 与横截面高度 h 之比大于 5 的梁，切应力对正应力和弯曲变形的影响很小，能满足工程上的精度要求。而且工程实际中的梁大多数其高跨比 $l/h > 5$，所以纯弯曲时的正应力公式可推广应用于横力弯曲中。

在横力弯曲时，各截面的弯矩是随截面位置 x 而变化的。对任一截面上任一点的正应力可用下式计算：

$$\sigma = \frac{M(x)y}{I_z}$$

式中，$M(x)$ 为距坐标原点为 x 距离的横截面上的弯矩。

全梁的最大正应力，可用下式计算：

$$\sigma_{max} = \frac{M_{max}y_{max}}{I_z}$$

或

$$\sigma_{max} = \frac{M_{max}}{W_z} \tag{6-9}$$

其强度条件为

$$\sigma_{\max} = \frac{M_{\max}}{W_z} \leqslant [\sigma] \tag{6-10}$$

式中，$[\sigma]$ 为单向拉伸时的许用应力。对用抗拉强度和抗压强度不相同的材料做成的梁，要分别计算其抗拉强度和抗压强度。根据正应力强度条件，可解决三类问题，即强度校核、选择截面尺寸和确定许用荷载。

例 6-5 如图 6-15 所示，一矩形截面的简支木梁，梁上作用有均布荷载 $q = 2.5$kN/m，已知：$l = 4$m，$b = 150$mm，$h = 250$mm，弯曲时木材的许用正应力 $[\sigma] = 10$MPa，试校核该梁的强度，并求梁能承受的最大荷载。

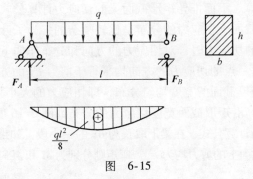

图 6-15

解：（1）梁中的最大正应力发生在跨中弯矩最大的截面，最大弯矩为

$$M_{\max} = \frac{ql^2}{8} = \frac{2.5 \times 4^2}{8} \text{kN} \cdot \text{m} = 5 \text{kN} \cdot \text{m}$$

$$W_z = \frac{bh^2}{6} = \frac{0.15 \times 0.25^2}{6} \text{m}^3 = 1.5625 \times 10^{-3} \text{m}^3$$

最大正应力为

$$\sigma_{\max} = \frac{M_{\max}}{W_z} = \frac{5 \times 10^3}{1.5625 \times 10^{-3}} \text{Pa} = 3.2 \times 10^6 \text{Pa} = 3.2 \text{MPa} < [\sigma]$$

所以，满足强度要求。

（2）根据强度条件，梁能承受的最大弯矩为

$$M_{\max} = W_z [\sigma]$$

跨中最大弯矩与荷载的关系为

$$M_{\max} = \frac{ql^2}{8}$$

从而得

$$q_{\max} = \frac{8 W_z [\sigma]}{l^2} = \frac{8 \times 1.5625 \times 10^{-3} \times 10 \times 10^6}{4^2} \text{N/m} = 7.8 \text{kN/m}$$

第六节 梁内切应力及切应力强度条件

一、矩形截面上的切应力

上节讨论了与弯矩对应的正应力的计算公式，现在来讨论与剪力对应的切应力计算公式，从而建立切应力强度条件。横截面上的弯矩 M 是横截面上正应力的合成结果，而剪力也应该是横截面上切应力的合力。如果横截面上某一点的切应力过大，则将导致梁发生剪切破坏。所以除了进行正应力强度计算外，还需要进行切应力强度计算。下面推导矩形截面梁的切应力计算公式。

矩形截面梁横截面上切应力的分布是比较复杂的，为了计算方便，在求沿梁长度任意横截面上的切应力时，对切应力的方向和分布作如下假设：

1）横截面上任一点的切应力的方向均平行于剪力 F_S 的方向。

2）切应力沿矩形截面的宽度均匀分布，即切应力的大小只与 y 坐标有关。

根据以上假设，沿矩形截面宽度切应力的分布如图 6-16 所示。

下面推导切应力计算公式，在梁上取长为 dx 的一小段，如果这一小段上无分布荷载，则其左、右截面上的剪力均为 F_S，弯矩则分别为 M 和 $M + dM$（图 6-17a）。

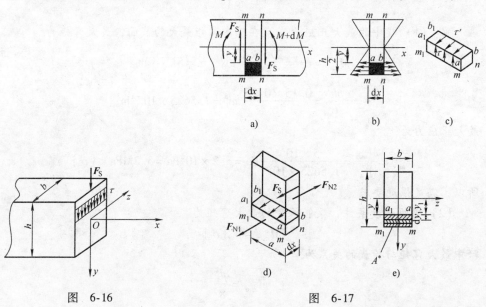

图 6-16   图 6-17

为了求出横截面上距中性轴 y 处各点的切应力，在距中性轴 y 处作一水平截面 ab，并画上正应力（图 6-17b），求出水平切应力 τ'（图 6-17c），再由切应力成对性，可求出横截面上距中性轴 y 处的切应力 τ。

图 6-17d 中的六面体上有 M 和 $M + \mathrm{d}M$ 引起的正应力 σ_1 和 σ_2 的合力 F_{N1} 和 F_{N2}，由于 $F_{N1} < F_{N2}$，根据平衡条件，在水平面 abb_1a_1 上必有剪力 F_S'，即

$$\sum F_x = 0, \quad F_{N2} - F_{N1} - F_S' = 0 \tag{a}$$

其中，

$$F_{N1} = \int_{A^*} \sigma_1 \mathrm{d}A = \int_{A^*} \frac{My_1}{I_z} \mathrm{d}A = \frac{M}{I_z} \int_{A^*} y_1 \mathrm{d}A = \frac{M S_z^*}{I_z}$$

此处，

$$S_z^* = \int_{A^*} y_1 \mathrm{d}A = \int_y^{\frac{h}{2}} b y_1 \mathrm{d}y_1$$

是 amm_1a_1 面积 A^* 对中性轴 z 轴的静矩（图 6-17e），同理得

$$F_{N2} = \frac{M + \mathrm{d}M}{I_z} S_z^*$$

水平面上的切应力 τ' 沿截面宽度无变化，且假设沿长度 $\mathrm{d}x$ 也无变化（即使梁上有分布荷载 q，τ' 沿长度 $\mathrm{d}x$ 的变化也是很微小的，所以，可以认为 τ' 在水平面上均布），故 τ' 所合成的水平剪力 F_S'，可写成

$$F_S' = \tau' b \mathrm{d}x$$

将以上三式代入式（a），得

$$\frac{M + \mathrm{d}M}{I_z} S_z^* - \frac{M}{I_z} S_z^* - \tau' b \mathrm{d}x = 0$$

所以

$$\tau' = \frac{\mathrm{d}M}{\mathrm{d}x} \cdot \frac{S_z^*}{I_z b}$$

因为

$$\frac{\mathrm{d}M}{\mathrm{d}x} = F_S$$

故

$$\tau' = \frac{F_S S_z^*}{I_z b}$$

根据切应力互等定理知在数值上 τ' 等于 τ，因而横截面上距中性轴 y 处的切应力为

$$\tau = \frac{F_S S_z^*}{I_z b} \tag{6-11}$$

式中，F_S 为所求横截面上的剪力；I_z 为横截面对中性轴的惯性矩；S_z^* 为距中性轴 y 处的横线以外的面积 A 对中性轴的静矩；b 为横截面的宽度。

切应力沿梁高 h 的分布规律为：τ 沿梁高按二次抛物线变化（图 6-18）。在横截面上、下边缘处切应力 $\tau = 0$，而中性轴处（即 $y = 0$ 时）切应力最大，最大切应力为

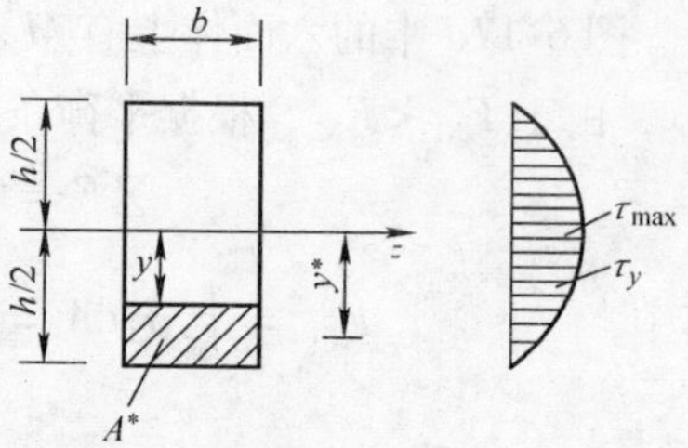

$$\tau_{max} = \frac{F_S\left(b \times \frac{h}{2} \times \frac{h}{4}\right)}{\frac{bh^3}{12} \times b} = \frac{3}{2} \times \frac{F_S}{bh} = 1.5\frac{F_S}{A}$$

即最大切应力是平均切应力的 1.5 倍。

图 6-18

二、圆形截面上的切应力

圆形截面上的切应力分布规律较矩形的复杂，经研究表明其最大切应力也是在中性轴上，它的值为

$$\tau_{max} = \frac{4}{3} \times \frac{F_S}{\pi r^2} \tag{6-12}$$

式中，r 为圆截面的半径，其最大切应力为平均切应力的 1.33 倍。对垂直方向切应力 τ_y 仍可用矩形截面切应力公式（6-11）计算，τ_y 分布如图 6-19a 所示。

三、工字形截面上的切应力

工字形截面由两块翼板和一块腹板组成。翼板上的切应力主要是沿水平方向的，即沿翼板中线方向。由于翼板上的切应力比腹板上的切应力小很多，它在切应力强度计算中并不重要，这里不加讨论。

腹板是一狭长矩形，其切应力方向与 F_S 方向一致，其计算公式仍可用矩形截面的计算公式，切应力沿梁高仍按抛物线分布，在中性轴上切应力最大，其值为

$$\tau_{max} = \frac{F_S S_{zmax}}{I_z b_1} \tag{6-13}$$

式中，S_{zmax} 为横截面中性轴以外部分面积（包括一块翼板和半块腹板，即图 6-19b 中阴影面积）对中性轴的静矩；b_1 为腹板宽度。

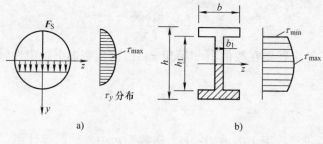

图 6-19

四、梁的切应力强度条件

一般情况下，等直梁在横力弯曲时，最大切应力 τ_{max} 发生在最大剪力 F_S 所

在截面（称为危险截面）的中性轴上各点（称为危险点）处，而中性轴上各点处的弯曲正应力为零，故中性轴上各点均处于纯剪切应力状态，对于任何形状截面的梁，弯曲切应力的强度条件均可写成

$$\tau_{max} = \frac{F_{Smax}S_{zmax}}{I_z b} \leqslant [\tau] \tag{6-14}$$

式中，$[\tau]$ 为材料的许用切应力。

通常在梁的强度设计时，一般情况下不考虑切应力的影响。但对于弯矩较小而剪力较大的梁（如梁跨较小而集中力作用在支座附近的梁等），以及抗剪能力差的梁（如木梁以及焊接或铆接的工字形组合钢梁等），则不仅要考虑正应力强度条件，而且还应考虑切应力强度条件。

例 6-6 简支梁如图 6-20a 所示，已知 $F = 200$kN，$q = 10$kN/m，$l = 3$m，梁的许用应力 $[\sigma] = 160$MPa，$[\tau] = 100$MPa，试选择工字钢型号。

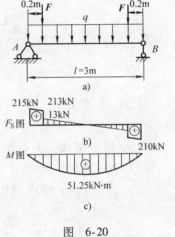

图 6-20

解：（1）求支座反力

$$F_A = F_B = 215\text{kN}$$

绘 F_S 图和 M 图，如图 6-20b、c 所示，得

$$F_{Smax} = 215\text{kN}, M_{max} = 51.25\text{kN} \cdot \text{m}$$

（2）由正应力强度条件选工字钢型号

$$W_z \geqslant \frac{M_{max}}{[\sigma]} = \frac{51.25 \times 10^3}{160 \times 10^6}\text{m}^3 = 320 \times 10^{-6}\text{m}^3$$
$$= 320\text{cm}^3$$

查型钢表，选用 22b 工字钢，其 $W_z = 325\text{cm}^3 > 320\text{cm}^3$

（3）校核切应力强度

由型钢表查得 22b 工字钢的 $I_z/S_z = 18.7$cm，$d = 9.5$mm，代入切应力强度条件公式得

$$\tau_{max} = \frac{F_{Smax}S_{max}}{I_z d} = \frac{215 \times 10^3}{18.7 \times 9.5 \times 10^{-5}}\text{Pa}$$
$$= 121\text{MPa} > [\tau]$$

切应力强度不满足，应加大工字钢的型号，改选 25b 工字钢进行试算，由型钢表查出 $I_z/S_z = 21.27$cm，$d = 10$mm，再次代入切应力强度公式，校核切应力强度，得

$$\tau_{max} = \frac{210 \times 10^3}{21.27 \times 10 \times 10^{-5}}\text{Pa} = 101\text{MPa} \approx [\tau]$$

因此，要同时满足正应力和切应力强度，需要选择 25b 工字钢，这一例题因为有较大集中力作用在支座附近，所以由切应力强度条件控制。

例6-7 图 6-21 所示简支梁，求 C 稍左截面上 a、b、c 三点的应力。

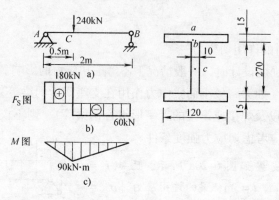

图 6-21

解：（1）求支座反力

$$F_{RA} = 180\text{kN}, F_{RB} = 60\text{kN}$$

绘 F_S 图和 M 图，如图 6-21b、c 所示。

（2）截面几何性质

$$I_z = \left(\frac{120 \times 300^3}{12} - \frac{110 \times 270^3}{12}\right)\text{mm}^4 = 89 \times 10^6 \text{mm}^4 = 89 \times 10^{-6}\text{m}^4$$

$$S_{zb} = \left[120 \times 15 \times (150 - 7.5)\right]\text{mm}^3 = 256 \times 10^{-6}\text{m}^3$$

$$S_{zc} = \left[120 \times 15 \times (150 - 7.5) + 10 \times 135 \times 67.5\right]\text{mm}^3 = 347 \times 10^{-6}\text{m}^3$$

$$y_a = 150\text{mm} = 0.15\text{m}, y_b = 135\text{mm} = 0.135\text{m}$$

（3）a 点的应力：a 点在截面外边缘，所以只有正应力

$$\sigma_a = \frac{M_c}{I_z}y_a = \left(\frac{90 \times 10^3}{89 \times 10^{-6}} \times 0.15\right)\text{Pa} = 151\text{MPa}$$

（4）b 点的应力：b 点在截面腹板和翼缘交界处，既有正应力也有切应力

$$\sigma_b = \frac{M_c}{I_z}y_b = \left(\frac{90 \times 10^3}{89 \times 10^{-6}} \times 0.135\right)\text{Pa} = 136\text{MPa}$$

$$\tau_b = \frac{F_S S_{zb}}{I_z b} = \left(\frac{180 \times 10^3 \times 256 \times 10^{-6}}{89 \times 10^{-6} \times 10 \times 10^{-3}}\right)\text{Pa} = 52\text{MPa}$$

（5）c 点的应力：c 点在截面中性轴上，所以只有切应力

$$\tau_c = \frac{F_S S_{zc}}{I_z b} = \left(\frac{180 \times 10^3 \times 347 \times 10^{-6}}{89 \times 10^{-6} \times 10 \times 10^{-3}}\right)\text{Pa} = 70\text{MPa}$$

第七节　应力状态、梁的主应力及主应力迹线

一、应力状态的概念

在工程中只知道构件横截面上的应力是不够的。例如，在铸铁试件压缩时，在与轴线大约呈45°方向的斜截面发生破坏（图6-22a）。由拉（压）杆斜截面上的应力公式知，这是由于在与轴线呈45°的斜截面上存在最大切应力所引起的。又如，图6-22b所示的混凝土梁弯曲破坏，除了在跨中底部会发生竖向裂缝外，在靠近支座部位还会发生斜向裂缝。斜向裂缝是因为在裂缝方向的斜截面上存在最大拉应力所引起的。另外，在工程中还遇到一些受力复杂的杆件，如同时受弯曲和扭转变形的杆件，其危险点处同时存在着较大的正应力和切应力，在解决这类杆件的强度问题时，必须综合考虑该点的正应力和切应力的影响。同样，梁的最大正应力在梁横截面的上、下边缘处，而这些点上的切应力等于零。最大切应力是在横截面的中性轴上，这些点属于纯切应力状态。横截面上除了上、下边缘各点和中性轴上各点之外，其他的点既有正应力，又有切应力存在，这些点的强度校核需要综合考虑正应力及切应力的影响。

为了分析破坏现象以及解决复杂受力构件的强度问题，必须首先研究通过受力构件内一点处所有截面上应力的变化规律。我们把通过受力构件内一点处不同方位的截面上应力的集合，称为一点处的应力状态。为了研究受力构件内一点处的应力状态，可围绕该点取出一个微小的正六面体，称为单元体，并分析单元体六个面上的应力。由于单元体的边长无限小，可以认为在单元体的每个面上应力都是均匀分布的，且在单元体内互相平行的截面上应力都是相同的。

一般地，在受力构件内某一点处取单元体，总是将其一对面取为横截面，其他两对面则是相互垂直的纵截面。例如，图6-23所示等截面悬臂梁，受垂直于轴线的外力 F 的作用发生平面弯曲。梁内同一横截面上 A、B、C、D、E 各点处取出的单元体分别如图6-24a、b、c、d、e所示。

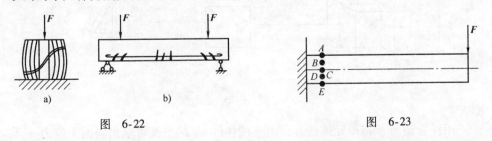

图　6-22　　　　　　　　　　　　　　　　图　6-23

进一步分析又指出，在单元体上总可以找到三对互相垂直的平面，在这样的

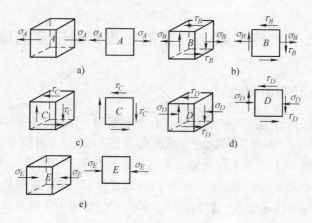

图 6-24

平面上，切应力等于零，只有正应力。这样的三对平面称为主平面，其上的正应力称为主应力。三个主应力分别用 σ_1、σ_2、σ_3 表示，并按代数值大小排序，即 $\sigma_1 > \sigma_2 > \sigma_3$。

二、梁上任一点应力状态的分析

1. 斜截面上的应力

在梁上围绕某点 A 截出一应力单元体，如图 6-25a 所示，单元体的左、右两个横截面上的应力可以用梁的正应力和切应力公式求出，我们分别用 σ_x 和 τ_x 来表示。单元体的上、下两个面上无正应力，即 $\sigma_y = 0$；但根据切应力互等定理有 τ_x 存在，就必定有切应力 τ_y 存在，τ_y 的数值等于 τ_x，方向如图所示。单元体前后两个面无应力，所以，单元体可用平面表示，如图 6-25b 所示。得到应力单元体以后，就可以用截面法和静力平衡条件将任一斜截面上的应力求出。

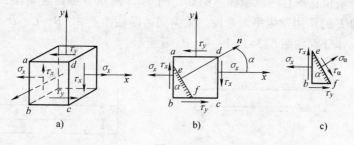

图 6-25

用任意截面 ef 将单元体截开，由三棱柱体 bef 的平衡可求出斜面上应力 σ_α 与 τ_α，如图 6-25c 所示。斜截面的外法线与横截面的外法线呈 α 角，α 自 x 轴开始到斜截面的外法线方向，以逆时针转向为正，反之为负。应力的正、负号规定同前，即正应力以拉应力为正，压应力为负；切应力以使留下部分有作顺时针转动趋势的为正，反之为负。下面推导 σ_α 和 τ_α 的计算公式。

设斜截面的外法线方向为 n，切线方向为 t，斜截面面积为 A_α，由 $\sum F_n = 0$，得

$$\sigma_\alpha A_\alpha - \sigma_x(A_\alpha\cos\alpha)\cos\alpha + \tau_x(A_\alpha\cos\alpha)\sin\alpha + \tau_y(A_\alpha\sin\alpha)\cos\alpha = 0 \qquad (\text{a})$$

由 $\sum F_t = 0$，得

$$\tau_\alpha A_\alpha - \sigma_x(A_\alpha\cos\alpha)\sin\alpha - \tau_x(A_\alpha\cos\alpha)\cos\alpha + \tau_y(A_\alpha\sin\alpha)\sin\alpha = 0 \qquad (\text{b})$$

在式（a）和式（b）中消去 A_α，因为 $\tau_x = \tau_y$，并利用倍角关系，得

$$\sigma_\alpha = \frac{\sigma_x}{2} + \frac{\sigma_x}{2}\cos2\alpha - \tau_x\sin2\alpha \qquad (6\text{-}15)$$

$$\tau_\alpha = \frac{\sigma_x}{2}\sin2\alpha + \tau_x\cos2\alpha \qquad (6\text{-}16)$$

2. 主应力及其作用平面

从式（6-15）和式（6-16）知，斜截面上的应力 σ_α 和 τ_α 是随斜截面方位角 α 的变化而变化的，在 α 的连续变化过程中，σ_α 必有最大值和最小值存在。我们可将式（6-15）对 α 求一阶导数，并使其等于零，且将此时斜截面的方位角 α 用 α_0 表示，可得到

$$\left.\frac{\mathrm{d}\sigma_\alpha}{\mathrm{d}\alpha}\right|_{\alpha=\alpha_0} = -2\left(\frac{\sigma_x}{2}\sin2\alpha_0 + \tau_x\cos2\alpha_0\right) = 0$$

由上式得

$$\tan2\alpha_0 = -\frac{2\tau_x}{\sigma_x} \qquad (6\text{-}17)$$

由式（6-17）可得 α_0 和 $\alpha_0 + 90°$ 两个解，由一阶导数等于零的含义知，在 α_0 和 $\alpha_0 + 90°$ 两个相互垂直面上的正应力具有极值，其中一个必是最大值，另一个是最小值。我们称最大正应力和最小正应力作用面为主平面，主平面上的正应力为主应力。从式（6-17）可求出，$\sin2\alpha_0$ 和 $\cos2\alpha_0$ 以及 $\sin2(\alpha_0 + 90°)$ 和 $\cos2(\alpha_0 + 90°)$，再代入式（6-16）得 $\tau_{\alpha_0} = 0$，$\tau_{\alpha_0+90°} = 0$，即主应力作用面上的切应力等于零。

将 $\sin2\alpha_0$、$\cos2\alpha_0$、$\sin2(\alpha_0 + 90°)$ 和 $\cos2(\alpha_0 + 90°)$ 代入式（6-15），经简化得

$$\left.\begin{array}{r}\sigma_{\max} \\ \sigma_{\min}\end{array}\right\} = \frac{\sigma_x}{2} \pm \sqrt{\left(\frac{\sigma_x}{2}\right)^2 + \tau_x^2} \qquad (6\text{-}18)$$

从式（6-18）可以求出 $\sigma_{\max}$ 和 $\sigma_{\min}$ 的值，要知道 $\sigma_{\max}$ 的方位角，即 $\sigma_{\max}$ 与 x

轴呈 α_0 角还是呈 $\alpha_0 + 90°$ 角，则需将 α_0 再代入式（6-15），如果求出的 σ_α 等于 σ_{max} 值，则 σ_{max} 所在平面的方位角是 α_0，否则是 $\alpha_0 + 90°$。

已知单元体上三个主应力 $\sigma_1 > \sigma_2 > \sigma_3$。所以，梁内单元体上的主应力 $\sigma_1 = \sigma_{max}$，$\sigma_2 = 0$，$\sigma_3 = \sigma_{min}$。

3. 最大切应力及其作用平面

在式（6-16）中，τ_α 也是 α 的连续函数，将 τ_α 对 α 求一阶导数，并使一阶导数等于零，且令 $\alpha = \beta_0$，则

$$\frac{\mathrm{d}\tau_\alpha}{\mathrm{d}\alpha}\bigg|_{\alpha=\beta_0} = 0, \quad \sigma_x \cos 2\beta_0 - 2\tau_x \sin 2\beta_0 = 0$$

由此求得

$$\tan 2\beta_0 = \frac{\sigma_x}{2\tau_x} \tag{6-19}$$

式（6-19）同样有两个解 β_0 和 $\beta_0 + 90°$，这两个相互垂直面上有切应力极值，且

$$\tau_{\beta_0} = -\tau_{\beta_0 + 90°}$$

其中一个是最大值，另一个是最小值。再由式（6-19）求出 $\sin 2\beta_0$、$\cos 2\beta_0$，然后代入式（6-16），即可得到切应力极值

$$\left.\begin{array}{c} \tau_{max} \\ \tau_{min} \end{array}\right\} = \pm \sqrt{\left(\frac{\sigma_x}{2}\right)^2 + \tau_x^2} \tag{6-20}$$

最大切应力作用面上，正应力不等于零。

例6-8 如图6-26所示，一平面弯曲简支梁，跨长为 $l = 2\text{m}$，跨中点 C 处受集中荷载 $F = 200\text{kN}$ 作用，工字钢梁截面尺寸如图所示。求危险点 a 点处的主应力。

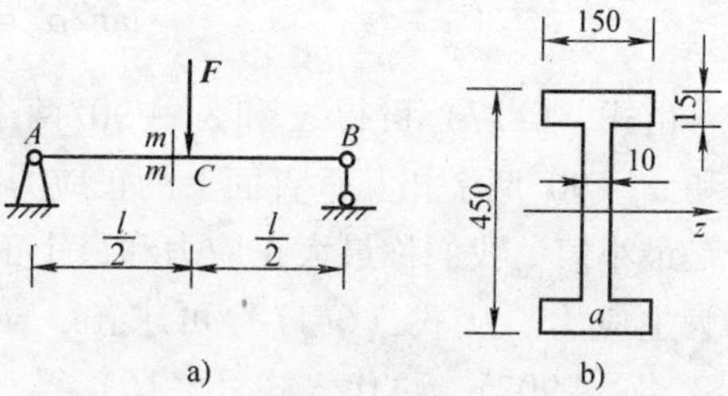

解：（1）m—m 截面为危险截面，其上的剪力和弯矩分别为

$$F_S = 100\text{kN}, M = 100\text{kN} \cdot \text{m}$$

（2）截面几何性质

图 6-26

$$I_z = \left(\frac{150 \times 450^3}{12} - \frac{140 \times 420^3}{12}\right)\text{mm}^4 = 275 \times 10^6 \text{mm}^4 = 275 \times 10^{-6} \text{m}^4$$

$$S_{za} = [150 \times 15 \times (225 - 7.5)]\text{mm}^3 = 489 \times 10^{-6} \text{m}^3$$

$$y_a = 210\text{mm} = 0.21\text{m}$$

（3）a 点的应力

$$\sigma_a = \frac{M}{I_z} y_a = \left(\frac{100 \times 10^3}{275 \times 10^{-6}} \times 0.21\right)\text{Pa} = 76\text{MPa}$$

$$\tau_a = \frac{F_S S_{za}}{I_z b} = \left(\frac{100 \times 10^3 \times 489 \times 10^{-6}}{275 \times 10^{-6} \times 10 \times 10^{-3}} \right) \text{Pa} = 18\text{MPa}$$

（4）a 点的主应力

$$\left. \begin{array}{c} \sigma_{max} \\ \sigma_{min} \end{array} \right\} = \frac{\sigma_a}{2} \pm \sqrt{\left(\frac{\sigma_a}{2} \right)^2 + \tau_a^2} = (38 \pm 42)\text{MPa} = \begin{cases} 80\text{MPa} \\ -4\text{MPa} \end{cases}$$

故

$$\sigma_1 = 80\text{MPa}, \sigma_2 = 0, \sigma_3 = -4\text{MPa}$$

三、梁内主应力及主应力迹线

1. 梁内主应力

因为梁横截面上各点处的正应力和切应力随点在截面上的位置不同而变化，所以主应力的大小和方向也随截面上各点的位置不同而变化。在梁中任意截面 m—m 上取五点（图 6-27a），围绕各点作出五个应力单元体，分别计算出各点横截面上的应力 σ_x 和 τ_x，然后计算各点的主应力值和其所在平面方位。画出各点的应力单元体，如图 6-27b 所示。

2. 主应力迹线的概念

由于横截面上从上到下的点是连续的，所以主应力

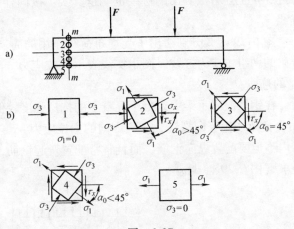

图 6-27

的方向也是沿梁的高度连续变化的。主应力变化的特点是：主拉应力 σ_1 的方位角从上到下由 90°（与 x 轴夹角）连续减至 0，在中性轴处为 45°，这是同一截面上各点处主应力的变化规律。但是，一般情况下由于各个横截面上的弯矩和剪力不同，所以沿梁长度方向同一水平面上各点处的主应力是不同的。

通常把显示梁内各点处主应力方向连续变化的光滑曲线称为主应力迹线。主应力迹线有两组：一组是描绘主拉应力的迹线，称为主拉应力迹线，迹线上各点的切线方向就是该点处主拉应力 σ_1 的方向；另一组是描绘主压应力的迹线，称为主压应力迹线，迹线上各点的切线方向就是该点处主压应力 σ_3 的方向。

由上述可知：

1）两组迹线在相交处相互垂直。因为主拉应力 σ_1 与主压应力 σ_3 的方向相互垂直。

2）迹线与梁轴线之间的夹角均为 45°。因为梁轴线上各点处于纯剪切应力状态，主拉应力 σ_1 与主压应力 σ_3 的方向分别与轴线成 45°。

3）所有迹线均与梁的上下边缘平行。因为梁上、下边缘处各点均为单向应力状态，主应力方向均与边缘平行。

3. 主应力迹线的绘制

主应力迹线可按以下步骤来绘制：首先按一定的比例尺给出梁的平面图，设其中的一段如图 6-28 所示。然后给出代表一些横截面位置的等间距直线 1—1、2—2 等。从横截面 1—1 上任一点 a 开始，根据前述方法求出该点处主应力 σ_1 的方向，将这一方向线延长至 2—2 截面线，相交于 b 点，再求出 b 点主应力 σ_1 的方向线并延长至 3—3 截面，相交于 c 点，以此类推，就可以画出一条折线。作一条与此折线相切的曲线，这一曲线即主应力 σ_1 的迹线。所取的相邻截面越靠近，按上述方法画出的迹线也就越真实。按同样方法，可画出主压应力 σ_3 的迹线。

图 6-29a、b 分别给出了受均布荷载作用的简支梁和在集中荷载作用下的悬臂梁的两组主应力迹线。图中实线表示主拉应力 σ_1 的迹线，虚线表示主压应力 σ_3 的迹线。

在钢筋混凝土梁中，由于混凝土的抗拉强度较低，梁内水平方向的主拉应力 σ_1 会使梁产生竖向裂缝，倾斜方向的主拉应力 σ_1 会使梁产生斜向裂缝，所以在梁内不但要配置纵向钢筋，而且常常配置弯起钢筋，以保证钢筋混凝土梁的强度要求（图 6-29c、d）。

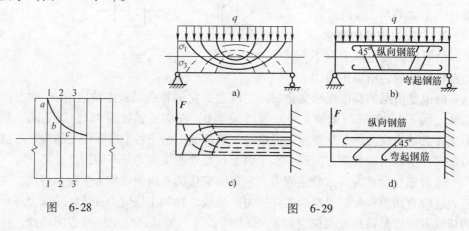

图 6-28

图 6-29

第八节　二向应力状态下的强度条件——强度理论

二向应力状态有两个不等于零的主应力。它们之间的比值有无穷多个，用直接试验的方法来建立强度条件是困难的，因此，长期以来不少学者致力于研究在复杂应力状态下的强度条件的建立。

人们从大量的生产实践和科学试验中发现构件发生破坏的原因不外乎以下两种形式：一种是断裂，包括拉断、压坏；另一种是塑性流动，即构件发生较大的塑性变形，因而影响正常使用。同时还发现：①荷载形式相同，应力状态相同，而材料不同会发生不同的破坏形式。例如，低碳钢拉伸时发生显著的塑性变形（缩颈现象），而铸铁则变形很微小就被拉断。②材料相同，但应力状态不同，其破坏形式也不同。例如，低碳钢在单向拉伸时塑性变形很大，属塑性破坏。而在三向拉伸时则发生脆性拉断。

为了建立复杂应力状态下的强度条件，一些学者作出一些假说，根据这些假说建立强度条件，然后由实践加以验证。下面介绍工程中常用的几个强度理论。

一、最大拉应力理论（第一强度理论）

这一理论认为，材料在复杂应力状态下引起破坏的原因是它的最大拉应力 σ_1 达到该材料在简单拉伸时的最大拉应力的危险值 σ_1^0。

根据这一假说的破坏条件是

$$\sigma_1 = \sigma_1^0$$

其强度条件是

$$\sigma_1 \leqslant [\sigma] \tag{6-21}$$

式中，$[\sigma]$ 仍为简单拉伸时的许用应力，实践证明此理论对于某些脆性材料是符合的，对塑性材料是不符合的。

二、最大拉应变理论（第二强度理论）

这一理论认为：引起材料发生脆性断裂破坏的主要因素是最大拉应变。无论材料处于何种应力状态，只要构件内危险点处的最大拉应变 ε_1 达到材料在单向拉伸时发生脆性断裂时的极限线应变 ε_1^0，材料就会发生脆性断裂。

其破坏条件是

$$\varepsilon_1 = \varepsilon_1^0$$

强度条件是

$$\sigma_1 - \mu(\sigma_2 + \sigma_3) \leqslant [\sigma] \tag{6-22}$$

此理论对一般脆性材料是适用的。对石料或混凝土等脆性材料受压时沿纵向发生断裂的现象，能给予很好的解释。

三、最大切应力理论（第三强度理论）

这一理论认为：引起材料发生塑性屈服破坏的主要因素是最大切应力。无论材料处于何种应力状态，只要构件内危险点处的最大切应力达到材料在单向拉伸时发生塑性屈服的极限切应力的危险值 τ^0，材料就会发生屈服塑性破坏。

其破坏条件是

$$\tau_{\max} = \tau^0$$

其强度条件是

$$\tau_{\max} \leqslant [\tau]$$

由单向拉伸试验知，当横截面上的正应力达到 σ_s 时，与构件轴线成 45° 的斜截面上切应力达到最大 $\tau_{\max} = \dfrac{\sigma_s}{2}$。在复杂应力条件状态下的最大切应力，其值等于 $\tau_{\max} = \dfrac{\sigma_1 - \sigma_3}{2}$；$[\tau]$ 为许用切应力，其值等于单向拉伸时切应力的危险值 τ^0 除以安全因数 n，即

$$[\tau] = \frac{\tau^0}{n}$$

而在简单拉伸时，

$$\tau^0 = \frac{\sigma^0}{2}$$

若取相同的安全因数，则

$$[\tau] = \frac{[\sigma]}{2}$$

强度条件改写为

$$\sigma_1 - \sigma_3 \leqslant [\sigma] \tag{6-23}$$

该理论已被许多塑性材料的塑性屈服破坏的试验所证实，并且稍偏于安全。

四、形状改变比能理论（第四强度理论）

构件受到外力作用后发生变形，同时储存有变形能。构件单位体积内存储的变形能称为比能。比能分为体积改变比能和形状改变比能。形状改变比能理论认为：引起材料发生塑性屈服破坏的主要因素是形状改变比能。无论材料处于何种应力状态，只要构件内危险点处的形状改变比能达到材料在单向拉伸时发生塑性屈服的极限形状改变比能 u_d^0 的危险值，该点处的材料就会发生塑性屈服破坏。

其破坏条件是

$$u_d = u_d^0$$

强度条件为

$$\sqrt{\sigma_1^2 + \sigma_2^2 + \sigma_3^2 - \sigma_1\sigma_2 - \sigma_2\sigma_3 - \sigma_1\sigma_3} \leqslant [\sigma]$$

在二向应力状态下，即 $\sigma_2 = 0$ 时，

$$\sqrt{\sigma_1^2 + \sigma_3^2 - \sigma_1\sigma_3} \leq [\sigma] \tag{6-24}$$

式中，$[\sigma]$ 是简单拉伸时的许用应力，并且即使在复杂应力状态下，也只要运用简单拉伸试验结果，不必作无穷多的试验。

试验证明，塑性材料符第四强度理论，且按此理论计算的结果，较按第三强度理论计算的结果经济，所以，目前的钢结构计算中用的是这一理论。

在平面应力状态下，如果 $\sigma_x \neq 0$，$\tau_x \neq 0$，而 $\sigma_y = 0$ 时，该单元体上的主应力为

$$\left.\begin{array}{c}\sigma_1\\\sigma_3\end{array}\right\} = \frac{\sigma_x}{2} \pm \sqrt{\left(\frac{\sigma_x}{2}\right)^2 + \tau_x^2}$$

代入第三强度理论，则第三强度理论可写成

$$\sqrt{\sigma_x^2 + 4\tau_x^2} \leq [\sigma] \tag{6-25}$$

第四强度理论可写成

$$\sqrt{\sigma_x^2 + 3\tau_x^2} \leq [\sigma] \tag{6-26}$$

下面举例说明，焊接工字钢梁翼板与腹板交界点处应用强度理论进行强度校核的方法。

例 6-9 图 6-30a 所示简支梁用 25b 工字钢制成，已知 $F = 200\text{kN}$，$q = 10\text{kN/m}$，$l = 2\text{m}$ 梁的许用应力 $[\sigma] = 140\text{MPa}$，$[\tau] = 100\text{MPa}$，试对梁进行全面的强度校核。

解：（1）确定危险截面和危险点

给出梁的剪力图和弯矩图，分别如图 6-30b、c 所示，可见靠近支座 A、B 两处截面上的剪力最大，$F_{SA} = F_{SB} = 210\text{kN}$，弯矩为零。梁跨中截面 E 上的弯矩最大，$M_E = M_{max} = 45\text{kN·m}$，剪力为零；$C$ 左侧截面和 D 右侧截面上的弯矩和剪力都较大。$F_{SC} = F_{SD} = 208\text{kN}$，$M_C = M_D = 41.8\text{kN·m}$，这些都是危险截面。

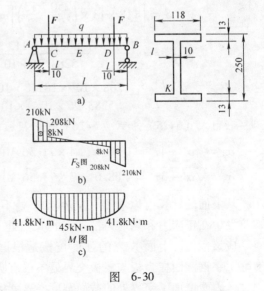

图 6-30

最大切应力发生在 A、B 两截面的中性轴上，最大正应力发生在 E 截面的上下边缘处，C 左侧及 D 右侧截面上腹板与翼缘交界处各点的正应力、切应力都比较大，上述各点都是危险点，都需要校核。

（2）校核正应力强度

由型钢表查出 25b 工字钢的抗弯截面系数 $W_z = 422.72\text{cm}^3$，故梁内最大正应力为

$$\sigma_{\max} = \frac{M_{\max}}{W_z} = \frac{45 \times 10^3}{422.72 \times 10^{-6}}\text{Pa} = 106.5\text{MPa} \leqslant 140\text{MPa}$$

可见梁的正应力强度满足。

（3）校核切应力强度

由型钢表查出 25b 工字钢的 $I_z / S_{z\max} = 21.27\text{cm}$，$b = 10\text{mm}$，故梁内最大切应力为

$$\tau_{\max} = \frac{F_{S\max} S_{z\max}}{I_z b} = \frac{210 \times 10^3}{21.27 \times 10^{-2} \times 10 \times 10^{-3}}\text{Pa} = 98.73\text{MPa} < [\tau] = 100\text{MPa}$$

可见梁的切应力强度满足。

（4）校核主应力强度

虽然，危险截面上各点的正应力和切应力都满足要求，但是在 C 左侧和 D 右侧截面上腹板和翼缘交界点处存在着较大的正应力和切应力，也是危险点。因此，还需要校核该点的强度。由型钢表查得 25b 工字钢 $I_z = 5283.96\text{cm}^4$，又

$$y_K = \left(\frac{250}{2} - 13\right)\text{mm} = 112\text{mm}$$

$$S_z = \left[118 \times 13 \times \left(\frac{250}{2} - \frac{13}{2}\right)\right]\text{mm}^3 = 18.18 \times 10^4 \text{mm}^3$$

$$\sigma = \frac{M_z y_K}{I_z} = \frac{41.8 \times 10^3 \times 112 \times 10^{-3}}{5283.96 \times 10^{-8}}\text{Pa} = 88.6\text{MPa}$$

$$\tau = \frac{F_{SC}^L S_z}{I_z b} = \frac{208 \times 10^3 \times 18.18 \times 10^4 \times 10^{-9}}{5283.96 \times 10^{-8} \times 10 \times 10^{-3}}\text{Pa} = 71.56\text{MPa}$$

利用式（6-25）和式（6-26）进行校核，得

$$\sigma_3 = \sqrt{\sigma^2 + 4\tau^2} = \sqrt{88.6^2 + 4 \times 71.56^2}\text{MPa} = 168.32\text{MPa} > [\sigma] = 140\text{MPa}$$

$$\sigma_4 = \sqrt{\sigma^2 + 3\tau^2} = \sqrt{88.6^2 + 3 \times 71.56^2}\text{MPa} = 152.36\text{MPa} > [\sigma] = 140\text{MPa}$$

从上面的计算可以看出，交界点 K 处不满足强度要求。由此可见，梁的破坏将发生在正应力和切应力都较大的 K 点处。

应该指出，上面 K 点的强度校核是根据工字钢截面简化后的尺寸计算的，实际工字钢截面在腹板与翼板交界处不仅有圆弧，而且其翼板的内侧还有 1:6 的斜度，因而增加了交界处的截面宽度，这就保证了在截面上、下边缘处的正应力和中性轴处的切应力都不超过许用应力的情况下，腹板和翼板交界处附近各点一般不会发生强度不够的问题。但是对于设计由三块钢板焊接而成的组合工字钢梁，就必须按本例题中的方法对其腹板和翼板交界处的点进行强度校核。

第九节 梁 的 变 形

工程中有些受弯构件在荷载作用下虽能满足强度要求，但由于弯曲变形过大，刚度不足，仍不能保证构件正常工作。为了保证构件的正常工作，必须把弯曲变形限制在一定的许可范围之内，使构件满足刚度条件。

一、梁变形的概念

以图 6-31 所示简支梁为例，说明平面弯曲时变形的一些概念。取梁在变形前的轴线为 x 轴，与 x 轴垂直向下的轴为 y 轴。梁在发生弯曲变形后，梁的轴线由直线变成一条连续光滑的曲线，这条曲线叫作梁的挠曲线。如图所示，由于每个横截面都发生了移动和转动，所以梁的弯曲变形可用两个基本量来度量。

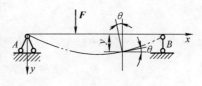

图 6-31

（1）挠度。梁任一横截面的形心沿 y 方向的线位移 y（有时也用 v 表示），称为该截面的挠度，以向下的挠度为正，向上的挠度为负。

（2）转角。梁的任一横截面，在梁变形后绕中性轴转动的角度 θ，称为该截面的转角，以顺时针转向的转角为正，反之为负。

二、挠曲线近似微分方程

工程中遇到的大多数梁的挠度值很小，挠曲线是一条光滑平坦的曲线，梁截面的转角也很小，根据梁挠曲线的概念和高等数学的曲率公式，推导得梁的挠曲线近似微分方程如下：

$$y'' = -\frac{M(x)}{EI} \tag{6-27}$$

将微分方程（6-27）积分一次得到转角方程，再积分一次得挠度方程。

例 6-10 图 6-32 所示均布荷载作用下的简支梁，已知梁的抗弯刚度为 EI，求梁的最大挠度和 B 截面的转角。

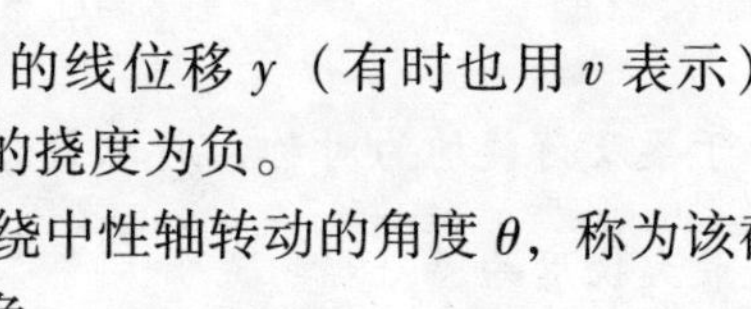

解： 梁的支座反力为

$$F_A = F_B = \frac{1}{2}ql$$

弯矩方程为

图 6-32

$$M(x) = \frac{1}{2}qlx - \frac{1}{2}qx^2$$

挠曲线近似微分方程为

$$EIy'' = -M(x) = \frac{1}{2}qx^2 - \frac{1}{2}qlx$$

积分两次得

$$EI\theta = EIy' = \frac{1}{6}qx^3 - \frac{1}{4}qlx^2 + C \qquad (a)$$

$$EIy = \frac{1}{24}qx^4 - \frac{1}{12}qlx^3 + Cx + D \qquad (b)$$

简支梁的边界条件为 $x=0$，$y=0$；$x=l$，$y=0$，将边界条件代入式（a）和式（b）得

$$D = 0, C = \frac{ql^3}{24}$$

将 C 和 D 代入式（a）和式（b）的转角和挠度方程得

$$EI\theta = EIy' = \frac{q}{24}(4x^3 - 6lx^2 + l^3) \qquad (c)$$

$$EIy = \frac{q}{24}(x^4 - 2lx^3 + l^3x) \qquad (d)$$

由于梁及荷载均为对称，所以最大挠度发生在跨中，将 $x = \frac{l}{2}$ 代入式（d），可求出最大挠度为

$$y_{max} = \frac{5ql^4}{384EI}$$

将 $x=l$ 代入式（c）得 B 截面转角为

$$\theta_B = -\frac{ql^3}{24EI}$$

θ 为负值，表示 B 截面逆时针转动。

对于图 6-33 所示集中荷载作用下的简支梁，其弯矩方程需要分段列。此时，除了考虑边界条件外，还要考虑连续条件，即分段点 C 处弯曲后的变形是连续的，因此，从 AC 段的方程计算出的 C 点的挠度与转角，与由 CB 段计算出的 C 点的挠度与转角相等，即当 $x_1 = x_2 = a$ 时，$y_1' = y_2'$；当 $x_1 = x_2 = a$ 时，$y_1 = y_2$。无论梁分多少段，总有足够的边界条件和连续条件定出所有的积分常数。利用积分法求梁的变形，虽然烦琐，但这是求梁变形的基本方法。

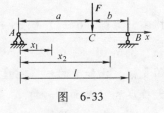

图 6-33

三、利用叠加法求梁的变形

由梁的近似微分方程知，梁的挠度和转角与荷载成正比例关系。因此，当梁

上有几个荷载共同作用时，梁上某一截面的挠度和转角，等于各个荷载单独作用下该截面的挠度和转角的代数和。计算时可查附录 B，分别求出各个荷载单独作用下的挠度和转角，然后求其代数和，就得到各荷载共同作用下的变形，这种方法称为叠加法。

例 6-11 用叠加法求图 6-34 所示外伸梁 D 点的挠度 y_D 及转角 θ_D。

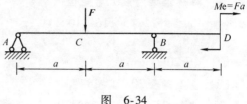

图 6-34

解： D 点的挠度与转角等于集中力 F 及力偶 M_e 分别在 D 点引起挠度及转角的叠加。

（1）D 点的挠度：查附录 B 得

$$y_{DF} = \theta_B \times a = -\frac{Fl^2}{16EI} \times a = -\frac{F(2a)^2}{16EI} \times a = -\frac{Fa^3}{4EI}$$

$$y_{DM_e} = \frac{M_e a}{6EI}(2l + 3a) = \frac{Fa^2}{6EI}(4a + 3a) = \frac{7Fa^3}{6EI}$$

$$y_D = y_{DF} + y_{DM_e} = \frac{11Fa^3}{12EI}(\downarrow)$$

（2）D 点的转角

$$\theta_{DF} = \theta_B = -\frac{Fl^2}{16EI} = -\frac{F(2a)^2}{16EI} = -\frac{Fa^2}{4EI}$$

$$\theta_{DM_e} = \frac{M_e}{3EI}(l + 3a) = \frac{Fa}{3EI}(2a + 3a) = \frac{5Fa^2}{3EI}$$

$$\theta_D = \theta_{DF} + \theta_{DM_e} = \frac{17Fa^2}{12EI}(顺时针转)$$

四、梁的刚度条件

所谓梁的刚度条件，就是将梁的最大挠度控制在一定范围之内，而对转角则一般不做要求。在建筑工程中，一般主要是强度条件起控制作用，即通常是先根据强度条件计算截面尺寸，然后进行刚度校核。梁的刚度条件是

$$y_{\max} \leqslant [y] \tag{6-28}$$

根据构件的不同用途，在有关规范中有具体规定：

一般钢筋混凝土梁： $\quad [y] = \dfrac{l}{300} \sim \dfrac{l}{200}$

钢筋混凝土起重机梁： $\quad [y] = \dfrac{l}{600} \sim \dfrac{l}{500}$

例 6-12 如图 6-35 所示的简支梁，受均布荷载 q 和集中力 F 共同作用，截

面为 20a 工字钢，许用应力 $[\sigma]=150\text{MPa}$，弹性模量 $E=2.1\times10^{5}\text{MPa}$，挠度许

可值 $[y]=\dfrac{l}{400}$，已知 $l=4\text{m}$，$q=5\text{kN/m}$，$F=10\text{kN}$，试校核梁的强度和刚度。

解：(1) 求梁的最大弯矩值

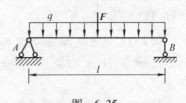

$$M_{\max}=\frac{ql^{2}}{8}+\frac{Fl}{4}=\left(\frac{5\times16}{8}+\frac{10\times4}{4}\right)\text{kN}\cdot\text{m}$$

$$=20\text{kN}\cdot\text{m}$$

(2) 查型钢表 20a 工字钢

$$W_{z}=237\text{cm}^{3},\quad I_{z}=2370\text{cm}^{4}$$

图 6-35

(3) 校核梁的强度

$$\sigma_{\max}=\frac{M_{\max}}{W_{z}}=\frac{20\times10^{3}}{237\times10^{-6}}\text{Pa}=84.4\text{MPa}<[\sigma]=150\text{MPa}$$

(4) 校核刚度

查附录 B 得最大挠度在梁的跨中，将 F 和 q 引起的梁跨中挠度叠加，得到

$$y_{\max}=y_{CF}+y_{Cq}=\frac{Fl^{3}}{48EI}+\frac{5ql^{4}}{384EI}$$

$$=\left(\frac{10\times10^{3}\times4^{3}}{48\times2.1\times10^{11}\times2370\times10^{-8}}+\frac{5\times5\times10^{3}\times4^{4}}{384\times2.1\times10^{11}\times2370\times10^{-8}}\right)\text{m}$$

$$=(0.00268+0.00335)\text{m}=0.00603\text{m}$$

$$y_{\max}=0.00603\text{m}<\frac{l}{400}=0.01\text{m}$$

综上所得，梁强度和刚度都满足要求。

五、提高梁刚度的措施

提高梁的刚度可以减少梁的变形，梁的变形与梁的荷载、跨度、支承情况、截面惯性矩及材料的弹性模量 E 有关，所以要提高梁的刚度，就要从以上因素入手。

1. 提高梁的抗弯刚度

它包含两个措施：增大材料的弹性模量和增大截面的惯性矩。提高材料的弹性模量 E，对于低碳钢和优质钢，增加 E 意义不大，因为两者值很接近。而增大梁的横截面的惯性矩，可以采用增大梁的截面尺寸，也可在面积不变的情况下，改变截面形状，将面积分布在距中性轴较远处，增大 I。所以工程中常采用箱形、工字形等截面形式。

2. 调整梁的跨长或改变结构形式

静定梁的跨长 l 对弯曲变形影响最大，因为挠度与跨度的三次方（集中荷载

时）或四次方（分布荷载时）成正比，随着跨度的增加，静定梁的刚度将迅速下降。因此，如果能设法缩短跨长，则能显著地减少其挠度。例如，将简支梁改为两端外伸梁，或在梁中间增加一个支座来减少跨长。当然，采取这样的措施是要在改变结构形式允许的条件下进行。

思 考 题

6-1 什么是平面弯曲？什么是纯弯曲和横力弯曲？

6-2 梁的内力有哪些？正负号是如何规定的？绘制梁的内力图的方法有哪些？

6-3 M、F_S、q 三者之间的关系是什么样的？如何利用这种关系绘制梁的内力图？

6-4 什么是中性层？什么是中性轴？中性轴的位置是如何确定的？

6-5 梁的正应力在横截面上是如何分布的？

6-6 矩形截面梁及工字形截面梁的切应力在横截面上的分布规律分别是怎样的？

6-7 四个基本强度理论的基本内容是什么？它们适用的范围如何？

6-8 什么叫做挠度、转角？

6-9 用叠加法计算梁的变形，其解题步骤如何？

6-10 如何提高梁的刚度？

练 习 题

6-1 试求图 6-36 所示各梁指定截面上的内力。

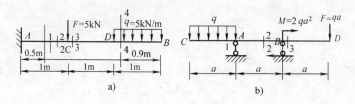

图 6-36 题 6-1 图

6-2 列出图 6-37 所示各梁的剪力方程 $F_S(x)$ 和弯矩方程 $M(x)$，并画出剪力图及弯矩图。

6-3 绘制图 6-38 所示各梁的剪力图及弯矩图。

6-4 根据荷载、剪力及弯矩之间的关系画出图 6-39 所示各梁的剪力图及弯矩图。

6-5 一矩形截面梁如图 6-40 所示。（1）计算 m—m 截面上 A、B、C、D 各点

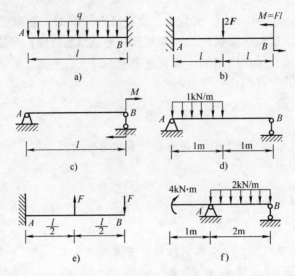

图6-37 题6-2图

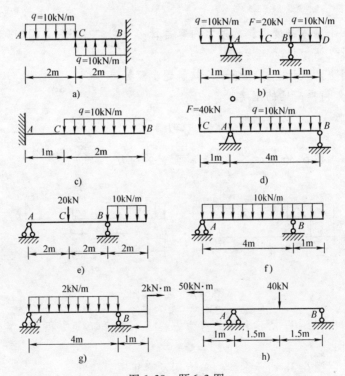

图6-38 题6-3图

处的正应力,并指明是拉应力还是压应力;(2)计算 $m—m$ 截面上 A、B、C、D 各点处的切应力;(3)计算整根梁的最大弯曲正应力和最大切应力。(截面单位:cm)

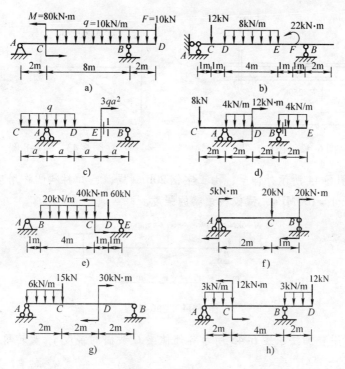

图 6-39　题 6-4 图

6-6　图 6-41 所示矩形截面悬臂梁，材料的许用应力 $[\sigma]=15\mathrm{MPa}$，截面高宽比 $h:b=3:2$，试确定此梁的截面尺寸。

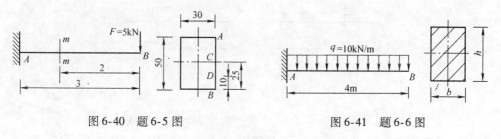

图 6-40　题 6-5 图　　　　　　图 6-41　题 6-6 图

6-7　某车间有一台 100kN 的起重机和一台 200kN 的起重机，借用一辅助梁共同起吊重量为 $F=250\mathrm{kN}$ 的设备，如图 6-42 所示。(1) 重量与 100kN 起重机的距离 x 在什么范围内，才能保证两台起重机都不致超载？(2) 若用工字钢作辅助梁，试选择工字钢的型号（钢梁的自重不计）。已知工字钢许用应力 $[\sigma]=160\mathrm{MPa}$。

6-8　图 6-43 所示三角架，在横梁 AB 的端点 B 处受一集中力 $F=10\mathrm{kN}$ 的作用，若横梁用工字钢制成，许用正应力 $[\sigma]=120\mathrm{MPa}$，试选择工字钢型号。

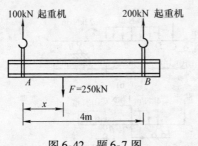

图 6-42 题 6-7 图

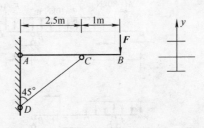

图 6-43 题 6-8 图

6-9 图 6-44 所示外伸梁，由工字钢 20b 制成，已知材料的许用应力 $[\sigma] =$ 160MPa，$[\tau] = 100$MPa，试校核该梁的强度。

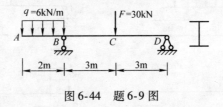

图 6-44 题 6-9 图

6-10 用叠加法求图 6-45 所示各外伸梁 C 截面的挠度 y_C 及转角 θ_C。

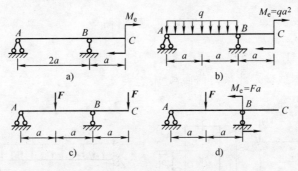

图 6-45 题 6-10 图

6-11 图 6-46 所示一悬臂工字钢梁，长度 $l = 2.5$m，在自由端作用力 $F = 10$kN，已知钢梁的许用应力 $[\sigma] = 150$MPa，$[\tau] = 100$MPa，$E = 200$GPa，梁的许可挠度 $[y] = \dfrac{l}{500}$，试按强度条件和刚度条件选择工字钢梁的型号。

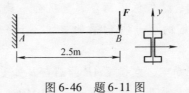

图 6-46 题 6-11 图

部分习题参考答案

6-6　$b = 24.2\text{cm}$，$h = 36.3\text{cm}$

6-7　(1) $2.4\text{m} \leqslant x \leqslant 3.2\text{m}$；(2) 45c 工字钢

6-8　14 工字钢

6-9　强度满足要求

6-11　28b 工字钢

第七章　杆件在组合变形下的强度计算

前面各章分别叙述了拉伸、剪切、扭转和平面弯曲等基本变形杆件的强度和刚度计算。但是，在实际工程中有些杆件的受力情况比较复杂，其变形不是单一的基本变形，而是两种或两种以上基本变形的组合。例如，图7-1a所示的烟囱，除由自重引起的轴向压缩外，还有由水平方向的风力作用而发生的弯曲变形，称为压弯杆件；图7-1b所示的厂房柱，由于受到偏心压力的作用，使柱子产生压缩和

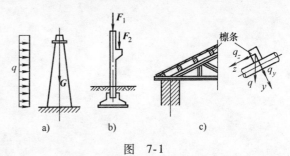

图　7-1

弯曲变形，又称偏心受压杆；图7-1c所示的屋架檩条，荷载不是作用在纵向对称平面内，所以，属于两个方向平面弯曲的组合，又称为斜弯曲。由两种及两种以上的基本变形组合而成的变形，称为组合变形。本章主要讨论杆件在组合变形下的强度计算。

解决组合变形强度问题的基本方法是叠加法。分析问题的基本步骤为：首先将杆件的组合变形分解为基本变形，然后计算杆件在每一种基本变形情况下所发生的应力，最后再将同一点的应力叠加起来，便可得到杆件在组合变形下的应力。实践证明，只要杆件符合变形条件，且材料在弹性范围内工作，由上述叠加法所计算的结果与实际情况基本上是符合的。

第一节　斜　弯　曲

外力作用平面与形心主惯性平面成一个角度，如桁条，当其横截面采用矩形、工字形和冷弯卷边 Z 形截面时，变形后杆件的挠曲线不在外力作用平面内，这种弯曲称为斜弯曲。下面以矩形截面悬臂梁自由端作用集中力为例（图7-2），说明斜弯曲时的应力与变形计算。

如图7-2所示，梁自由端截面作用的力 F 通过形心，但与 y 轴成一夹角 φ。建立坐标系，并将集中力 F 分解到 z 轴和 y 轴上，得

$$F_y = F\cos\varphi, \qquad F_z = F\sin\varphi$$

其中，分力 F_y 使梁在 xOy 平面内产生平面弯曲，F_z 使梁在 xOz 平面内发生平面弯曲。这样，就将斜弯曲分解为两个相互垂直平面内的平面弯曲。

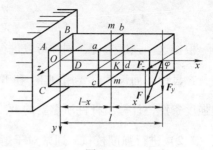

图 7-2

在距自由端为 x 的横截面上，两个分力 F_y 和 F_z 所引起的弯矩值分别为

$$M_z = F_y x = Fx\cos\varphi = M\cos\varphi$$

$$M_y = F_z x = Fx\sin\varphi = M\sin\varphi$$

式中，M 是力 F 对 m—m 截面的弯矩，即

$$M = Fx$$

要求 m—m 截面上 K 点的正应力，可分别计算 M_z 和 M_y 所引起的 K 点的应力，然后代数相加即可。由 M_z 引起的正应力用 σ' 表示，且

$$\sigma' = \frac{M_z y}{I_z} = \frac{M\cos\varphi}{I_z} y$$

由 M_y 引起的正应力用 σ'' 表示，且

$$\sigma'' = \frac{M_y z}{I_y} = \frac{M\sin\varphi}{I_y} z$$

由于式中的 M_z、M_y、y 和 z 均为负值，所以 K 点的 σ' 和 σ'' 是正值。I_z 和 I_y 分别是横截面对 z 轴和 y 轴的惯性矩。相加后得 K 点的正应力为

$$\sigma = \sigma' + \sigma'' = \frac{M\cos\varphi}{I_z} y + \frac{M\sin\varphi}{I_y} z$$

或

$$\sigma = M\left(\frac{\cos\varphi}{I_z} y + \frac{\sin\varphi}{I_y} z\right) \tag{7-1}$$

在斜弯曲中，计算正应力 σ 时，事先亦可以不考虑弯矩和坐标的正、负号，均用绝对值计算，而应力 σ 的正或负可根据变形来确定。例如，在此悬臂梁中，在 M_z 和 M_y 作用下使 m—m 截面的 K 点均受拉，所以 σ 是拉应力，为正值。

进行强度计算时，首先必须找到最大应力作用截面上的最大应力点，通常我们称它为危险点。图 7-2 梁中的危险截面是固端截面，而危险点在固端截面上的 B 点或 C 点上。B 点为最大拉应力作用点，C 点为最大压应力作用点。两点的应力数值相等，斜弯曲时的强度条件，也就是要使最大应力不超过许用应力，如果材料的许用拉应力与许用压应力相等，则强度条件可写作

$$\sigma_{\max} = M_{\max}\left(\frac{\cos\varphi}{I_z} y_{\max} + \frac{\sin\varphi}{I_y} z_{\max}\right) \leqslant [\sigma] \tag{7-2a}$$

或

$$\sigma_{\max} = \frac{M_z}{W_z} + \frac{M_y}{W_y} \le [\sigma] \tag{7-2b}$$

根据这一强度条件，同样可以进行强度校核、截面设计和确定许用荷载。但是，在设计截面尺寸时要用到 W_z 和 W_y 两个未知量，可以先假设 $\frac{W_z}{W_y}$ 的比值，根据强度条件，计算出杆件所需要的 W_z，从而确定截面的尺寸及计算出 W_y，再按式（7-2）进行强度校核。通常对于矩形截面取 $\frac{W_z}{W_y} = \frac{h}{b} = 1.2 \sim 2$，对于工字形截面取 $\frac{W_z}{W_y} = 8 \sim 10$。

例7-1 某屋面构造如图 7-3 所示，木檩条简支在屋架上，其跨度为 3m，承受由屋面传来的竖向均布荷载 $q = 1.2 \text{kN/m}$，屋面的倾角 $\varphi = 26°34'$，檩条为矩形截面 $b = 90 \text{mm}$，$h = 150 \text{mm}$，材料的许用应力 $[\sigma] = 10 \text{MPa}$，试校核檩条的强度。

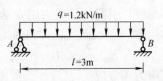

解：（1）荷载分解

图 7-3

将均布荷载 q 沿 y 轴与 z 轴分解，得

$$q_y = q\cos\varphi = (1.2 \times 0.894)\text{kN/m} = 1.07\text{kN/m}$$

$$q_z = q\sin\varphi = (1.2 \times 0.447)\text{kN/m} = 0.54\text{kN/m}$$

（2）内力计算

檩条在荷载作用下，最大弯矩发生在跨中截面，其值分别为

$$M_{z\max} = \frac{q_y l^2}{8} = \frac{1.07 \times 3^2}{8}\text{kN} \cdot \text{m} = 1.20\text{kN} \cdot \text{m}$$

$$M_{y\max} = \frac{q_z l^2}{8} = \frac{0.54 \times 3^2}{8}\text{kN} \cdot \text{m} = 0.61\text{kN} \cdot \text{m}$$

（3）截面对 z 轴和 y 轴的抗弯截面系数分别为

$$W_z = \frac{bh^2}{6} = \frac{90 \times 150^2}{6}\text{mm}^3 = 3.375 \times 10^5 \text{mm}^3$$

$$W_y = \frac{hb^2}{6} = \frac{150 \times 90^2}{6}\text{mm}^3 = 2.025 \times 10^5 \text{mm}^3$$

（4）强度校核

$$\sigma_{\max} = \frac{M_{z\max}}{W_z} + \frac{M_{y\max}}{W_y} = \left(\frac{1.2 \times 10^6}{3.375 \times 10^5} + \frac{0.61 \times 10^6}{2.025 \times 10^5}\right)\text{N/mm}^2$$

$$= (3.56 + 3.01)\text{N/mm}^2 = 6.57\text{N/mm}^2 = 6.57\text{MPa} < [\sigma]$$

所以，檩条强度满足要求。

在这里因为是矩形截面梁，矩形截面有凸角点，所以危险点一定在凸角点上。对无凸角的截面，则必须先确定中性轴的位置，然后才能找出危险点的位置（图7-4a）。

确定斜弯曲梁横截面上中性轴的位置时，设中性轴上各点的坐标为 y_0 和 z_0，因中性轴上各点的应力等于零，所以

$$\sigma = M\left(\frac{\cos\varphi}{I_z}y_0 + \frac{\sin\varphi}{I_y}z_0\right) = 0$$

故中性轴方程为

$$\frac{\cos\varphi}{I_z}y_0 + \frac{\sin\varphi}{I_y}z_0 = 0 \qquad (7\text{-}3)$$

可见中性轴是一条通过截面形心的斜直线，它与 z 轴的夹角满足：

$$\tan\alpha = \frac{y_0}{z_0} = -\frac{I_z}{I_y}\tan\varphi \qquad (a)$$

中性轴将截面分为受拉区和受压区两个部分。对无凸角的截面，确定了中性轴的位置后，可求得距中性轴最远的点 D_1 和 D_2 的坐标，如图 7-4b 所示，这两点就是应力最大的点，即危险点。

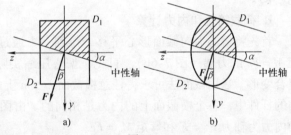

a)   b)

图 7-4

下面讨论斜弯曲梁的变形，变形也可按叠加原理来计算。上述图 7-2 所示悬臂梁，在 xOy 平面内梁的自由端由 F_y 引起的挠度

$$v_y = \frac{F_y l^3}{3EI_z} = \frac{F\cos\varphi l^3}{3EI_z}$$

在 xOz 平面内梁自由端由 F_z 引起的挠度

$$v_z = \frac{F_z l^3}{3EI_y} = \frac{F\sin\varphi l^3}{3EI_y}$$

梁自由端的总挠度 v 是 v_y 和 v_z 的矢量和，其数值及刚度条件为

$$v = \sqrt{v_y^2 + v_z^2}, v \leqslant [v]$$

挠度方向与 y 轴的夹角 β 为

$$\tan\beta = \frac{v_z}{v_y} = \frac{I_z}{I_y}\tan\varphi \qquad (b)$$

由式（b）知，当 $I_y = I_z$ 时，则 $\beta = \varphi$，即为平面弯曲，如正方形、圆形等截面，只发生平面弯曲，不会发生斜弯曲。如果 $I_y \neq I_z$，则 $\beta \neq \varphi$，梁的挠曲线与集

中荷载 F 不在同一平面内，所以属于斜弯曲。

比较式（a）、式（b），可见中性轴与 z 轴的夹角 α 等于挠度 v 的方向与 y 轴的夹角 β。故斜弯曲时中性轴仍垂直于挠度 v 所在平面。

第二节 偏心压缩杆件的强度计算、截面核心

在建筑结构中，常常遇到受压杆件的压力作用线不通过杆件截面形心的情形，这种受力情况称为偏心压缩。例如，图 7-5 所示的柱子，在 F_1 和 F_2 作用下，对下部柱则为偏心压缩。荷载作用线与柱轴间的距离为 e，e 称为偏心距。

一、单向偏心受压柱的强度计算

图 7-6a 所示的柱子，偏心力通过截面一根形心主轴时，称为单向偏心压缩（拉伸）。

1. 荷载简化和内力计算

首先将偏心力向截面形心平移，得到一个通过形心的轴向压力 F 一个力偶矩 $M = Fe$ 的力偶（图 7-6b）。可见，偏心压缩实际上是轴向压缩和平面弯曲的组合变形。运用截面法可求得任意横截面 m—m 上的内力。显然，在承受偏心压缩的杆件中，各个横截面上的内力是相同的。由图 7-6c 可知，横截面 m—m 上的内力为轴力 $F_N = F$ 和弯矩 $M_z = Fe$。

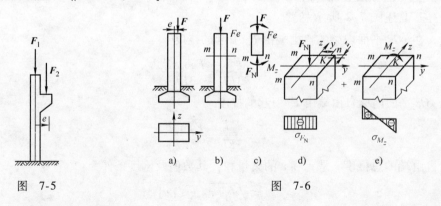

图 7-5　　　　　　　　　　图 7-6

2. 应力计算和强度条件

现求横截面上一点 K（y，z）的应力，K 点正应力是轴向压缩的正应力和平面弯曲的正应力的叠加，如图 7-6d 所示。由轴力 F_N 引起的 K 点的正应力为

$$\sigma_{F_N} = -\frac{F}{A}$$

由弯矩引起的 K 点的正应力为

$$\sigma_{M_z} = \frac{M_z y}{I_z}$$

K 点的总应力为

$$\sigma = -\frac{F}{A} \pm \frac{M_z y}{I_z} \tag{7-4}$$

应用式（7-4）计算正应力时，F、W_z、y 都可用绝对值代入，式中弯曲正应力的正负号可由变形情况来判定。当 K 点处于弯曲变形的受压区时取负号，处于受拉区时取正号。

显然，最大压应力发生在截面 n—n 的边缘线上，其值为

$$\sigma_{\max}^{\text{压}} = -\frac{F}{A} - \frac{M_z}{W_z}.$$

当 $\dfrac{M_z}{W_z} > \dfrac{F}{A}$ 时，最大拉应力发生在 m—m 边缘线上，其值为

$$\sigma_{\max}^{\text{拉}} = -\frac{F}{A} + \frac{M_z}{W_z}$$

偏心受压的强度条件为

$$\begin{cases} \left| -\dfrac{F}{A} - \dfrac{M_z}{W_z} \right| \leqslant [\sigma]_{\text{压}} \\[4mm] -\dfrac{F}{A} + \dfrac{M_z}{W_z} \leqslant [\sigma]_{\text{拉}} \end{cases} \tag{7-5}$$

例 7-2　图 7-7 所示矩形截面柱，柱顶有屋架传来的压力 $F_1 = 100\text{kN}$，牛腿上承受起重机梁传来的压力 $F_2 = 45\text{kN}$，F_2 与柱轴线的偏心距 $e = 0.2\text{m}$。已知柱宽 $b = 200\text{mm}$。（1）若 $h = 300\text{mm}$，则柱截面中的最大拉应力和最大压应力各为多少？（2）要使柱截面不产生拉应力，截面高度 h 为多少？在所选的尺寸下，柱截面中的最大压应力为多少？

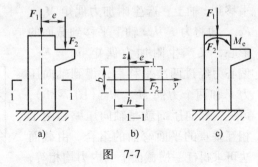

图 7-7

解：（1）将 F_2 向截面形心简化，得柱的轴向压力为

$$F = F_1 + F_2 = 145\text{kN}$$

截面的弯矩为

$$M_z = F_2 e = (45 \times 0.2)\text{kN} \cdot \text{m} = 9\text{kN} \cdot \text{m}$$

截面最大应力为

$$\sigma^+_{max} = -\frac{F}{A} + \frac{M_z}{W_z} = \left(-\frac{145 \times 10^3}{200 \times 300} + \frac{9 \times 10^6}{\dfrac{200 \times 300^2}{6}} \right) MPa$$

$$= (-2.42 + 3) MPa = 0.58 MPa$$

$$\sigma^-_{max} = -\frac{F}{A} - \frac{M_z}{W_z} = (-2.42 - 3) MPa = -5.42 MPa$$

（2）求 h 和 σ^-_{max}

要使截面不产生拉应力，应满足：

$$\sigma^+_{max} = -\frac{F}{A} + \frac{M_z}{W_z} \leqslant 0$$

解得 $h \geqslant 372mm$，取 $h = 380mm$。

当 $h = 380mm$ 时，截面的最大压应力为

$$\sigma^-_{max} = -\frac{F}{A} - \frac{M_z}{W_z} = \left(-\frac{145 \times 10^3}{200 \times 380} - \frac{9 \times 10^6}{\dfrac{200 \times 380^2}{6}} \right) MPa$$

$$= (-1.908 - 1.870) MPa = -3.778 MPa$$

二、双向偏心受压柱的强度计算

当偏心压力 F 的作用线与柱轴线平行，但不通过截面任一形心主轴时，称为双向偏心压缩，如图 7-8 所示。

1. 荷载简化和内力计算

压力 F 到 z 轴的偏心距为 e_y，到 y 轴的偏心距为 e_z（图 7-8a）。先将压力 F 平移到 z 轴上，产生附加力偶矩 $M_z = Fe_y$，再将力 F 从 z 轴上平移到截面的形心，又产生附加力偶矩 $m_y = Fe_z$。偏心力经过两次平移后，得到轴向压力 F 和两个力偶 M_z、M_y（图 7-8b），可见，双向压缩就是轴向压缩和两个相互垂直的平面弯曲的组合。由截面法可求得任一横截面上的内力均相等，分别为

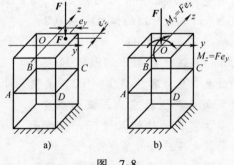

图 7-8

$$F_N = F, M_z = Fe_y, M_y = Fe_z$$

2. 应力计算和强度条件

横截面上任一点 $K(y, z)$ 的应力可用叠加法求得，由轴力 F_N 引起的 K 点的压应力为

$$\sigma_{F_N} = -\frac{F}{A}$$

由弯矩 M_z 引起的 K 点的正应力为

$$\sigma_{M_z} = \frac{M_z y}{I_z}$$

由弯矩 M_y 引起的 K 点的正应力为

$$\sigma_{M_y} = \frac{M_y z}{I_y}$$

K 点的总应力为

$$\sigma = -\frac{F}{A} \pm \frac{M_z y}{I_z} \pm \frac{M_y z}{I_y}$$

计算时，上式中数值均可用绝对值代入，正负号由弯曲变形的情况来判定，如图 7-9 所示。

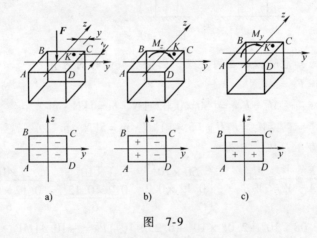

图 7-9

由图可知，最大压应力发生在 C 点，因此，截面上的最大压应力为

$$\sigma_{max}^{压} = -\frac{F}{A} - \frac{M_z}{W_z} - \frac{M_y}{W_y}$$

截面上的最大拉应力发生在 A 点，其最大拉应力为

$$\sigma_{max}^{拉} = -\frac{F}{A} + \frac{M_z}{W_z} + \frac{M_y}{W_y}$$

因为危险点 A、C 两点均处于单向拉伸状态，其强度条件为

$$\begin{cases} \sigma_{max}^{压} = -\dfrac{F}{A} - \dfrac{M_z}{W_z} - \dfrac{M_y}{W_y} \leqslant [\sigma]_压 \\[3mm] \sigma_{max}^{拉} = -\dfrac{F}{A} + \dfrac{M_z}{W_z} + \dfrac{M_y}{W_y} \leqslant [\sigma]_拉 \end{cases} \qquad (7-6)$$

双向偏心时中性轴是一条不通过形心 O 的斜直线，对矩形等有凸角的截面，最大拉、压应力在凸角处。

例7-3　松木矩形截面柱受力如图 7-10 所示，已知 $F_1 = 50\text{kN}$，$F_2 = 5\text{kN}$，$e = 2\text{cm}$，$[\sigma]_压 = 12\text{MPa}$，$[\sigma]_拉 = 10\text{MPa}$，$H = 1\text{m}$，$b = 12\text{cm}$，$h = 20\text{cm}$，试校核该松木柱的强度。

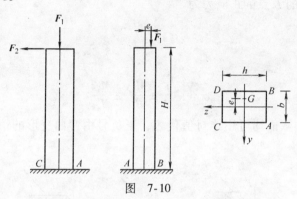

图　7-10

解： 由图可知危险截面在固定端，固定端截面的内力有

轴力：$F_N = F_1 = 50\text{kN}$

截面的弯矩：　$M_z = F_1 e = (50 \times 0.02)\text{kN} \cdot \text{m} = 1\text{kN} \cdot \text{m}$

$$M_y = F_2 H = (5 \times 1)\text{kN} \cdot \text{m} = 5\text{kN} \cdot \text{m}$$

截面最大压应力在 D 点，且为

$$\sigma_{max}^- = -\left(\frac{F}{A} + \frac{M_z}{W_z} + \frac{M_y}{W_y}\right) = -\left(\frac{50 \times 10^3}{0.12 \times 0.2} + \frac{1 \times 10^3}{\dfrac{0.2 \times 0.12^2}{6}} + \frac{5 \times 10^3}{\dfrac{0.12 \times 0.2^2}{6}}\right)\text{Pa}$$

$$= -(2.08 \times 10^6 + 2.08 \times 10^6 + 6.25 \times 10^6)\text{Pa} = -10.41\text{MPa} < [\sigma]_压$$

最大拉应力在 A 点，且为

$$\sigma_{max}^+ = -\frac{F}{A} + \frac{M_z}{W_z} + \frac{M_y}{W_y} = \left(-\frac{50 \times 10^3}{0.12 \times 0.2} + \frac{1 \times 10^3}{\dfrac{0.2 \times 0.12^2}{6}} + \frac{5 \times 10^3}{\dfrac{0.12 \times 0.2^2}{6}}\right)\text{Pa}$$

$$= (-2.08 \times 10^6 + 2.08 \times 10^6 + 6.25 \times 10^6)\text{Pa} = 6.25\text{MPa} < [\sigma]_拉$$

由此可见，满足强度条件。

三、截面核心

前面曾经指出，当偏心压力 F 的偏心距 e 小于某一值时，可使杆件横截面上的正应力全部为压应力而不出现拉应力。土建工程中大量使用的砖、石、混凝土材料，其抗拉能力比抗压能力小得多，这类材料制成的杆件在偏心压力作用下，

截面中最好不出现拉应力，以避免拉裂。因此，要求偏心压力的作用点至截面形心的距离不可太大。当荷载作用在截面形心周围的一个区域内时，杆件整个横截面上只产生压应力而不出现拉应力，这个荷载作用的区域就称为截面核心。

单向偏心受压柱的最大拉应力公式是

$$\sigma_{max}^{拉} = -\frac{F}{A} + \frac{Fe}{W}$$

如果要横截面不出现拉应力，必须使

$$\sigma_{max}^{拉} = -\frac{F}{A} + \frac{Fe}{W} \leq 0 \quad 或 \quad e \leq \frac{W}{A} \tag{7-7}$$

对于直径为 d 的圆形截面，有

$$W = \frac{\pi d^3}{32}, \quad A = \frac{\pi d^2}{4}$$

所以

$$e \leq \frac{d}{8}$$

对于矩形截面，截面核心为菱形。当力 F 作用在 z 轴上时，将 $W_y = \frac{hb^2}{6}$，$A = bh$

代入式（7-7），得 $e = \frac{b}{6}$；同理，当力 F 作用在 y 轴上时，将 $W_z = \frac{bh^2}{6}$，$A = bh$

代入式（7-7），得 $e = \frac{h}{6}$。如图 7-11 所示。

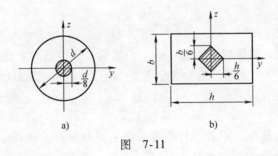

图　7-11

第三节　拉伸（压缩）与弯曲组合变形的强度计算

在杆件上同时作用有横向力和轴向力时，杆件将发生弯曲与拉伸（压缩）的组合变形。如图 7-12 所示，悬臂梁在力 F 作用下分解为轴向力 F_x 和竖直向下的力 F_y，F_x 使杆件伸长，F_y 使杆件弯曲，因此为拉伸与弯曲组

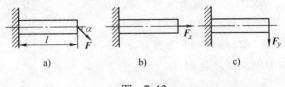

图　7-12

合变形。如图7-13a所示，一悬臂起重机的横梁 AB 在重力 G 作用下，受力如图7-13b所示，同时存在轴向压力和弯矩，所以该梁在受到压缩的同时还有弯曲变形，即为压弯组合变形。

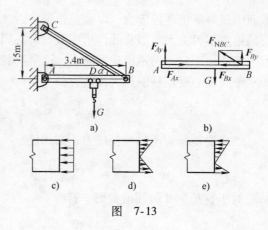

对于抗弯刚度 EI 较大的杆，由横向力引起的变形较小，可忽略轴向力引起的附加弯矩。此时仍可用叠加原理计算横截面上的正应力。

图 7-13

现以梁 AB 为例，介绍杆件在拉伸（压缩）和弯曲组合变形条件下的强度计算问题。杆件 AB 在 F_{Bx} 作用下为轴向压缩，横截面上的正应力为均匀分布，横截面上各点正应力均相等，如图7-13c所示，正应力为

$$\sigma_{F_N} = \frac{F_{Bx}}{A} = \frac{F_N}{A}$$

AB 杆件为平面弯曲，其最大弯矩 M_{max} 产生在跨中，所以其截面上、下边缘各点均为危险点，横截面的正应力为线性分布，如图7-13d所示，最大正应力大小为

$$\sigma_M = \frac{M}{W} = \frac{Gl}{4W}$$

利用叠加原理，将压缩及弯曲正应力叠加后，危险截面上正应力沿截面高度的变化情况如图7-13e所示，仍为线性分布。所以，危险截面处危险点的正应力为

$$\sigma = \frac{F_N}{A} + \frac{M}{W} \leqslant [\sigma]$$

对于许用拉、压应力不等，且危险截面上同时存在最大拉、压应力的材料，则须使杆内的最大拉、压应力分别满足杆件的拉、压强度条件。

例 7-4 图7-14所示简易起重架，AB 杆由 20a 工字钢制成，BC 杆为圆截面拉杆，在 AB 杆中点 D 处的滑车连同吊重 G = 25kN，钢材的许用应力 $[\sigma]$ = 160MPa，试校核杆 AB 的强度。

解： 取 AB 杆为研究对象，

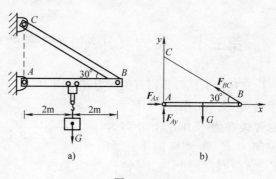

图 7-14

由 $\sum M_A = 0$，得

$$F_{BC}\sin30° \times 4m - G \times 2m = 0, F_{BC} = \frac{G}{2\sin30°} = 25kN$$

杆 AB 的轴力为

$$F_N = F_{BC}\cos30° = 25kN \times 0.866 = 21.65kN$$

AB 杆跨中的 D 截面的最大弯矩为

$$M_{max} = \frac{Gl}{4} = \frac{25 \times 4}{4}kN \cdot m = 25kN \cdot m$$

由附录 B 查得 20a 工字钢的面积 $A = 35.5cm^2$，$W_z = 237cm^3$，故危险截面上，危险点的应力为

$$\sigma^-_{max} = -\frac{F_N}{A} - \frac{M_{max}}{W_z} = \left(-\frac{21.65 \times 10^3}{35.5 \times 10^{-4}} - \frac{25 \times 10^3}{237 \times 10^{-6}} \right)Pa = (-6.1 - 105.5)MPa$$

$$= -111.6MPa < [\sigma]$$

校核结果安全。

第四节 弯扭组合变形杆的强度计算

工程中的很多构件常发生弯扭组合变形，现在讨论圆截面杆件发生扭转与弯曲组合变形时的强度计算。例如，图 7-15a 所示直径为 d 的圆截面直杆在集中力 F 和扭矩 M_e 作用下，产生弯扭组合变形。作直杆的扭矩图和弯矩图（图 7-15b、c），由内力图可知，杆的危险截面为固定端截面 A，其扭矩和弯矩分别为

$$T = M_e, \quad M = Fl$$

找到了危险截面，还必须找到危险点。由圆轴扭转的切应力公式可知，最大扭转切应力 τ 发生在横截面周边各点上，而危险截面上的最大弯曲正应力 σ 发生在铅垂直径的上、下两端点 C 点和 D 点，因此，危险截面上的危险点为 C 点和 D 点。若杆件是由塑性材料制成的，其许用拉、压应力相等，则可取其中的任一点 C 来研究，围绕 C 点分别用横截面、径向纵横截面和与此两截面相互垂直的纵截面截取单元体，可得 C 点处的应力状态如图 7-15d 所示。求出 C 点的三个主应力为

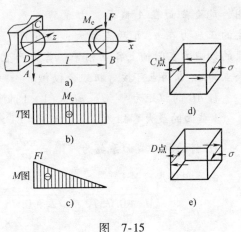

图 7-15

$$\left.\begin{array}{c}\sigma_1\\\sigma_3\end{array}\right\} = \frac{\sigma}{2} \pm \sqrt{\left(\frac{\sigma}{2}\right)^2 + \tau^2}, \quad \sigma_2 = 0$$

对于用塑性材料制成的杆件，应选用第三或第四强度理论。根据第三强度理论，其相当应力表达式为

$$\sigma_{r3} = \sqrt{\sigma^2 + 4\tau^2}$$

对于圆截面杆件，有抗扭截面系数为抗弯截面系数的 2 倍，即 $W_t = 2W_z$，代入上式，可得第三强度理论的强度条件为

$$\sigma_{r3} = \sqrt{\left(\frac{M}{W_z}\right)^2 + 4\left(\frac{T}{W_t}\right)^2} = \frac{\sqrt{M^2 + T^2}}{W_z} \leqslant [\sigma]$$

若用第四强度理论，可得第四强度理论的强度条件为

$$\sigma_{r4} = \sqrt{\left(\frac{M}{W_z}\right)^2 + 3\left(\frac{T}{W_t}\right)^2} = \frac{\sqrt{M^2 + 0.75T^2}}{W_z} \leqslant [\sigma]$$

例7-5 如图 7-16 所示，在水平面内的圆截面悬臂杆，自由端受铅垂力 F 作用。已知 $F = 1\text{kN}$，$l = 2\text{m}$，$a = 1\text{m}$，$d = 60\text{mm}$，杆件许用正应力 $[\sigma] = 150\text{MPa}$，用第四强度理论校核危险截面上 a、b 点的强度。

解： 由分析知 AB 杆既有扭矩的作用也有弯矩的作用，同时还有剪力的作用，危险截面在 A 截面，由于弯矩产生的正应力在 a、b 两点最大；扭矩产

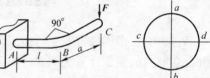

图 7-16

生的切应力在圆轴上各点相等；剪力产生的切应力在 a、b 点处为 0。故截面危险点为 a、b 两点可按弯扭组合校核。

杆 AB 的扭矩为 $\qquad T = Fa = (1 \times 1)\text{kN} \cdot \text{m} = 1\text{kN} \cdot \text{m}$

A 截面的最大弯矩为 $\qquad M_{\max} = Fl = (1 \times 2)\text{kN} \cdot \text{m} = 2\text{kN} \cdot \text{m}$

AB 杆的抗弯截面系数为 $\qquad W_z = \dfrac{\pi d^3}{32} = \dfrac{\pi \times 6^3 \times 10^{-6}}{32}\text{m}^3 = 21.2 \times 10^{-6}\text{m}^3$

由第四强度理论得

$$\sigma_{r4} = \frac{\sqrt{M^2 + 0.75T^2}}{W_z} = \frac{\sqrt{2^2 + 0.75 \times 1^2} \times 10^3}{21.2 \times 10^{-6}}\text{Pa} = 102.8\text{MPa} \leqslant [\sigma]$$

校核结果安全。

思 考 题

7-1 当梁在两个互垂对称面内同时弯曲时，如何计算最大弯曲正应力？

7-2 当杆件处于拉（压）弯组合变形时，正应力如何分布？如何计算最大

正应力？

7-3　什么是截面核心？如何确定截面核心？截面核心在土木工程中有何用途？

练　习　题

7-1　悬臂梁各种可能截面如图 7-17 所示，今在梁的自由端加垂直于梁轴线的集中力，其方向如图中虚线所示，试分析哪些情况将发生平面弯曲，哪些情况将发生斜弯曲（O 点为弯曲中心）。

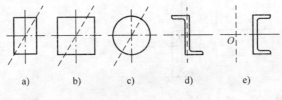

图 7-17　题 7-1 图

7-2　图 7-18 所示各杆的各段分别产生什么样的组合变形，各段横截面上有哪些内力？

7-3　如图 7-19 所示，简支于屋架上的檩条承受均布荷载 $q = 10 \text{kN/m}$，檩条跨长为 $l = 4 \text{m}$，采用工字钢。其许用应力 $[\sigma] = 150 \text{MPa}$。试选择工字钢型号。

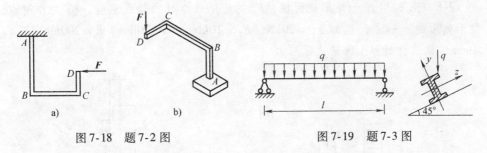

图 7-18　题 7-2 图　　　　　　　　图 7-19　题 7-3 图

7-4　图 7-20 所示悬臂梁在两个不同截面上分别受有铅垂力 F_1 和水平力 F_2 的作用，梁的截面高和宽分别为 $h = 20 \text{cm}$，$b = 10 \text{cm}$，试求梁内最大正应力。

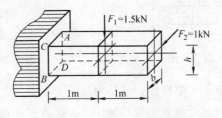

图 7-20　题 7-4 图

7-5 矩形截面悬臂梁受力如图7-21所示，F 通过截面形心且与 y 轴成 φ 角，已知 $F = 1\text{kN}$，$\varphi = 15°$，$l = 2\text{m}$，$h:b = 1.5$，材料的许用应力 $[\sigma] = 10\text{MPa}$，试确定截面尺寸。

7-6 图7-22所示矩形截面柱，F_1 的作用线与杆的轴线重合，F_2 作用在杆的对称平面内，已知 $F_1 = 10\text{kN}$，$F_2 = 1\text{kN}$，$l = 2\text{m}$，$b = 120\text{mm}$，$h = 180\text{mm}$，试求杆横截面上的最大压应力。

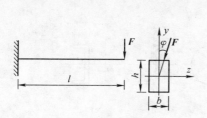

图7-21 题7-5图

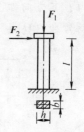

图7-22 题7-6图

7-7 如图7-23所示，砖砌烟囱高 $H = 30\text{m}$，底截面 1—1 的外径 $d_1 = 3\text{m}$，内径 $d_2 = 2\text{m}$，自重 $G_1 = 2000\text{kN}$，承受 $q = 1\text{kN/m}^2$ 的风压力作用。（1）求烟囱底截面上的最大压应力。（2）若烟囱的基础埋深 $h = 4\text{m}$，基础及填土自重按 $G_2 = 1000\text{kN}$ 计算，土壤的许用压应力 $[\sigma] = 0.3\text{MPa}$，试求圆形基础的直径 D。

7-8 图7-24所示矩形截面柱，F_1 的作用线与杆的轴线重合，F_2 的作用点位于截面的 y 轴上，已知 $F_1 = 20\text{kN}$，$F_2 = 10\text{kN}$，$b = 120\text{mm}$，$h = 200\text{mm}$，$e = 50\text{mm}$，试求柱截面上的最大压应力。

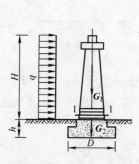

图7-23 题7-7图

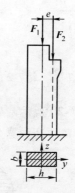

图7-24 题7-8图

7-9 图7-25所示正方形短柱，受轴向压力 F 的作用。若将短柱中间部分开一槽，开槽所削弱的面积为原截面面积的 1/2。试确定开槽后，柱内最大正应力比未开槽时增加多少倍。

7-10　图 7-26 所示曲柄轴受力，圆轴部分的直径 $D = 50\text{mm}$。试确定 A 点的应力状态和最大切应力。

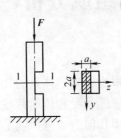

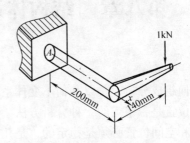

图 7-25　题 7-9 图　　　　　　　　　　　图 7-26　题 7-10 图

部分习题参考答案

7-3　28a 工字钢

7-4　$\sigma_{\max} = 8.25\text{MPa}$

7-5　$b = 9$，$h = 13.5$

7-6　$\sigma_{\max}^{压} = 3.55\text{MPa}$

7-7　$\sigma_{\max}^{压} = 1.15\text{MPa}$，$D = 4.95\text{m}$

7-8　$\sigma_{\max}^{压} = 1.458\text{MPa}$

7-9　8 倍

7-10　A 点为纯剪切状态，$\tau_{\max} = 6.4\text{MPa}$

第八章 结构体系的几何组成分析

几何组成分析，是以几何不变体系的组成规则为根据，确定体系的几何形状和空间位置是否稳定的一种分析方法。建筑结构体系应能承受和传递荷载，其几何形状和空间位置必须是稳定的，是几何不变的。应用几何组成分析就是要判断建筑结构体系是否几何不变，其组成形式是否合理，这是结构分析的前提。

第一节 几何组成分析的基本概念

杆件体系是由若干杆件按一定方式互相连接所组成的。在荷载作用下，当忽略由材料应变引起的体系的微小变形时，能保持几何形状和位置不变的体系，称为几何不变体系，如图 8-1a、b、c 所示。由于缺少必要的杆件或杆件布置不合理，即使不考虑材料的应变，当受很小的荷载作用时，也将引起几何形状产生较大改变的体系，称为几何可变体系，如图 8-2a、b、c 所示。

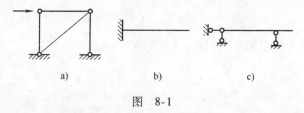

图 8-1

几何不变体系，可以承受和传递荷载，所以可以作为建筑结构；几何可变体系不能保持其几何形状，不能承受荷载，因此不能作为建筑结构。

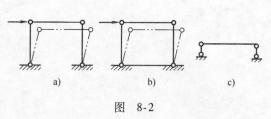

图 8-2

几何组成分析是对体系中各杆间及体系与基础之间连接方式的分析，从而确定体系是几何不变体系还是几何可变体系。几何组成分析的目的是：

1）掌握几何不变体系的组成规则及应用，确保结构的几何不变性。

2）判别给定平面体系的几何性质，进一步确定体系是否几何不变。

3）了解结构各部分的组成关系，以便于受力分析。

第二节 平面体系的自由度

一、刚片

所谓刚片，就是指几何不变的平面刚体。由于在几何组成分析中忽略了材料的变形，一个几何不变部分，无论大小，分析时均可视为一刚片。在几何组成分析时，可将一根梁、一根链杆、一个几何不变部分或地基等视为刚片。

二、自由度

体系的自由度，是指该体系运动时，可以独立变化的几何参数的个数，也就是确定该体系的位置所需要的独立坐标的个数。如图 8-3 所示，平面内一刚片 I ，刚片上任一点 A 在平面内的位置可以用 x、y 两坐标表示，而刚片的转动可由该刚片内任一直线 AB 与 x 轴的倾角 φ 来表示。这样，用三个相互独立的参数 x、y、φ 就能确定一个刚片在平面内的位置。因此，一个刚片在平面内有三个自由度。

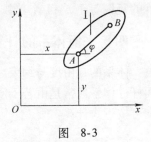

图 8-3

三、约束

体系自由度将因加入约束而减少。能减少一个自由度的装置称为一个约束，减少 n 个自由度的装置就相当于 n 个约束。工程上常见的约束有以下几种：

1. 链杆

如图 8-4a 所示，刚片 AB 原来有三个自由度，现在增加一链杆与地基连接后，刚片 AB 将只有两种运动的可能，即 A 点绕 C 点的转动和刚片 AB 绕 A 点的转动，其自由度由三个减为两个。因此，一根链杆相当于一个约束。

2. 固定铰支座

如图 8-4b 所示，刚片 AB 用固定铰支座 A 与地基相连，此时刚片 AB 既不能上下移动，也不能左右移动，仅能绕 A 点转动，固定铰支座使刚片减少了两个自由度。因此，固定铰支座相当于两个约束，亦即相当于两根链杆。

3. 固定支座

如图 8-4c 所示，固定支座 A 不仅能阻止刚片 AB 上下和左右移动，也可阻止其转动。因此，固定支座可使刚片减少三个自由度，即相当于三个约束。

4. 铰结点

铰结点可分为单铰和复铰两种。凡连接两个刚片的铰结点称为单铰。如

图 8-4d 所示，铰 A 连接 AB、AC 两个刚片。刚片 AB 和 AC 原来各有三个自由度，共计有六个自由度。用铰连接后，如果认为 AB 仍有三个自由度，则 AC 只能绕铰 A 转动，即 AC 只有一个自由度，自由度减少为四个。可见，单铰可使自由度减少两个，即一个单铰相当于两个约束。

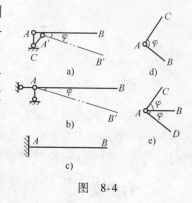

图 8-4

连接多于 2 个杆件的铰结点称为复铰。如图 8-4e 所示，铰 A 连接 AB、AC、AD 三个刚片。这三个刚片共有九个自由度。用铰连接后，若仍认为 AB 有三个自由度，则 AC、AD 只能绕 A 转动，其位置只需由两个参变数即可确定，自由度减少为五个。即连接 n 根杆件的复铰等于 n−1 个单铰，相当于 $2(n-1)$ 个约束。

四、平面体系的计算自由度

体系的自由度与约束之间的数量关系，称为平面体系的计算自由度。一个平面杆件体系通常是由若干刚片彼此连接，并用支座与地基相连，这种体系的自由度可按下式计算：

$$W = 3M - 2H - 3R - S \qquad (8-1)$$

式中，W 为体系的自由度；M 为体系上刚片数；H 为体系上单铰数；R 为体系上固定支座数；S 为体系上支座链杆数。

用式（8-1）计算得到体系自由度有以下三种情况：

1）$W > 0$，说明体系缺少必要的联系，因此是几何可变的。

2）$W = 0$，说明体系具有成为几何不变体系所需要的最少约束数目。

3）$W < 0$，说明体系具有多余约束。

因此，几何不变体系必须满足 $W \le 0$ 的条件，这是几何不变体系的必要条件，但不是充分条件。因为，$W \le 0$ 并不能反映体系上约束的布置方式，$W \le 0$ 只能说明体系可能几何不变，体系的几何性质最终需要通过体系的几何组成分析加以判定。

例 8-1　求图 8-5 所示几何体系的自由度。

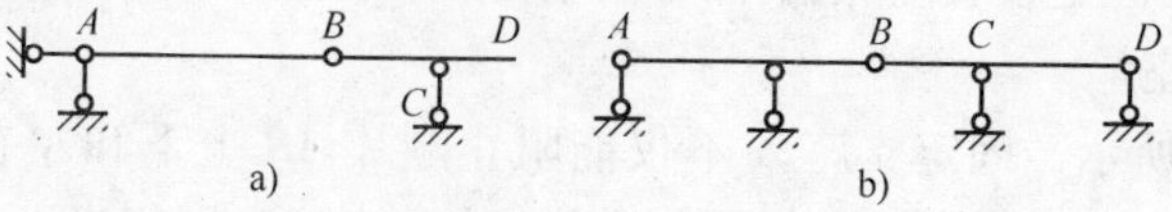

图　8-5

解：（1）分析图 8-5a 所示体系，可视 AB、BD 为刚片，刚片数 M=2，单铰

数 $H=1$，支座连杆 $S=3$，由式（8-1）得体系的自由度为

$$W = 3 \times 2 - 2 \times 1 - 3 = 1 > 0$$

即体系是几何可变的。

（2）分析图 8-5b 所示体系，刚片数 $M=2$，单铰数 $H=1$，支座连杆 $S=4$，由式（8-1）得

$$W = 3 \times 2 - 2 \times 1 - 4 = 0$$

即该体系满足几何不变体系的必要条件，且无多余约束，故该体系可能是几何不变的。然而，明显可以看出该体系是几何可变的。

因此，体系自由度计算时 $W \leqslant 0$，只能说明体系满足了几何不变体系的必要条件，体系可能是几何不变的，但不能由 $W \leqslant 0$ 判定体系一定几何不变的。

第三节　几何不变体系的组成规则

几何不变体系必定满足其自由度 $W \leqslant 0$ 的条件，但仅满足前述条件还不能肯定该体系是几何不变的，因为即使整个体系具有足够的约束数，甚至还有多余约束，但若约束布置不当或连接方式不合理，体系仍可能是几何可变的，图 8-5b 即可证明。因此，体系自由度计算仅是定量地分析了约束与自由度的关系，若要对体系进行定性地分析，判定其是否几何不变，则必须根据几何不变体系的组成规则对体系进行几何组成分析。

一、两刚片规则

两刚片规则：两个刚片用一个铰和一根不通过该铰的链杆相连，组成几何不变体系，且无多余约束。

如图 8-6 所示，刚片Ⅰ和刚片Ⅱ用一个铰 B 和一根链杆 AC 相连，铰 B 和链杆 AC 不在同一直线上。若视通过刚片Ⅱ的连线 AB 为一链杆，则根据 AB、AC、BC 构成一个三角形，而三角形是几何不变的，故该体系是几何不变且无多余约束。

由于两根不共线的链杆的作用相当于一个单铰，将

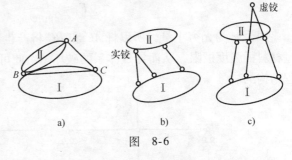

图 8-6

图 8-6a 中的单铰 D 用两根链杆代替，可得图 8-6b、c 所示两种形式。

推论　两刚片用不全部平行也不全相交于一点的三根链杆相连，组成几何不变体系，且无多余约束。

二、三刚片规则

三刚片规则：三个刚片用不共线的三个铰两两相连，组成几何不变体系，且无多余约束。如图 8-7 所示，三个刚片Ⅰ、Ⅱ、Ⅲ用不在同一直线上的三个铰 A、B、C 两两相连，组成一基本铰接三角形，因此它的几何形状是稳定不变的。

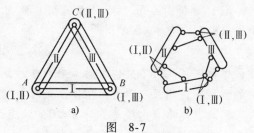

图　8-7

如图 8-8a 所示，两个刚片Ⅰ和Ⅱ用三根互相平行的链杆相连。在此情况下，两刚片可绕无穷远处的虚铰作相对转动。因为三根链杆不等长，在两刚片发生微小的相对移动后，三根链杆就不再相互平行，并且不交于一点，故体系成为几何不变体系。如果一个几何可变体系发生微小的位移后，即成为几何不变体系，这样的体系称为瞬变体系。

当三根链杆等长时（图 8-8b），在两刚片产生相对移动后，三根链杆仍旧互相平行，可继续产生相对移动。这种无确定的几何形状和空间位置的可变体系，称为常变体系。

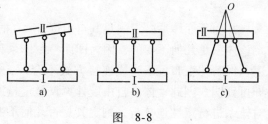

图　8-8

如图 8-8c 所示，当三根链杆相交成一虚铰 O 时，若发生一微小的转动后，三根链杆就不再全交于一点，体系就成为几何不变体系，故该体系是瞬变体系。

图 8-9a 所示为瞬变体系。设在外力 F 作用下 C 向下发生一微小位移至 C' 位置，取图 8-9b 所示脱离体，由平衡条件 $\sum F_y = 0$ 可得

$$F_T = \frac{F}{2\sin\varphi}$$

因为 φ 为无穷小量，所以杆 AC 和 BC 将产生很大的内力，甚至其应力会超过材料的强度极限，从而导致体系的破坏。由此可知，瞬变体系是不可以用于工程结构的。

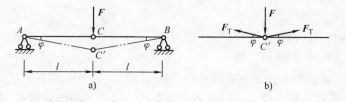

图　8-9

第四节 几何组成的分析方法

体系的几何组成分析可从以下两个方面来进行:

1. 计算体系的自由度 W, 判别体系是否满足几何不变的必要条件。

若自由度 $W>0$, 体系是几何可变的, 因此没有必要再对该体系进行几何组成分析。

若自由度 $W\leqslant0$, 则满足几何不变的必要条件, 但仅能说明该体系可能几何不变, 在此基础上应进一步对体系进行几何组成分析。

2. 对体系进行几何组成分析, 判别其是否满足几何不变的充分条件。

体系几何组成分析的依据是两刚片和三刚片规则, 但常见的体系一般比较复杂, 刚片数往往超过两刚片或三刚片。因此, 分析时必须将实际体系的刚片数进行简化为两个或三个, 以便根据两个基本规则来分析, 常用的简化方法有:

(1) 一元片的撤除 如图 8-10a 所示, 一个刚片 I 和一个物体 A 两者之间, 除了用不全平行也不全交于一点的三根链杆相连接外, 再无其他联系, 则这一个刚片称为一元片。根据两刚片规则, 此一元片与物体 A 之间的连接是几何不变的, 而整个体系的可变与否完全决定于物体 A 的几何组成。因此, 在分析该体系时可先去掉一元片, 而只分析物体 A 是否可变。若物体 A 可变, 则该体系为可变; 反之, 则为不变。这种简化方法称为一元片的撤除。

(2) 二元片的撤除 如图 8-10b 所示, 两个刚片和一个物体 A 三者之间除了用不在一直线上的三个铰 a、b、c 相连接外, 再无其他联系, 则这两个刚片称为二元片。根据三刚片规则, 整个体系的可变与否完全决定于物体 A 的几何组成。因此, 在分析时可先去掉二元片, 而分析物体 A 是否可变, 这种简化方法称为二元片的撤除。

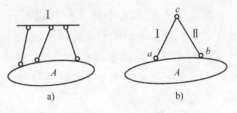

图 8-10

(3) 刚片的合成 当所分析的体系中某些刚片的联系是符合规则一或规则二的要求时, 可将它们合成为一个大刚片, 这样可使刚片的数目大大减小, 从而简化了组成分析, 这种方法称为刚片的合成。

分析时可针对体系的具体情况, 从以下几个方面入手:

1) 依次撤除体系上的一元片及二元片, 使体系的组成简化, 再根据基本组成规则进行分析。

2) 尽可能地将体系中几何不变的局部归结为两个或三个刚片, 然后考察刚片间的连接方式是否满足几何不变体系的组成规则。

3）体系仅用不共点且不平行的三根链杆与地基相连时，可先拆除这三根链杆，再由体系的内部可变性确定整个体系的几何性质。

几何组成分析没有一成不变的方法和步骤，具体分析时可视体系的组成情况，综合运用上述方法进行分析。

例8-2　试对图8-11a所示体系进行几何组成分析。

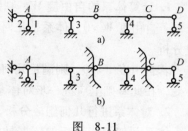

图　8-11

解：（1）计算体系自由度，可视 AB、BC、CD 为刚片，刚片数 $M = 3$，单铰数 $H = 2$，支座连杆 $S = 5$，由式（8-1）得体系的自由度为

$$W = 3 \times 3 - 2 \times 2 - 5 = 0$$

即体系满足几何不变的必要条件。

（2）几何组成分析。

解法一：把基础视为刚片，AB 杆亦视为刚片，两刚片间用1、2、3三根既不交于一点又不完全平行的链杆相连，根据两刚片规则，它们组成几何不变体系，且无多余约束。把这个体系视为一个较大的刚片 I。把 BC 杆视为刚片，它与大刚片 I 之间用铰 B 和链杆4相连，由两刚片规则可知它们组成几何不变体系，且无多余约束。这个体系可视为更大的刚片 II。再把 CD 杆视为刚片，它与所得的更大的刚片 II 之间用铰 C 和链杆5相连，由两刚片规则，可知它们组成几何不变体系，且无多余约束。如图8-11b所示。

解法二：把 ABC 和地基一起视为一个物体，则 CD 和链杆5构成为二元片，撤除该二元片；把 AB 和地基一起视为一个物体，则 BC 和链杆4构成为二元片，撤除该二元片；再把基础视为刚片，AB 杆亦视为刚片，两刚片间用1、2、3三根既不交于一点又不完全平行的链杆相连，根据两刚片规则，它们组成几何不变体系，且无多余约束。

例8-3　试对图8-12a所示体系进行几何组成分析。

解：首先把中间部分（BCE）视为一刚片 I，再把地基作为一个刚片 II，把 AB、CD 作为链杆，如图8-12b所示，由两刚片规则，则刚片

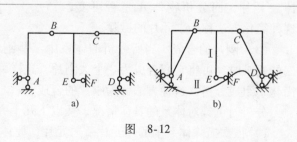

图　8-12

I、II 由三根链杆 AB、CD、EF 相连组成几何不变，且无多余约束的体系。

例 8-4 分析图 8-13a 所示体系的几何组成。

解: 将图 8-13a 中的 *AEC*、*DFB* 与基础分别视为刚片 Ⅰ、Ⅱ、Ⅲ, 刚片 Ⅰ 和 Ⅲ 以铰 *A* 相连, *A* 铰用 (1, 3) 表示, *B* 铰连接刚片 Ⅱ、Ⅲ 以 (2, 3) 表示, 刚片 Ⅰ 和刚片 Ⅱ 是用 *CD*、*EF* 两链杆相连, 相当于一个虚铰 *O* 用 (1, 2) 表示, 如图 8-13b 所示。则连接三刚片的三个铰 (1, 3)、(2, 3)、(1, 2) 不在一直线上, 符合规则二, 故为不变体系, 且无多余约束。

例 8-5 试对图 8-14 所示体系进行几何组成分析。

解: 根据刚片的合成规则, 刚片 *AB*、*BC*、*AC* 三刚片之间通过不在一直线的三个铰相连, 组成几何不变体系, 可合成一个大刚片, 视该刚片为一个广义链杆 1。把 *DCFG* 视为刚片 Ⅰ, 地基视为刚片 Ⅱ。由规则一, 两刚片由广义链杆 1、链杆 *GE* 和 *D* 处链杆相连, 这三根链杆既不平行也不相交于一点, 因此该体系是没有多余约束的几何不变体系。

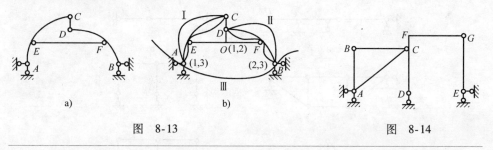

图　8-13　　　　　　　　　　　　　　　　図　8-14

第五节　体系的几何组成与静定性的关系

前面已经说明, 只有几何不变的体系才能用作建筑结构。几何不变体系又可分为无多余约束和有多余约束两类。如图 8-15a 所示结构, 是几何不变体系且无多余约束, 结构的全部约束力和内力都可由静力平衡方程求得, 这种无多余约束的几何不变体系称为静定结构。如图 8-15b 所示结构, 它也是几何不变体系, 但具有多余约束。此类结构的全部约束力和内力却不能由静力平衡方程全部求出, 尚需运用其他条件才能求出所有约束力和内力, 这种有多余约束的几何不变体系

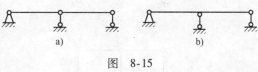

图　8-15

称为超静定结构。未知力总数与静力平衡方程总数的差值, 即多余约束的数目, 称为超静定次数。图 8-15b 所示结构为一次超静定结构。对体系进行几何组成分析, 有助于正确区分静定结构和超静定结构, 以便选择适当的结构内力计算方法。

思 考 题

8-1 什么是几何不变体系、几何可变体系和瞬变体系？为什么瞬变体系不能作为工程结构？

8-2 什么是多余约束？如何确定多余约束的个数？

8-3 两刚片规则中有哪些限制条件？三刚片规则中有什么限制条件？

8-4 在一几何不变的体系上依次去掉或者增设二元体，能改变体系的几何不变性吗？

8-5 什么是静定结构和超静定结构？如何确定超静定次数？

练 习 题

8-1 对图 8-16 所示各结构进行几何组成分析，并指出是否有多余约束及多余约束的数目。

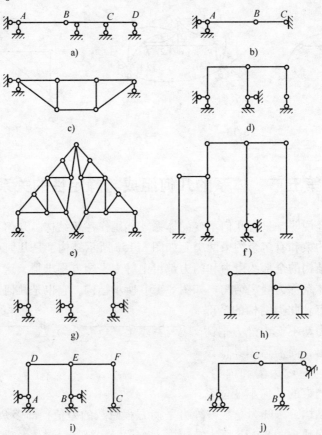

图 8-16 题 8-1 图

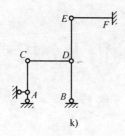

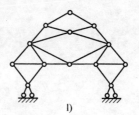

图 8-16　题 8-1 图（续）

第九章 静定结构的内力分析

第一节 多跨静定梁的内力

由若干根梁用中间铰连接在一起，并以若干支座与基础相连或者搁置于其他构件上面组成的静定梁，称为多跨静定梁。在实际的建筑工程中，常用来跨越几个相连的跨度。图 9-1a 所示为一公路或城市桥梁常采用的多跨静定梁结构形式之一，其计算简图如图 9-1b 所示。

从几何组成分析可知，图 9-1b 中 AB 梁和 CD 梁是直接由支杆固定于基础，是几何不变的。且梁 AB 和 CD 本身不依赖梁 BC 就可以承受荷载，称为基本部分。短梁 BC 是依靠基本部分的支撑才能承受荷载并保持平衡的，称为附属部分。为了更清楚地表示各部分之间的支撑关系，把基本部分画在下层，将附属部分画在上层，如图 9-1c 所示，我们称它为关系图或层叠图。

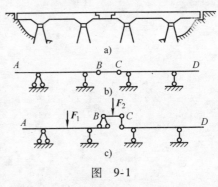

图　9-1

从受力分析来看，荷载作用于基本部分时，只有该基本部分受力，而其相连的附属部分不受力，当荷载作用于附属部分时，则不仅该附属部分受力且通过铰接部分将力传至与其相关的基本部分上去。因此，计算多跨静定梁时，必须先从附属部分计算，再计算基本部分。将附属部分的约束力反其方向，就是加于基本部分的荷载。这样便把多跨梁化为单跨梁，分别进行计算，从而可避免解算联立方程。再将各单跨梁的内力图连在一起，便得到多跨静定梁的内力图。

例 9-1　试作图 9-2a 所示多跨静定梁的内力图。

解：（1）画出关系图，如图 9-2b 所示，AC 为基本部分，CE 为附属部分。

（2）求各支座反力。先从附属部分开始计算，求出 D 支座和 C 点的约束力，然后将 C 点的约束力反其指向加在 AB 梁上，求出支座 A、B 的支座反力，如图 9-2c 所示。

（3）作各单跨梁的弯矩图和剪力图，并分别连在一起，即得该多跨梁的 F_S 图和 M 图，如图 9-2d、e 所示。

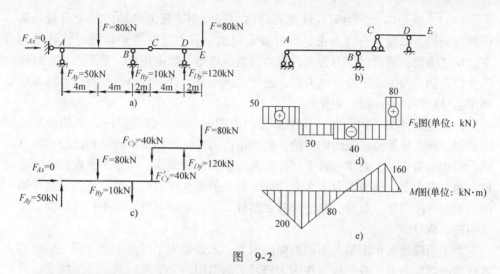

图 9-2

从该例题中可看出，中间铰处弯矩为零。这是因为中间铰不能传递弯矩，但可以传递剪力，因而中间铰处的弯矩等于零。在设计多跨静定梁时，可以适当选择中间铰的位置，使其弯矩的峰值减小，从而达到节约材料的目的。

第二节 静定平面刚架的内力

平面刚架是由若干个直杆（梁和柱）用刚性结点所组成的平面结构。刚性结点又简称刚结点，在刚结点处各杆之间的夹角不因任何原因而有所改变，这是刚架的特点之一。图 9-3a 所示为加油站或火车站站台的雨篷，它是由三根直杆用刚结点相连接所组成，柱子固定于基础中，由于横梁倾斜坡度不大，可近似地以水平直杆代替。其计算简图如图 9-3b 所示。当此刚架受到图示荷载后，结构产生变形如图中虚线所示，刚结点 A 处的各杆杆端都保持与变形前相同的夹角。

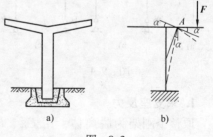

图 9-3

凡由静力平衡条件即可确定全部约束力和内力的平面刚架，称为静定平面刚架。常见的静定平面刚架有悬臂刚架（图 9-4a）、简支刚架（图 9-4b）和三铰刚架（图 9-4c）。

平面静定刚架内力求解步骤如下：

（1）求支座反力 取刚架整体或部分为脱离体，利用静力平衡条件求出刚架的支座反力。悬臂刚架可不用求支座反力，内力可从自由端算起。

（2）求截面内力　刚架各杆截面的内力有弯矩、剪力和轴力三个分量，其计算方法仍为截面法。内力正、负号规定同前。剪力以使脱离体顺时针转动为正，反之为负；轴力以拉力为正，压力为负。弯矩不规定正负，弯矩图画在杆件的受拉一侧。为了便于绘制内力图，通常要求在每个杆端弯矩的最终计算结果后面用括号标明杆件在哪一侧受拉。

（3）绘制刚架的内力图　绘制刚架内力图的方法与静定梁内力图的绘制方法相同。即先计算控制截面内力值，然后由内力变化规律及区段叠加法绘出内力图。对于刚架来说，通常把每个杆件的两端取作控制截面。弯矩图画在杆件的受拉一侧。剪力图、轴力图对于水平杆件一般正值绘在杆轴的上侧，负值绘在杆轴的下侧，并注明正、负号；对于竖杆和斜杆，正、负值可分别绘于杆件两侧，并注明正、负号。

为了明确地表示刚架上不同截面的内力，尤其是为了区分汇交于同一结点的各杆端截面的内力，我们规定在内力符号后面引用两个下标。第一个下标表示内力所属截面，第二个下标表示该截面所属杆件的另一端。例如，M_{AB} 表示 AB 杆 A 端截面的弯矩，M_{BA} 则表示 AB 杆 B 端截面的弯矩。

现在以图 9-5 所示静定刚架为例，说明静定刚架内力计算方法及内力图的绘制。

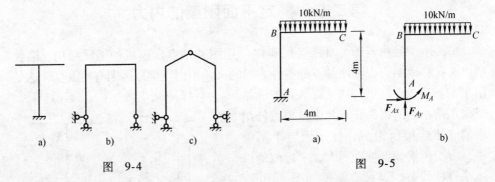

图 9-4　　　　　　　　　　　　图 9-5

1. 求支座反力

取整个刚架为脱离体，用 F_{Ax}、F_{Ay} 和 M_A 表示支座约束力和约束力矩，如图 9-5b所示。列静力平衡方程，得

$$\sum F_x = 0, \quad F_{Ax} = 0$$
$$\sum F_y = 0, \quad F_{Ay} = 40\text{kN}$$
$$\sum M_A = 0, \quad M_A = (40 \times 2)\text{kN} \cdot \text{m} = 80\text{kN} \cdot \text{m}$$

2. 求各杆端内力

将结构分成两段，即 AB 和 BC，用截面法分别取脱离体，内力 F_N、F_S 均假设为正号，M 的方向任意假定，如图 9-6a、b 所示。

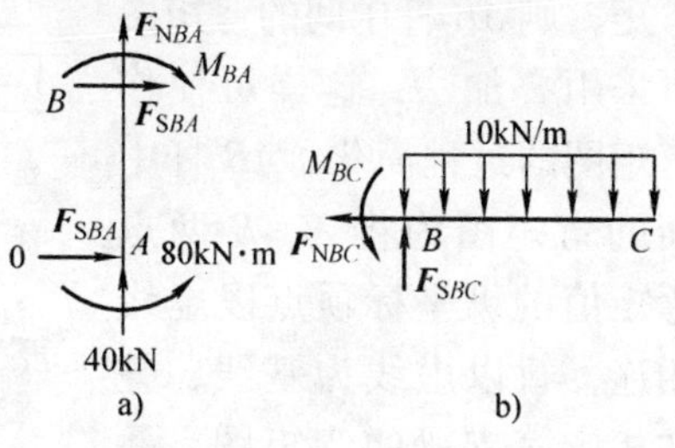

AB 段：其脱离体如图 9-6a 所示，列静力平衡方程，得

$$\sum F_x = 0, \quad F_{SBA} = 0$$

$$\sum F_y = 0, \quad F_{NBA} = -40\text{kN}$$

$$\sum M_A = 0, \quad M_{BA} = -80\text{kN} \cdot \text{m}（左侧受拉）$$

BC 段：其脱离体如图 9-6b 所示，列静力平衡方程，得

$$\sum F_x = 0, \quad F_{NBC} = 0$$

$$\sum F_y = 0, \quad F_{SBC} = 40\text{kN}$$

$$\sum M_B = 0, \quad M_{BC} = (40 \times 2)\text{kN} \cdot \text{m} = 80\text{kN} \cdot \text{m}（上侧受拉）$$

端点 *A*、*C* 的内力已知，即

AB 杆的 *A* 端：$F_{SAB} = 0$，$F_{NAB} = -40\text{kN}$，$M_{AB} = 80\text{kN} \cdot \text{m}$（左侧受拉）

BC 杆的 *C* 端：$F_{SCB} = 0$，$F_{NCB} = 0$，$M_{CB} = 0$

图 9-6

3. 绘制内力图

根据上述所求得的各段杆端内力的大小和方向，可分别绘制出 *M* 图、F_N 图和 F_S 图，如图 9-7a、b、c 所示。作弯矩图时规定画在受拉一侧，不标正负号，而剪力图和轴力图可画在任意一侧，但必须标注正负号，在各内力图上必须表明必要的数据和单位。

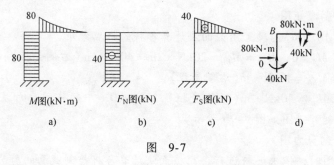

*M*图(kN·m)　　　F_N图(kN)　　　F_S图(kN)

a)　　　　　b)　　　　　c)　　　　　d)

图 9-7

4. 内力图的校核

刚架的内力图必须满足静力平衡条件，即从刚架中任意截取一段脱离体，其上面的外力及截面内力都应该是平衡的。为了检查所作内力图是否正确，截取结点 *B* 为脱离体，检查其是否满足平衡，如图 9-7d 所示。有

$$\sum F_x = 0, \quad F_{SBA} + F_{NBC} = 0$$

$$\sum F_y = 0, \quad F_{NBA} + F_{SBC} = -40\text{kN} + 40\text{kN} = 0$$

$$\sum M_B = 0, \quad M_{BA} + M_{BC} = -80\text{kN} \cdot \text{m} + 80\text{kN} \cdot \text{m} = 0$$

计算结果说明结点 *B* 是满足平衡条件的，故所得的内力图无误。

如图 9-8 所示，一直杆某段 *AB* 上有均布荷载作用，若已知 *A*、*B* 两截面的

弯矩，则 AB 杆中间的弯矩图可采用叠加法，这样可使作弯矩图的过程简化。AB 杆中间的弯矩图为将 A、B 两点弯矩值的纵坐标顶点以虚线相连，暂以虚线为基线，叠加相应简支梁的弯矩图。叠加法不仅作图方便，而且对以后利用图乘法计算结构位移，也提供了便于计算的方法。

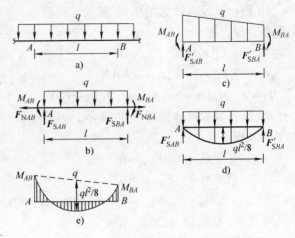

图　9-8

例9-2　试作图 9-9a 所示刚架的内力图。

解：（1）求支座反力

以刚架整体受力分析，受力图如图 9-9a 所示。由平衡方程，得

$$\sum F_x = 0, \quad F_{Ax} = 20\text{kN}$$

$$\sum M_A = 0, \quad F_{By} \times 4\text{m} - 10\text{kN/m} \times 4\text{m} \times 2\text{m} - 20\text{kN} \times 2\text{m} = 0, \quad F_{By} = 30\text{kN}$$

$$\sum F_y = 0, \quad F_{Ay} + F_{By} - 10\text{kN/m} \times 4\text{m} = 0, \quad F_{Ay} = 10\text{kN}$$

（2）绘制弯矩图

刚架分 AB、BC 两段，用截面法计算各杆的杆端弯矩。

AD 杆：$M_A = 0$，$M_{DA} = M_{DB} = 20\text{kN} \times 2\text{m} = 40\text{kN} \cdot \text{m}$（右侧受拉）

DB 杆：$M_{BD} = 40\text{kN} \cdot \text{m}$（右侧受拉）

BC 杆：$M_{BC} = 40\text{kN} \cdot \text{m}$（下侧受拉），$M_{CB} = 0$，中间采用叠加法根据上述各杆端弯矩绘制弯矩图如图 9-9b 所示。

（3）绘制剪力图

作剪力图时，依次逐杆进行，用截面法计算各杆控制截面的剪力。

AD 杆：$F_{SAD} = F_{SDA} = 20\text{kN}$

DB 杆：$F_{SDB} = F_{SBD} = 0$

BC 杆：$F_{SCB} = -30\text{kN}$，$F_{SBC} = 10\text{kN}$

根据上述各杆端剪力绘制剪力图如图 9-9c 所示。

（4）绘制轴力图

由截面法计算各杆端轴力为

$$F_{NAB} = F_{NBA} = -10\text{kN}, \quad F_{NBC} = F_{NCB} = 0$$

根据上述杆端轴力可绘出轴力图，如图 9-9d 所示。

（5）内力图校核

取结点 B 为脱离体，其上杆端的三个内力值可从内力图9-9b、c、d 上读取，结点 B 的受力图如图9-9e 所示。可知结点 B 满足平衡条件，计算结果无误。

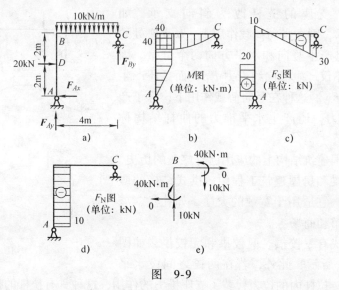

图　9-9

本例中作 M 图、F_S 图时，应用弯矩图、剪力图的规律，以及结点平衡条件，可以减少计算工作量。

静定刚架的内力计算，是重要的基本内容，它不仅是静定刚架强度计算的依据，而且是分析超静定刚架和位移计算的基础。尤其弯矩图的绘制以后将用得很多。绘制弯矩图时应注意：

1）刚结点处力矩应平衡。

2）铰结点处弯矩必为零。

3）无荷载的区段弯矩图为直线。

4）有均布荷载的区段，弯矩图为曲线，曲线的凸向与均布荷载的指向一致。

5）利用弯矩、剪力与荷载之间的微分关系。

6）运用叠加法画有均布荷载作用梁段的弯矩图。

如果能熟练地应用上述几条注意事项，那么可以在不求或只求个别支座反力情况下绘出弯矩图。

第三节　三铰拱的内力

一、概述

图9-10a 所示为简支梁，其轴线为直线，在竖向荷载作用下只产生竖向约束

力 F_{Ay} 和 F_{By}，而水平约束力 $F_{Ax} = 0$。若将直杆改成曲杆，如图 9-10b 所示，在竖向荷载作用下，仍然只有两个竖向约束力，水平约束力仍为零，这种结构称为曲梁。若将 B 支座的链杆改为斜向支承，如图 9-10c 所示，则在竖向荷载作用下，B 支座处的约束力 F_B 将产生竖向和水平方向两个分量。因此，A 支座不仅产生竖向约束力 F_{Ay}，而且还产生水平约束力 F_{Ax}。这种在竖向荷载作用下，除了产生竖向约束力，还产生水平推力的曲杆结构称为拱。

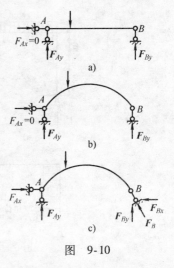

图 9-10

拱在我国建筑结构上的应用已有悠久的历史。目前，在桥梁和房屋建筑工程中，拱式结构的应用也较广泛，它适用于宽敞的大厅，如礼堂、展览馆、体育馆和商场等。

拱的形式有三铰拱、两铰拱和无铰拱，如图 9-11a、b、c 所示。此外，若在两铰之间设水平拉杆，这样，拉杆内的拉力代替了支座推力的作用，这种具有拉杆的拱，简称为拉杆拱，如图 9-11d、e 所示。三铰拱为静定的（图 9-11c、d），而两铰拱和无铰拱为超静定的（图 9-11a、b、e）。

拱的各部分名称如图 9-12 所示。拱身各横截面形心的连线称为拱轴线。拱结构的最高点称为拱顶，三铰拱的拱顶通常设置在中间铰的地方。拱的两端与支座连接处称为拱趾，或称拱脚。两个拱脚之间的水平距离 l 称为跨度。拱顶到两拱脚连线的竖向距离 f 称为拱高，或称拱矢。拱高与跨度之比 f/l 称为高跨比，或称矢跨比。

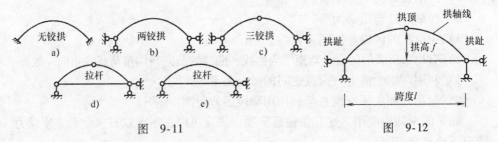

图 9-11　　　　　　　　　　　　　　图 9-12

二、三铰拱的计算

三铰拱为静定结构，其全部支座反力和内力均可由平衡条件确定。为了说明三铰拱的计算方法，现以图 9-13a 所示三铰拱为例，推导其支座反力和内力的计算公式。为了便于比较，同时给出了同跨度、同荷载的相应简支梁进行对照，称为代梁，如图 9-13b 所示。

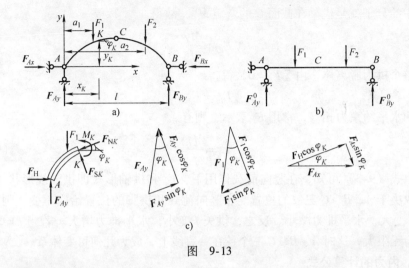

图 9-13

1. 支座反力的计算公式

A、B 两支座反力分别以 F_{Ay}、F_{Ax}、F_{By} 和 F_{Bx} 表示。取整个拱为脱离体，由

$$\sum M_A = 0, \quad F_{By}l - F_1 a_1 - F_2 a_2 = 0$$

得

$$F_{By} = \frac{\sum F_i a_i}{l}$$

图 9-13b 所示代梁在同样的竖向荷载 F_1、F_2 作用下，在支座 B 的竖向约束力 F_{BV}^0 为

$$F_{By}^0 = \frac{\sum F_i a_i}{l}$$

故得

$$F_{By} = F_{By}^0 \qquad\qquad (9\text{-}1)$$

同理，由 $\sum M_B = 0$，得

$$F_{Ay} = \frac{\sum F_i b_i}{l}$$

同样，代梁支座 A 的竖向约束力以 F_{Ay}^0 表示，则有

$$F_{Ay} = F_{Ay}^0 \qquad\qquad (9\text{-}2)$$

取顶铰 C 以左的部分为脱离体，由 $\sum M_C = 0$，得

$$F_{Ay}\frac{l}{2} - F_1\left(\frac{l}{2} - a_1\right) - F_{Ax}f = 0$$

$$F_{Ax} = \frac{F_{Ay}\dfrac{l}{2} - F_1\left(\dfrac{l}{2} - a_1\right)}{f}$$

上式中的分子就是代梁在截面 C 的弯矩 M_C^0，故得

$$F_{Ax} = \frac{M_C^0}{f}$$

再取整个拱为脱离体，由 $\sum F_x = 0$，得

$$F_{Bx} = F_{Ax}$$

因为两水平约束力相等，常用 F_x 表示，则有

$$F_x = \frac{M_C^0}{f} \tag{9-3}$$

由式（9-3）可知，在竖向荷载作用下，F_x 和拱轴形式即拱轴线形状无关，而只取决于 A、B、C 三铰的位置。若竖向荷载和拱脚的位置给定不变，则随着拱矢 f 变大，水平推力减小。反之，拱矢 f 变小，水平推力增大。若当 $f = 0$ 时，推力为无限大，这时 A、B、C 三个铰在一直线上，成为几何可变体系。

2. 内力的计算公式

在求得支座反力后，即可解出拱轴上任一截面的三种内力：弯矩、剪力和轴力。现以拱轴上任意截面 K 为例，导出其内力计算公式如下：

从图 9-13a 中截取 K 截面以左部分为脱离体，如图 9-13c 所示。K 截面上内力分别以 M_K、F_{SK}、F_{NK} 表示，K 截面的位置可由其形心的坐标 x_K、y_K 和该处轴切线的倾角 φ_K 确定。

（1）弯矩的计算公式　弯矩符号规定以使拱内侧纤维受拉为正，反之为负。由脱离体 AK 可得

$$M_K = [F_{Ay}x_K - F_1(x_K - a_1)] - F_x y_K$$

由于 $F_{Ay} = F_{Ay}^0$，可见上式方括号内的值就等于代梁上相对应的 K 截面的弯矩 M_K^0，所以上式可改写为

$$M_K = M_K^0 - F_x y_K$$

即拱内任一截面的弯矩 M_K 等于代梁上对应的 K 截面的弯矩 M_K^0 减去水平推力所引起的弯矩 $F_x y_K$。由此可见，由于水平推力的存在，拱的弯矩比相应的简支梁的弯矩要小。

（2）剪力的计算公式　剪力符号的规定为：使截面两侧的脱离体有顺时针转动趋势的为正，反之为负。由 AK 脱离体上所有的力在截面 K 上投影的代数和，可得

$$\begin{aligned}
F_{SK} &= F_{Ay}\cos\varphi_K - F_1\cos\varphi_K - F_x\sin\varphi_K \\
&= (F_{Ay} - F_1)\cos\varphi_K - F_x\sin\varphi_K \\
&= F_{SK}^0\cos\varphi_K - F_x\sin\varphi_K
\end{aligned}$$

式中，$F_{SK}^0 = F_{Ay} - F_1$ 为代梁上相应 K 截面上的剪力。φ_K 的符号在图示坐标系中左半拱为正，右半拱为负。

(3) 轴力的计算公式

轴力的符号规定使截面受压为正，反之为负。由 AK 脱离体上所有的力向截面 K 的法线方向上投影的代数和，可得

$$\begin{aligned}F_{NK} &= (F_{Ay} - F_1)\sin\varphi_K + F_x\cos\varphi_K \\ &= F_{SK}^0\sin\varphi_K + F_x\cos\varphi_K\end{aligned}$$

综合所述，三铰拱在竖向荷载作用下，任一截面的弯矩、剪力和轴力的计算公式如下：

$$\begin{cases}M_K = M_K^0 - F_x y_K \\ F_{SK} = F_{SK}^0\cos\varphi_K - F_x\sin\varphi_K \\ F_{NK} = F_{SK}^0\sin\varphi_K + F_x\cos\varphi_K\end{cases} \tag{9-4}$$

例 9-3 计算图 9-14 所示三铰拱 D 截面的内力。拱轴为抛物线，其方程为

$$y = \frac{4f}{l^2}x(l-x)$$

解：(1) 计算支座反力

$$F_{Ay} = F_{Ay}^0 = 6\text{kN}$$

$$F_{By} = F_{By}^0 = 2\text{kN}$$

$$F_x = \frac{M_C^0}{f} = 4\text{kN}$$

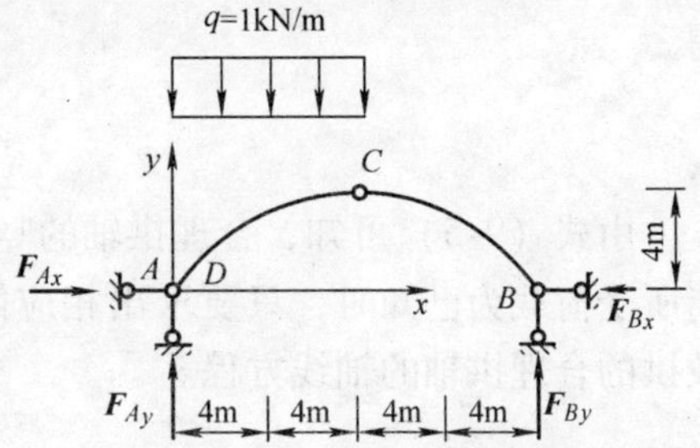

图 9-14

(2) 计算 D 截面内力

D 截面处，$x = 4\text{m}$

$$y = \frac{4f}{l^2}x(l-x) = \left[\frac{4\times4}{16^2}\times4\times(16-4)\right]\text{m} = 3\text{m}$$

$$\tan\varphi_D = \frac{dy}{dx} = \frac{4f}{l^2}(l-2x) = \frac{4\times4}{16^2}\times(16-2\times4) = 0.5$$

$$\sin\varphi_D = 0.447, \cos\varphi_D = 0.894$$

相应简支梁 D 截面内力：

$$M_D^0 = (6\times4 - 4\times2)\text{kN}\cdot\text{m} = 16\text{kN}\cdot\text{m}$$

$$F_{SD}^0 = (6-4)\text{kN} = 2\text{kN}$$

由式 (9-4) 得

$$M_D = M_D^0 - F_x y = (16 - 4\times3)\text{kN}\cdot\text{m} = 4\text{kN}\cdot\text{m}(\text{内侧受拉})$$

$$F_{SD} = F_{SD}^0\cos\varphi_D - F_x\sin\varphi_D = (2\times0.894 - 4\times0.447)\text{kN} = 0\text{kN}$$

$$F_{ND} = F_{SD}^0\sin\varphi_D + F_x\cos\varphi_D = (2\times0.447 + 4\times0.894)\text{kN} = 4.47\text{kN}(\text{压力})$$

三、合理拱轴的概念

由前所述，拱在荷载作用下，各截面上一般产生三个内力分量，即弯矩、剪

力和轴力，截面处于偏心受压状态，其正应力分布不均匀。但是我们可以选取一根适当的拱轴线，使得在给定的荷载作用下，拱轴各截面的弯矩均为零，即只承受轴力。此时，各截面都处于均匀受压的状态，因而材料能得到充分的利用，相应的拱截面尺寸是最小的。从理论上说，设计成这样的拱是最经济的，故称这样的拱轴为合理拱轴。对于在竖向荷载作用下的三铰拱，可用数解法定出拱的合理拱轴的轴线方程，任一截面上的弯矩为

$$M_K = M_K^0 - F_x y_K$$

利用截面上弯矩为零的条件，可找出合理拱轴。由上式可知，在已知荷载和跨度的情况下，M_K^0 即可确定，而水平推力 $F_x = \dfrac{M_C^0}{f}$，当拱跨及拱高一经确定，F_x 也为定值。所以要使 $M = 0$，只要调整拱轴上各点纵标 y。写成一般式为

$$M = M^0 - F_x y = 0$$

得

$$y = \frac{M^0}{F_x} \tag{9-5}$$

由式（9-5）可知，合理拱轴的竖坐标 y 与相应简支梁的弯矩成正比。当拱上所受荷载为已知时，只要求出相应简支梁的弯矩方程，然后除以 F_x，即得三铰拱的合理拱轴的轴线方程。

四、三铰拱的性能

由以上讨论，三铰拱的性能可归纳如下：

1）在竖向荷载作用下，梁没有水平约束力，而拱则有水平推力。因此，必须有坚固的基础以承受此水平推力，故三铰拱的基础比梁的基础要大。特别是当高跨比 f/l 越小时，水平推力越大。

2）由于水平推力的存在，减小了拱截面的弯矩，故拱的截面尺寸要比其对应的简支梁的小。就这一点而言，三铰拱比简支梁较为经济，并能跨越较大的跨度。

3）在竖向荷载作用下，梁的截面没有轴力，而拱的截面内轴力较大。在选择恰当拱轴的条件下，拱的截面主要受压，因此，拱式结构可利用砖石、混凝土等抗压性能较好的材料制作，充分发挥这些材料的作用。

第四节　静定平面桁架的内力

一、概述

桁架是由若干直杆两端用铰连接而成的结构。如图 9-15 所示，图中组成桁

架的杆依其所在位置的不同，可分为弦杆和腹杆两类。弦杆又可分为上弦杆和下弦杆，腹杆又可分为竖杆和斜杆。弦杆上相邻两结点的区间称为节间，桁架最高点到两支座连线的距离称为桁高。两支座之间的距离称为跨度。

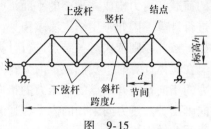

图 9-15

工程实际中的桁架结构受力情况比较复杂，为了便于计算，突出其主要受力特点，一般对平面桁架结构作如下假定：

1）各杆的两端用光滑的理想铰相互连接；

2）所有各杆的轴线都是直线，在同一平面内且通过铰的中心；

3）所有的力都作用在结点上，并且都位于桁架的平面内。

通常我们把符合上述假定条件的桁架称为理想桁架。理想桁架的各杆均为二力杆，截面上的应力分布是均匀的，材料可得到充分利用。因而与梁相比，桁架结构的优点是用料较省，重量轻，受力合理，能承受较大荷载，可做成较大跨度。因此，桁架广泛用于民用房屋和工业厂房中的屋架、大跨度的铁路和公路桥梁等。

实际的桁架一般不完全符合上述理想桁架的假定。桁架多用钢材或钢筋混凝土制作，其结点都有很大的刚性。各杆的轴线无法绝对平直，结点上各杆的轴线也不一定全交于一点，荷载也不一定都作用在结点上，桁架结点往往是榫接、铆接或焊接而不是无摩擦的铰接等。但工程实践结果表明，由于大多数的桁架是由比较细长的杆组成，而承受的荷载大多数是通过其他杆件传到结点上，这就使桁架结点的刚性对杆件内力的影响大大地减少，接近于铰的作用。在一般情况下，用理想桁架计算可以满足工程需要。

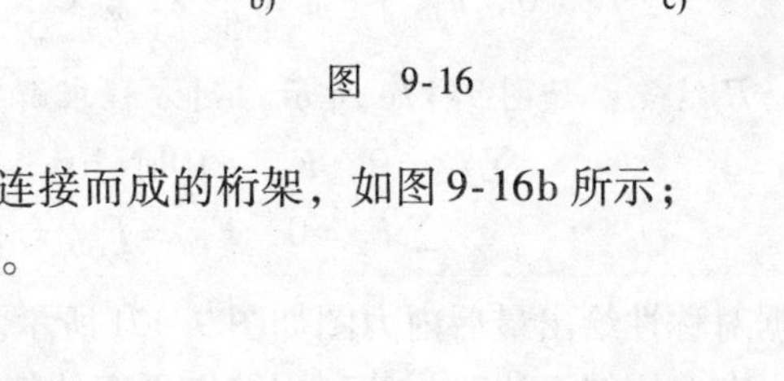

桁架按照其几何组成规律分为三类。

（1）简单桁架 由基础或一个基本铰接三角形依次增加二元体所组成的桁架，如图9-16a所示；

图 9-16

（2）联合桁架 由几个简单桁架，按几何不变体系的基本组成规则连接而成的桁架，如图9-16b所示；

（3）复杂桁架 如图9-16c所示。

二、结点法计算桁架的内力

按照一定的顺序截取桁架的结点为脱离体，考虑作用在这个结点上的外力和内力的平衡，由平衡条件解出桁架各杆的内力，这种方法称为结点法。

由于桁架的杆件都相交于结点，荷载又是作用在结点上，每一个结点脱离体上的荷载和内力构成一平衡的平面汇交力系，所以可就每一结点列出两个平衡方程进行计算。因此，用结点法求桁架内力时，应选择从未知力不多于两个的结点开始，按此原则依次对各结点进行计算，直至把所有的内力都计算出来。

在具体计算时，我们规定内力符号以杆件受拉为正，受压负。结点脱离体上拉力的指向是离开结点的，压力的指向是指向结点的。对于方向已知的力按实际方向画出。对于方向未知的内力，通常假设它们为拉力。如果计算结果是负值，则说明此内力为压力。

下面举例来说明用结点法求解桁架内力的步骤。

例9-4 求图9-17a所示桁架各杆的内力。

解：（1）求支座反力，由整体平衡条件可得

$$F_{Ay} = F_{By} = 15\text{kN}(\uparrow), \ F_{Ax} = 0$$

桁架为对称结构，只需求出对称轴一侧杆的内力，另一半由对称性求得。

（2）从结点A开始计算，依次为 $A \to C \to D \to E$，各结点的受力图，如图9-17b、c、d、e所示。

A结点：如图9-17b所示，列方程求解内力得

$$\sum F_y = 0, \ F_{AD} \times \frac{3}{5} + 15\text{kN} = 0, \ F_{AD} = -25\text{kN}(压力)$$

$$\sum F_x = 0, \ F_{AD} \times \frac{4}{5} + F_{AC} = 0 \Rightarrow F_{AC} = 20\text{kN}(拉力)$$

C结点：如图9-17c所示，列方程求解内力得

$$\sum F_y = 0, \ F_{CD} = 0(0杆)$$

$$\sum F_x = 0, \ F_{CF} - F_{CA} = 0, \ F_{CF} = F_{CA} = 20\text{kN}(拉力)$$

D结点：如图9-17d所示，列方程求解内力得

$$\sum F_y = 0, \ F_{DA} \times \frac{3}{5} + F_{DF} \times \frac{3}{5} + 10\text{kN} = 0 \Rightarrow F_{DF} = 8.3\text{kN}(拉力)$$

$$\sum F_x = 0, \ F_{DE} + F_{DF} \times \frac{4}{5} + F_{DA} \times \frac{4}{5} = 0 \Rightarrow F_{DE} = -26.7\text{kN}(压力)$$

E结点：如图9-17e所示，列方程求解内力得

$$\sum F_y = 0, \ F_{EF} + 10\text{kN} = 0 \Rightarrow F_{EF} = -10\text{kN}(压力)$$

$$\sum F_x = 0, \ F_{EG} = F_{ED} = -26.7\text{kN}(压力)$$

根据对称性绘出最后内力图如图9-17f所示。

在应用结点法时，若利用结点平衡的特殊情况，可直接知道其内力，使计算得到简化。几种主要的特殊情况如下：

1）不在一直线上的两杆相交于一个结点，且此结点上无外力作用时，此两杆的内力为零。凡内力为零的杆称为零杆，如图9-18a所示。

2）三杆相交于一点，其中两杆在一条直线上，且结点上无外力作用，则第三杆为零杆。而共线的两杆内力相等，且符号相同，如图9-18b所示。

3）四杆相交的结点，其中两杆共线，而另两杆在此直线的同一侧，且 $\alpha_1 = \alpha_2$，又此结点上无外力作用。则不共线的两杆内力大小相等，而符号相反，如图9-18c所示。

4）四杆相交的结点，其中两杆在一直线上，其他两杆又在另一直线上，且结点上无外力作用。则在同一直线上的两杆内力相等，且符号相同，如图9-18d所示。

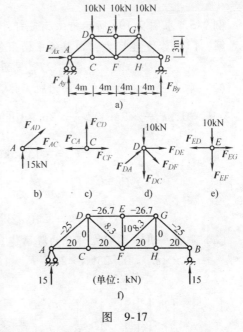

图　9-17

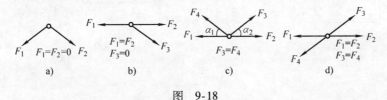

图　9-18

上述这些结点平衡的特殊情况的结论，可由结点的平衡条件得到证明。

三、截面法求桁架内力

用结点法计算桁架的内力时，是按一定顺序逐个结点计算，这种方法前后计算相互影响，即后一结点的计算要用到前一结点计算的结果。若前面的计算错了，就会影响到后面的计算结果。另外，当桁架结点数目较多，而问题又只要求桁架中的某几根杆件的内力，这时用结点法求解就显得烦琐了。可采用另一种方法就是截面法。

截面法就是用一个截面截断若干根杆件将整个桁架分为两部分，并任取其中一部分作为脱离体，建立平衡方程求出所截断杆件的内力。显然，作用于脱离体上的力系，通常为平面一般力系。因此，只要此脱离体上的未知力数目不多于三个，则可直接把截面上的全部未知力求出。

例9-5 求图9-19a所示桁架指定杆件1、2、3杆的内力,已知$F=10$kN。

解: (1) 求支座反力,由整体平衡条件可得

$$F_{Ay} = F_{By} = 25\text{kN}(\uparrow)$$

(2) 取Ⅰ—Ⅰ截面以左部分为脱离体,如图9-19b所示,列平衡方程得

$$\sum M_C = 0, \quad F_1\frac{2}{\sqrt{5}} \times 2\text{m} + F_1\frac{1}{\sqrt{5}} \times 2\text{m} - 10\text{kN} \times 2\text{m} - 10\text{kN} \times 4\text{m} - 25\text{kN} \times 6\text{m} = 0$$

$$F_1 = -15\sqrt{5}\text{kN}(压力)$$

$$\sum F_y = 0, \quad F_1\frac{1}{\sqrt{5}} - F_2\frac{1}{\sqrt{2}} + 25\text{kN} - 10\text{kN} \times 2 = 0$$

$$F_2 = -10\sqrt{2}\text{kN}(压力)$$

(3) 取Ⅱ—Ⅱ截面以左部分为脱离体,如图9-19c所示,列平衡方程得

$$\sum M_D = 0, \quad 25\text{kN} \times 2\text{m} - F_3 \times 1\text{m} = 0, \quad F_3 = 50\text{kN}(拉力)$$

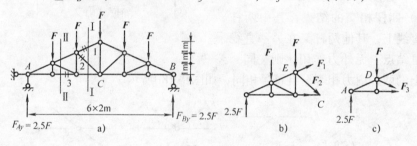

图 9-19

四、几种常用梁式桁架受力性能的比较

这里仅就工业和民用建筑中常用的几种梁式桁架的受力情况作简单比较,从而了解桁架的形式对内力分布和构造上的影响,以及它们的应用范围,以便在结构设计或对桁架作定性分析时,可根据不同的情况和要求,选用适当的桁架形式。

图9-20a、b、c、d所示分别表示平行弦桁架、三角形桁架、抛物线形桁架和折线形桁架。它们的桁高d和跨度l(6d)均相同,各桁架上弦结点上作用着相同的单位力($F=1$),各杆的内力值分别标在杆件上(由于结构和荷载均对称,其内力也对称,故各桁架上只在半边注明内力值)。从各图中可知,桁架弦杆的外形对桁架杆内力的分布有很大的影响。各桁架的内力分布和应用范围归纳如下:

(1) 平行弦桁架 平行弦桁架(图9-20a)的内力分布很不均匀。上弦杆和下弦杆内力值均是靠近支座处小,向跨度中间增大;腹杆则是靠近支座处内力大,向跨中逐渐减小。如果按各杆内力大小选择截面,弦杆截面沿跨度方向必须随之改变,这样结点的构造处理较为复杂。如果各杆采用相同截面,则靠近支座

处弦杆材料性能不能充分利用，造成浪费。其优点是结点构造划一，腹杆可标准化，因此，可在轻型桁架中应用。

（2）三角形桁架 三角形桁架（图9-20b）的内力分布是不均匀的。其弦杆的内力从中间向支座方向递增，近支座处最大。在腹杆中，斜杆受压，而竖杆则受拉（或为零杆），而且腹杆的内力是从支座向中间递增。这种桁架的端结点处，上下弦杆之间夹角较小，构造复杂。但由于其两面斜坡的外形符合屋顶构造的要求，所以，在跨度较小、坡度较大的屋盖结构中较多采用三角形桁架。

（3）抛物线形桁架 上弦结点在一抛物线上（图9-20c），内力分布均匀。其从受力角度来看是比较好的桁架形式，但构造和施工复杂。为了节约材料，在跨度为18～30m的屋架中采用抛物线形桁架。

（4）折线形桁架 折线形桁架（图9-20d）是三角形桁架和抛物线形桁架的一种中间形式。其端节间的上弦杆与其他节间的上弦杆不在一直线上，形成一折线形。由于上弦改成折线，端节间上弦杆的坡度比三角形桁架加大。因此，它的弦杆内力比三角形桁架要小，内力分布比三角形桁架均匀，又克服了抛物线形桁架上弦转折太多而形成的缺点，施工制造方便。它是目前钢筋混凝土屋架中经常采用的一种形式，在中等跨度18～24m的工业厂房中采用得较多。

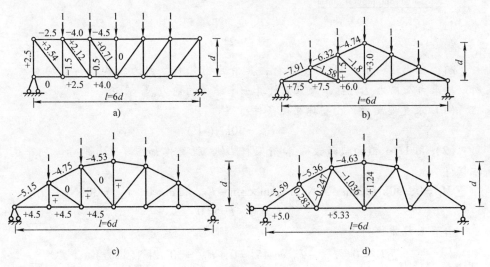

图 9-20

第五节 组合结构的内力

在有些结构中，一部分杆件是桁架杆件，只承受轴力作用；另一部分杆件是受弯杆件，除了轴力外，还有弯矩和剪力。这种在同一结构中由两类杆件组成的结构，称为组合结构。如图 9-21 所示。

应用截面法计算组合结构的内力时，要注意被截杆件的受力性质。对于桁架杆件，截面上只作用有轴力，而受弯杆件截面上一般作用有三个内力，即弯矩、剪力和轴力。由于受弯杆件的截面上一般有三个内力，为

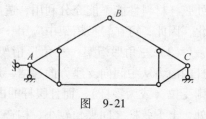

图 9-21

了不使脱离体上的未知力过多，应尽可能避免截断受弯杆。一般是先求出组合结构中桁架杆的轴力，然后根据荷载和所求得的轴力，再求受弯杆的弯矩、剪力和轴力。

例 9-6 试计算图 9-22a 所示组合结构，求桁架杆的轴力，并绘制受弯杆的 M 图及 F_S 图。

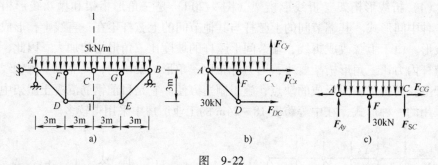

图 9-22

解：在此结构中，AB 为受弯杆，其余为桁架杆。因为结构和荷载均对称，所以约束力及内力也对称，故只需计算一半结构的内力。

（1）求支座反力，由整体平衡条件可得

$$F_{Ay} = F_{By} = 30 \text{kN}(\uparrow)$$

（2）用 1—1 截面截断铰 C 和桁架杆 DE，脱离体如图 9-22b 所示。列平衡方程得

$$\sum M_C = 0, \ 30 \text{kN} \times 6\text{m} - 5 \text{kN/m} \times 6\text{m} \times 3\text{m} - F_{DE} \times 3\text{m} = 0, \ F_{DE} = 30 \text{kN}(拉力)$$

$$\sum F_y = 0, \ F_{Cy} = 0$$

由节点 D 平衡得

$$\sum F_x = 0, \ F_{DE} - F_{DA}\cos 45° = 0, \ F_{DA} = 30\sqrt{2} \text{kN}(拉力)$$

$$\sum F_y = 0, \ F_{DF} + F_{DA}\sin 45° = 0, \ F_{DF} = -30 \text{kN}(压力)$$

（3）计算受弯杆的内力

取受弯杆 AFC 为脱离体，受力如图 9-22c 所示，控制截面为 A、F、C。C 截面为铰，故弯矩 $M_C = 0$，又因 $F_{Cy} = 0$，故剪力 $F_{SC} = 0$。

F 截面：取 F 截面以右部分为研究对象，得

$$M_F = \frac{1}{2} \times 5 \text{kN/m} \times (3\text{m})^2 = 22.5 \text{kN} \cdot \text{m}(上侧受拉)$$

$$F_{SF_{\text{右}}} = 5\text{kN/m} \times 3\text{m} = 15\text{kN}, \quad F_{SF_{\text{左}}} = 5\text{kN/m} \times 3\text{m} - 30\text{kN} = -15\text{kN}$$

A 截面为铰，故弯矩 $M_A = 0$；剪力 $F_{SA} = 5\text{kN/m} \times 6\text{m} - 30\text{kN} = 0$

（4）作弯矩图 M 和剪力图 F_S 如图 9-23a、b 所示。

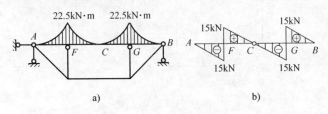

图　9-23

a) M 图　b) F_S 图

思 考 题

9-1　多跨静定梁中基本部分与附属部分的几何组成的特点及各自受力特点是什么？

9-2　刚架内力的正负号是怎样规定的？如何绘制刚架的内力图？

9-3　如果刚架的某结点上只有两根杆，且无外力偶作用，结点上两杆的弯矩有何关系？

9-4　什么是拱？拱和梁的基本区别是什么？什么是合理拱轴线？合理拱轴与荷载的大小及位置有关吗？

9-5　桁架的计算简图做了哪些假设？

9-6　桁架中既然某些杆件为零杆，是否可将其从实际结构中撤去？

练 习 题

9-1　求图 9-24 所示多跨静定梁的内力，并画内力图。

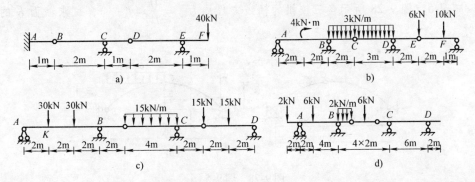

图 9-24　题 9-1 图

9-2　作图9-25所示各悬臂刚架的 M 图、F_S 图、F_N 图。

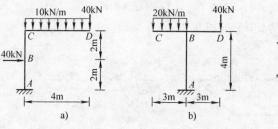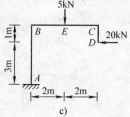

图9-25　题9-2图

9-3　作图9-26所示各刚架的 M 图。

9-4　作图9-27所示三角刚架的弯矩图。

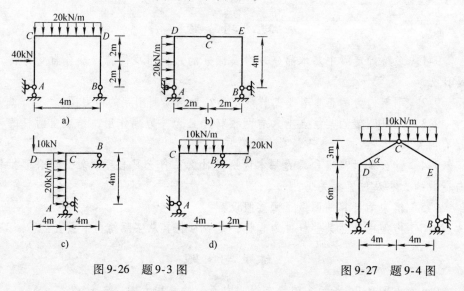

图9-26　题9-3图　　　　　　　　　图9-27　题9-4图

9-5　图9-28所示各三铰拱的轴线方程均为 $y = \dfrac{4f}{l^2}x(l-x)$，试求截面 K 的内力。

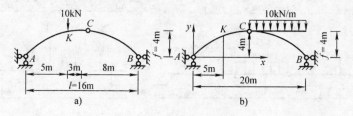

图9-28　题9-5图

9-6 试用结点法计算图9-29所示桁架各杆内力。

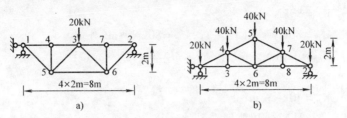

图9-29 题9-6图

9-7 试用截面法计算图9-30所示桁架指定杆内力。

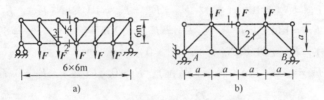

图9-30 题9-7图

9-8 试计算图9-31所示组合结构的内力,并绘出梁式杆件的内力图。

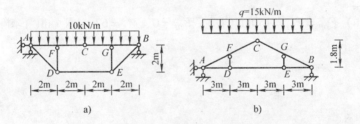

图9-31 题9-8图

部分习题参考答案

9-1 a) $M_A = 10$kN · m(上侧), $M_C = 20$kN · m(下侧), $M_E = 40$kN · m(上侧)

b) $M_B = 2.56$kN · m(上侧), $M_D = 18.67$kN · m(上侧)

c) $M_B = 37.5$kN · m(上侧), $M_C = 45$kN · m(上侧)

d) $M_A = 4$kN · m(上侧), $M_B = 10$kN · m(上侧), $M_C = 6$kN · m(上侧)

9-2 a) $M_{CD} = 240$kN · m(上侧), $M_{AB} = 320$kN · m(左侧)

b) $M_{BD} = 120$kN · m(上侧), $M_{BC} = 90$kN · m(上侧), $M_{BA} = 30$kN · m(左侧)

c) $M_{CD} = 20$kN · m(右侧), $M_{BE} = 30$kN · m(上侧), $M_{AB} = 50$kN · m

（右侧）

9-3　a）$M_C = 80$kN・m（内侧）

　　b）$M_D = 80$kN・m（内侧），$M_E = 80$kN・m（外侧）

　　c）$M_{CB} = 120$kN・m（下侧），$M_{CD} = 40$kN・m（上侧），$M_{CA} = 160$kN・m

（右侧）

　　d）$M_B = 40$kN・m（上侧）

9-4　$M_E = 53.3$kN・m（外侧）

9-5　a）$M_K = 51.56$kN・m，$F_{SK} = 16.96$kN，$F_{NK} = 33.05$kN

　　b）$M_K = 62.5$kN・m，$F_{SK} = -0.06$kN，$F_{NK} = 67.09$kN

9-6　a）$F_{14} = N_{43} = 10$kN（拉），$F_{15} = F_{35} = F_{36} = 10\sqrt{2}$kN（压），$F_{45} = F_{56} = 0$

　　b）$F_{14} = 134.2$kN（压），$F_{13} = F_{36} = 120$kN（拉），$F_{45} = 89.6$kN（压），

$F_{56} = 40$kN（压），$F_{46} = 44.8$kN（拉），$F_{34} = 0$

9-7　a）$F_1 = 4.5F$（压），$F_2 = 4F$（拉），$F_3 = 0.5F$（压），$F_4 = 0.71F$（拉）

　　b）$F_1 = 2F$（压），$F_2 = \dfrac{\sqrt{2}}{2}F$（拉）

9-8　a）$F_{DE} = 40$kN（拉），$F_{DF} = 40$kN（压），$F_{DA} = 40\sqrt{2}$kN（拉），$M_F = 20$kN・m（上侧）

　　b）$F_{DE} = F_{DA} = 150$kN（拉），$F_{DF} = 0$，$M_F = 67.5$kN・m（下侧）

第十章 静定结构的位移计算

第一节 计算结构位移的目的

建筑结构在施工和使用过程中常会发生变形，由于结构变形，其上各点或截面位置发生改变，这种位置的改变称为结构的位移。结构的位移可用线位移和角位移来度量。线位移是指截面形心所移动的距离；角位移是指截面转动的角度。

图 10-1a 所示刚架在荷载作用下，结构产生变形如图中虚线所示，使截面形心 A 点沿某一方向移到 A' 点，线段 $\overline{AA'}$ 称为 A 点的线位移，一般用符号 Δ_A 表示。它也可用竖向线位移 Δ_A^V 和水平线位移 Δ_A^H 两个位移分量来表示，如图 10-1b 所示。同时，此截面还转动了一个角度，称为该截面的角位移，用 φ_A 表示。

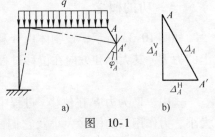

图 10-1

使结构产生位移的原因除了荷载作用外，还有温度改变、结构构件尺寸的制造误差、基础或结构支座移动等因素均会引起结构的位移。位移的计算是结构设计中经常会遇到的问题。计算位移的目的如下：

1）确定结构的刚度。结构在荷载作用下，如果变形太大，即使不破坏也是不能正常使用的。所以，在结构设计中除了满足强度要求外，还要求结构有足够的刚度。例如，列车通过桥梁时，若桥梁的挠度太大，则线路将不平顺，以致引起过大的冲击、振动，影响行车；吊车梁挠度过大，影响吊车行驶；楼面板挠度过大引起楼面积水、板底粉刷脱落等。

2）在结构的制作、施工等过程中，也常常需要预先知道结构变形后的位置，以便做出一定的施工措施，因而也需要计算其位移。例如，图 10-2a 所示的屋架，在屋盖的自重作用下，下弦各点将产生双点画线所示的竖向位移，其中结点 C 的竖向位移为最大。为了减少屋架在使用阶段下弦各结点的竖向位移，制作时通常将各下弦杆的实际下料长度做得比设计长度短些，以便屋架拼装后，结点 C 位于 C' 的位置（图 10-2b）。这样在屋盖系统施工完毕后，屋架的下弦各杆能接近于原设计的水平位置，这种做法称为建筑起拱。

3）为计算超静定结构打下基础。因为超静定结构的内力仅由静力平衡条件是不能全部确定的，还必须考虑变形条件，而建立变形条件时就需要计算结构的位移。

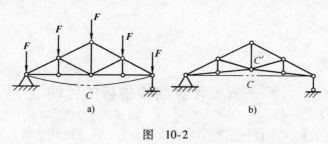

图　10-2

第二节　质点及质点系的可能位移原理

一、功的概念

如图10-3a 所示，设物体由 A 移动到 A'，移动的水平位移为 s。作用在物体上的力 F，其大小和方向在位移过程中不变，力 F 和位移 s 之间的夹角为 θ。则

$$W = Fs\cos\theta$$

式中，W 为力 F 在位移 s 过程中所做的功。也就是说，力所做的功等于力的大小、力作用点的位移大小及它们两者之间的夹角余弦三者的乘积，其单位用 N·m 或 kN·m 来表示。

若力的大小及方向在移动的过程中都发生改变，而且其作用点不是沿直线，而是沿曲线位移，则其做功为

$$W = \int_0^s F\cos\theta \, \mathrm{d}s$$

上式的积分应沿着位移 s 进行积分。

图 10-3b 所示为一绕 O 点转动的轮子，在轮子的边缘有力 F 作用，设力 F 的大小不变，方向在改变，但始终沿着轮子的切线方向，即垂直于轮子的半径 R。当力 F 的作用点 A 转到 A' 时，轮子转动 φ 角，则力 F 所做的功由上式得

$$W = \int_0^s F\cos 0 \, \mathrm{d}s = F\int_0^s \mathrm{d}s = Fs = FR\varphi$$

式中，FR 是力 F 对点 O 的力矩，以 M 表示，则有

$$W = M\varphi$$

即力矩所做的功，等于力矩的大小和其所转过的角位移两者的乘积。

如图 10-3c 所示，若在轮子边缘上作用有 F 及 F' 两个力。当轮子转动 φ 角

后，F 及 F' 所做的功为

$$W = FR\varphi + F'R\varphi$$

若 $F = F'$，则有

$$W = 2FR\varphi$$

因为 $F \times 2R$ 为 F 及 F' 所构成的力偶矩，如果用 M 表示，则有

$$W = M\varphi$$

即力偶所做的功，等于力偶矩的大小和其所转过的角位移两者的乘积。

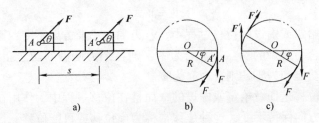

图 10-3

功是代数量，当力与位移的方向相同时，功为正值；当力与位移的方向相反时，功为负值；当力与位移相互垂直时，功为零。做功的力可以是一个集中力，也可以是一个力偶，有时也可能是一个力系。我们将力或力偶做功用一个统一的公式表示：

$$W = F\Delta \tag{10-1}$$

式中，F 称为广义力，既可代表力，也可代表力矩、力偶。Δ 称为广义位移，既可代表线位移，也可代表角位移，它与广义力相对应，如果 F 为集中力，则 Δ 代表线位移；若 F 为力偶时，则 Δ 代表角位移。

在做功过程中，如果位移 Δ 是做功的力本身引起的，这个力做的功称为实功。如果位移是别的原因引起的，而不是做功的力本身引起的，这个力做的功称为虚功。

二、质点及质点系的虚功原理

上面讨论的是一个力在位移过程中所做的功。现在进一步讨论作用在一质点上一组力所做的功。如图 10-4 所示，在 A 质点上作用有 F_1、F_2、F_3 一组力，其合力为 F_R。设 A 质点有一任意的位移，从 A 移动到 A'，而且在位移过程中各力 F_1、F_2、F_3 的大小及方向均未改变。F_1、F_2、F_3 及 F_R 各力与位移 $\overline{AA'}$ 之间的夹角分别以 α_1、α_2、α_3 及 θ 表示，则 F_1、F_2、F_3 所做的功之和为

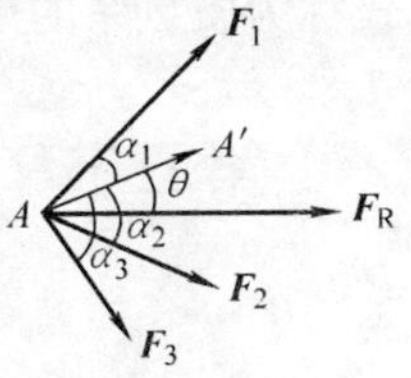

图 10-4

$$\sum W = F_1\cos\alpha_1\overline{AA'} + F_2\cos\alpha_2\overline{AA'} + F_3\cos\alpha_3\overline{AA'}$$
$$= (F_1\cos\alpha_1 + F_2\cos\alpha_2 + F_3\cos\alpha_3)\overline{AA'}$$

合力 F_R 所做的功为

$$W_{F_R} = F_R\cos\theta\,\overline{AA'}$$

由分力及合力在同一轴上的投影关系，则有

$$F_1\cos\alpha_1 + F_2\cos\alpha_2 + F_3\cos\alpha_3 = F_R\cos\theta$$

故得

$$\sum W = W_{F_R}$$

即在任意给定或虚设的位移过程中，若力的大小及方向不变，则各个力所做功之和等于其合力所做的功。若合力为零，则各个力所做的功之和为零；反之，各个力所做的功之和为零，则合力必为零。

若质点的位移是任意给定或虚设的，而且在位移过程中，作用在质点上的各个力的大小及方向保持不变，这种位移常称为虚位移或可能位移。

综上所述，质点处于平衡的充分必要条件是：对于任意微小的虚位移，作用在质点上所有力所做功之和为零。这个结论称为质点的虚位移原理。需要强调的是：虚位移应该是约束所许可的，而且在一般情况下，应该是极微小的位移。

若平面体系由若干个质点组成，称之为质点系。如果质点系处于平衡状态，则其每一个质点也必然处于平衡状态；反之，每一个质点处于平衡状态，则质点系也必然处于平衡状态。因此，质点系处于平衡状态的充分必要条件就是每一个质点处于平衡的充分必要条件的总和。所以，质点系处于平衡的充分必要条件是：质点系对于任意微小的虚位移，作用在质点系上所有力所做功之和为零。

作用在质点系上的力，可以分为外力及内力两部分。外力是外界对质点系的作用力；内力是质点系中各质点之间的作用力和反作用力。因此，质点系处于平衡的必要及充分条件是：质点系对于任意微小的虚位移，作用在质点系上的外力及内力所做功之和为零。这一结论称为质点系的虚位移原理。

若用 T 及 U 分别表示作用于质点系的全部外力及内力对于任意虚位移所做的功，则有

$$T + U = 0 \tag{10-2}$$

上式称为质点系的虚功方程。

第三节　刚体的虚位移原理及静定结构由于支座位移所引起的位移计算

图 10-5 所示为一刚体，在外力 F_1、F_2、$\cdots$、F_n 的作用下处于平衡状态。由于刚体的特点，即在刚体上任意两点之间的距离是不变的，它们之间的作用力

与反作用力是成对的内力，在刚体发生位移的过程中，内力所做的功数值相等而正负抵消。因此，内力做功之和为零，即 $U=0$。由式（10-2）得刚体的虚功方程为

$$T=0$$

故刚体处于平衡的充分必要条件是：对于任意微小的且为约束许可的虚位移，外力做功之和为零。这一结论称为刚体的虚位移原理。

下面举例来说明刚体的虚位移原理的应用，从而得到静定结构由于支座移动所引起的位移计算公式。

图 10-6 所示为三铰刚架，在 C 铰处有铅垂方向的力 F 作用。其支座反力可用静力平衡方程求得

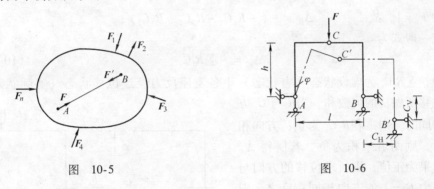

图　10-5　　　　　　　　　　图　10-6

$$F_{By}=\frac{1}{2}F,\quad F_{Bx}=\frac{l}{4h}F$$

若 B 支座向下移动位移 C_V、向右移动位移 C_H，即 B 点移到 B' 点，而且 C_V 及 C_H 相对于 l 和 h 来说是很微小的。求在 C 点引起的竖向线位移 Δ_C^V，即 $\overline{CC'}$ 在竖向的分量。

因为 C_V 及 C_H 是约束 B 铰自身的位移，同时又是微小的。因此，可将它们视为可能位移，由刚体的虚功方程有

$$\Delta_C^V F - F_{By}C_V - F_{Bx}C_H = 0$$

即

$$\Delta_C^V F - \frac{F}{2}C_V - \frac{l}{4h}FC_H = 0$$

得

$$\Delta_C^V = \frac{1}{2}C_V + \frac{l}{4h}C_H$$

Δ_C^V 若由几何关系去找，那是十分困难的，而用上述方法，即第一步用平衡方程求出各有关力之间的关系；第二步用虚功方程解出位移，就比较方便。

从上述求解 Δ_C^V 的过程中，可得到两点启发：①B 支座的位移 C_V 及 C_H 与力 F 无关，且最后求得 Δ_C^V 的结果也与 F 无关；②在写出虚功方程时，正因为在所

求位移的 C 点及其所求方向上有力 F 的作用，才能使所求的位移 Δ_C^V 在虚功方程中出现，从而解出 Δ_C^V。以上两点很重要，如图 10-6 中 B 支座发生上述位移 C_V 及 C_H 后，若要求三铰刚架上任一点的线位移时，我们可应用上述两点启发，很方便地得到求解结果。

图 10-7a 所示为一任意的静定结构，若已知固定端 A 支座发生三个方向的位移分别为 C_1、C_2、C_3，求结构上任一点 K 在任意方向上的位移，如 K 点的竖向线位移 Δ_K^V。首先必须建立虚设状态，即在同一结构上，在 K 点沿竖向上加一单位 $F_i = 1$，其相应的支座反力以 $\overline{R}_1$、$\overline{R}_2$、$\overline{R}_3$ 表示。将位移状态（图 10-7a）视为虚设状态（图 10-7b）的可能位移，则由虚功方程得

$$\Delta_{iC}F_i - \overline{R}_1 C_1 - \overline{R}_2 C_2 - \overline{R}_3 C_3 = 0$$

因为 $F_i = 1$，故

$$\Delta_{iC} = -\left(-\overline{R}_1 C_1 - \overline{R}_2 C_2 - \overline{R}_3 C_3\right)$$

写成一般式为

$$\Delta_{iC} = -\sum \overline{R}_i C_i \tag{10-3}$$

式中，$\sum \overline{R}_i C_i$ 为虚设状态（力状态）中各支座反力经过位移状态（实际状态）的位移所做功的代数和。当 $\overline{R}_i$ 与 C_i 方向相同时，则乘积 $\overline{R}_i C_i$ 为正；方向相反时，则两者乘积为负。若所得 Δ_{iC} 的结果为正值，则所求位移的方向与单位力 $F_i = 1$ 的方向相同；反之，则方向相反。

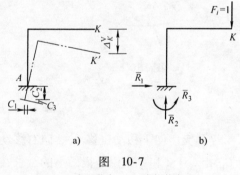

上面我们根据虚功方程，导出由于支座移动引起的静定结构位移计算的一般公式（10-3），用它不仅可以计算结构的线位移，也可以计算结构的角位移；既可以计算结构的绝对位移，也可以计算相对位移，只要在虚设状态中所加的单位力和所计算的位移相对应即可。

图 10-7
a）实际状态　b）虚拟状态

下面以图 10-8 所示的几种情况具体说明如下：

1）若求结构上 C 点的竖向线位移，可在该点沿所求位移方向加一单位力，如图 10-8a 所示。

2）若求结构上 A 截面的角位移，可在该截面加一单位力偶，如图 10-8b 所示。

3）如果求桁架中某一杆的角位移，则应加构成单位力偶的两个集中力，其值为 $\dfrac{1}{d}$，各作用于该杆的两端并与杆轴垂直，这里 d 为该杆的长度，如图 10-8c 所示。

4）若求结构上 AB 两点连线方向的相对线位移，可在该两点沿其连线加上两个方向相反的单位力，如图 10-8d 所示。

5）若求结构 C 铰左、右两截面的相对角位移，可在此两个截面上加两个方向相反的单位力偶，如图 10-8e 所示。

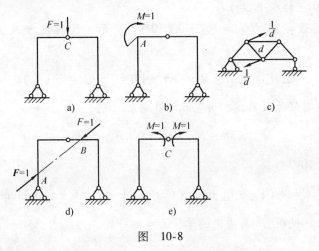

图 10-8

下面我们通过例题来说明公式（10-3）的应用。

例 10-1 如图 10-9 所示三铰刚架，右支座 B 竖直沉陷 $C_1 = 6\text{cm}$，水平位移 $C_2 = 4\text{cm}$，试求由此引起的支座 A 的杆端转角 φ_A 和结点 D 的水平线位移 Δ_D^H。

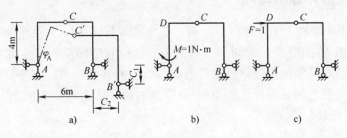

图 10-9

解：（1）求 A 端转角

在支座 A 处虚设单位力偶 $M = 1\text{N} \cdot \text{m}$，如图 10-9b 所示。计算支座反力，由于 A 支座无位移，不做功，故求出 B 的支座反力即可。取整体平衡，得

$$\sum M_A = 0, \quad F_{By} \times 6\text{m} - 1\text{N} \cdot \text{m} = 0, \quad F_{By} = \frac{1}{6}\text{N}(\uparrow)$$

取右半边刚架为脱离体，由 $\sum M_C = 0$ 得

$$F_{By} \times 3\text{m} - F_{Bx} \times 4\text{m} = 0, \quad F_{Bx} = \frac{1}{8}\text{N}(\leftarrow)$$

由公式（10-3）得

$$\varphi_A = -\sum \overline{R}_i C_i C = -(F_{By} \cdot C_1 + F_{Bx} \cdot C_2) = -\left(-\frac{1}{6} \times 0.06 - \frac{1}{8} \times 0.04\right)\text{rad} = 0.015\text{rad}$$

计算结果为正，说明 φ_A 与虚设的单位力偶转向一致，为顺时针。

（2）求 D 点的水平线位移

在 D 处虚设单位力 $F = 1$，如图 10-9c 所示，计算支座反力。取整体平衡，得

$$\sum M_A = 0, \quad F_{By} \times 6\text{m} - 1 \times 4\text{m} = 0, \quad F_{By} = \frac{2}{3}(\uparrow)$$

取右半边刚架为脱离体，由 $\sum M_C = 0$ 得

$$F_{By} \times 3\text{m} - F_{Bx} \times 4\text{m} = 0, \quad F_{Bx} = \frac{1}{2}(\leftarrow)$$

由公式（10-3）得

$$\Delta_D^{\text{H}} = -\sum \overline{F}_{\text{R}} C = -(F_{By} \cdot C_1 + F_{Bx} \cdot C_2) = -\left(-\frac{2}{3} \times 6 - \frac{1}{2} \times 4\right)\text{cm} = 6\text{cm}(\rightarrow)$$

计算结果为正，说明 Δ_D^{H} 与虚设的单位力方向一致，为向右。

第四节 变形体的虚功原理及荷载作用下的位移计算

一、变形体虚功原理

图 10-10a 所示为一平面杆系结构，在外荷载 F_K 作用下处于平衡状态（称为力状态）。图 10-10b 所示为同一结构由于其他荷载的影响而产生的虚位移（称为位移状态）。这里的虚位移是由其他原因引起的（如荷载、支座位移、温度变化），甚至是假想的。因此，图 10-10b 所示的位移状态可作为图 10-10a 所示的力状态的虚位移。

这时，力 F_K 在相应位移 Δ_K 上做的外力虚功为

$$T_{\text{外}} = F_K \Delta_K$$

如图 10-10c 所示，结构在 F_K 作用下各微段两端的内力为 M_K、F_{NK}、F_{SK}。同样，在荷载 q 作用下微段上的内力为 M、F_N、F_S，它们所引起微段的相应变形分别为 $\text{d}\varphi$、$\text{d}u$、$\gamma\text{d}s$，如图 10-10d 所示。则 F_K 引起的内力 M_K、F_{NK}、F_{SK}，在荷载 q 作用下所引起的相应变形 $\text{d}\varphi$、$\text{d}u$、$\gamma\text{d}s$ 上所做的内力虚功为

$$\text{d}U_{\text{内}} = M_K \text{d}\varphi + F_{NK}\text{d}u + F_{SK}\gamma\text{d}s$$

对于整个结构，内力总虚功为

$$U = \sum \int \text{d}U_{\text{内}} = \sum \int M_K \text{d}\varphi + \sum \int F_{NK}\text{d}u + \sum \int F_{SK}\gamma\text{d}s$$

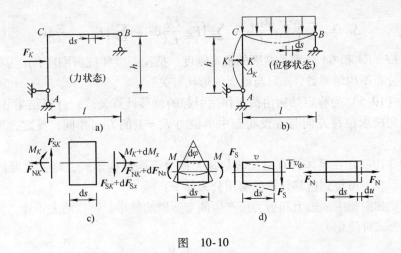

图　10-10

代入式（10-2），可得变形体虚功方程的表达式为

$$T = \sum \int M_K \mathrm{d}\varphi + \sum \int F_{NK}\mathrm{d}u + \sum \int F_{SK}\gamma \mathrm{d}s \qquad (10\text{-}4)$$

二、荷载作用下引起的位移计算

图 10-11a 所示结构在荷载作用下，其变形如图中虚线所示，这一状态是结构的实际受力和变形状态，如前所述即为位移状态。如果要求 K 点 i—i 方向（即 K 点水平方向）的线位移，我们可在同一结构所求的 K 点沿所求的方向加一单位力 $F_i = 1$，即建立虚设状态（或称力状态），如图 10-11b 所示。在结构上截取微段 $\mathrm{d}s$，以 M_F、F_{NF}、F_{SF} 及 $\mathrm{d}\varphi$、$\mathrm{d}u$、$\gamma \mathrm{d}s$ 分别表示位移状态中微段 $\mathrm{d}s$ 的内力和变形；$\overline{M}_i$、$\overline{F}_{Ni}$、$\overline{F}_{Si}$ 表示虚设状态中由于单位力作用引起在同一微段 $\mathrm{d}s$ 上的内力；Δ_{iF} 表示由于荷载作用下，所要求的 i—i 方向上的位移。由公式(10-4)得

$$F_i \Delta_{iF} = \sum \int \overline{M}_i \mathrm{d}\varphi + \sum \int \overline{F}_{Ni}\mathrm{d}u + \sum \int \overline{F}_{Si}\gamma \mathrm{d}s \qquad (a)$$

位移状态中微段的变形分别可用其内力来表达：

$$\begin{cases} \mathrm{d}\varphi = \dfrac{1}{\rho}\mathrm{d}s = \dfrac{M_F}{EI}\mathrm{d}s \\[2mm] \mathrm{d}u = \varepsilon\mathrm{d}s = \dfrac{F_{NF}}{EA}\mathrm{d}s \\[2mm] \mathrm{d}v = \gamma\mathrm{d}s = \mu\dfrac{F_{SF}}{GA}\mathrm{d}s \end{cases} \qquad (b)$$

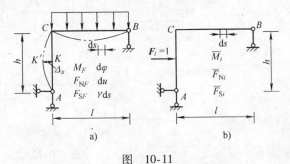

图　10-11

a) 实际状态　b) 虚拟状态

将式（b）代入式（a）得

$$\Delta_{iF} = \sum \int \overline{M}_i \frac{M_F}{EI} ds + \sum \int \overline{F}_{Ni} \frac{F_{NF}}{EA} ds + \sum \int \overline{F}_{Si} \mu \frac{F_{SF}}{GA} ds \qquad (10-5)$$

式中，EI、EA 和 GA 分别是截面的抗弯刚度、抗拉刚度和抗剪刚度；μ 为截面的切应力分布不均匀系数，μ 只与截面的形状有关。

式（10-5）为静定结构由荷载作用引起的位移计算公式。计算结果 Δ_{iF} 若为正值，则所求位移方向与虚设状态中单位力 $F_i = 1$ 的方向相同；反之，则方向相反。

式（10-5）在具体计算时比较烦琐，针对不同结构形式，略去次要因素对位移的影响，可得到位移计算的实用公式如下：

在梁和刚架中，轴力和剪力所产生的变形影响甚小，可以略去不计，其位移的计算公式可简化为

$$\Delta_{iF} = \sum \int \frac{\overline{M}_i M_F}{EI} ds \qquad (10-6)$$

在桁架中，各杆只有轴力，且每一杆件中的轴力、杆长 l 和 EA 均为常数，其位移的计算公式为

$$\Delta_{iF} = \sum \int \frac{F_{Ni} F_{NF}}{EA} ds = \sum \frac{F_{Ni} F_{NF} l}{EA} \qquad (10-7)$$

对于一般的实体拱中，只考虑弯矩一项的影响。而对于比较扁平的拱，当计算精确度要求较高时，除弯矩外还需考虑轴力的影响。

对于组合结构的位移计算，可分别考虑，即受弯杆只计弯矩一项，而桁架杆只有轴力一项。

例 10-2 如图 10-12a 所示，等截面简支梁各杆抗弯刚度为 EI，试计算在均布荷载作用下，跨中的竖向位移及 A 截面的转角位移。

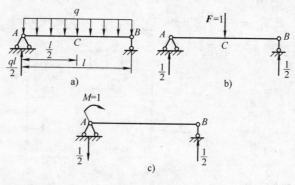

图　10-12

解：（1）列实际状态的弯矩方程，坐标原点设在 A 点：

$$M_F(x) = \frac{1}{2}qlx - \frac{1}{2}qx^2$$

（2）计算跨中竖向位移

在跨中 C 点加一竖向的单位力 $F_i = 1$，如图 10-12b 所示，弯矩方程为

$$\overline{M}_i = \frac{1}{2}x$$

该方程适合 AC 段，但是由于荷载对称、变形对称，所以两段做功一样，故沿全长积分等于沿半长积分的 2 倍，因此

$$\Delta_C^v = \frac{2}{EI}\int_0^{\frac{l}{2}} \frac{1}{2}x\left(\frac{1}{2}qlx - \frac{1}{2}qx^2\right)dx = \frac{5ql^4}{384EI}(\downarrow)$$

计算结果为正值，表示 C 点竖向位移与虚设单位力方向一致。

（3）计算 A 端的角位移

相应的虚拟状态如图 10-12c 所示，弯矩方程为

$$\overline{M}_i = \frac{x}{l}$$

代入公式（10-6）得 A 端的角位移为

$$\varphi_A = \frac{1}{EI}\int_0^l \frac{x}{l}\left(\frac{1}{2}qlx - \frac{1}{2}qx^2\right)dx = \frac{ql^3}{24EI}$$

计算结果为正值，表示 A 端转角与虚设单位力偶转向一致，为顺时针转向。

例 10-3　图 10-13a 所示等截面刚架，各杆抗弯刚度均为 EI，求 B 结点的水平位移。

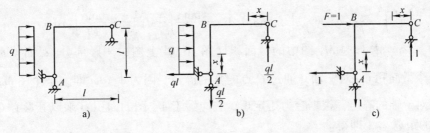

图　10-13

解： 为求 B 点的水平位移，在 B 点虚设一水平单位力 $F_i = 1$。分别列出实际荷载及单位荷载作用下各段的弯矩方程，AB 段以 A 点为坐标原点，CB 段以 C 点为原点，如图 10-13b、c 所示。

AB 杆：$M_F(x) = qlx - \dfrac{qx^2}{2}$，$\overline{M}_i(x) = x$

CB 杆：$M_F(x) = \dfrac{ql}{2}x$，$\overline{M}_i(x) = x$

$$\Delta_B^H = \sum_1^2 \int \frac{\overline{M}_i M_F}{EI} dx = \int_0^l \left(qlx - \frac{qx^2}{2} \right) x \, dx + \int_0^l \frac{ql}{2} x^2 \, dx = \frac{3ql^4}{8EI} (\rightarrow)$$

第五节　用图乘法计算梁及刚架的位移

从上节可知，在计算梁及刚架由于荷载作用下的位移时，先要列出 $\overline{M}_i$ 和 M_F 的方程，然后代入公式（10-6）进行积分计算，比较麻烦。如果所考虑的问题满足下述条件时，可用图形相乘的方法来代替积分运算，则计算可得到简化，其条件为：

1）$\overline{M}_i$ 和 M_F 两个弯矩图中至少有一个是直线图形。由于在虚设状态中所加的单位力 $F_i = 1$（或力偶 $M_i = 1$），所以，$\overline{M}_i$ 图总是由直线或折线组成。

2）杆轴为直线。

3）杆件抗弯刚度 EI 为常数。

图 10-14 中上图表示从实际荷载作用下的弯矩图 M_F 中取出的一段（AB 段），图 10-14 中下图为相应的虚设状态 $\overline{M}_i$ 图，是一直线图形，而 M_F 图为任何形状，我们以杆轴为 x 轴，将 $\overline{M}_i$ 图倾斜直线延长与 x 轴相交于 O 点，并以 O 点为坐标原点，则在 $\overline{M}_i$ 图上任一截面的弯矩为

$$\overline{M}_i = x \tan \alpha$$

又积分公式（10-6）中 ds 可用 dx 代替；因 EI 为常数，可提到积分号外面。则有

$$\int_A^B \frac{\overline{M}_i M_F}{EI} ds = \frac{1}{EI} \int_A^B x \tan \alpha M_F dx = \frac{\tan \alpha}{EI} \int_A^B x M_F dx = \frac{\tan \alpha}{EI} \int_A^B x \, d\omega \qquad (a)$$

式中，$d\omega = M_F dx$ 是 M_F 图中的微面积（图 10-14 上图中阴影部分）；而 $x d\omega$ 就是这个微面积 $d\omega$ 对 y 轴（通过 O 点的）的静矩。因为 $\int_A^B x \, d\omega$ 即为整个图 M_F 的面积对 y 轴的静矩，根据合力矩定理，它应等于 M_F 图的面积 ω 乘以其形心 C 到 y 轴的距离 x_C，即得

$$\int_A^B x \, d\omega = \omega x_C$$

代入式（a），有

$$\int_A^B \frac{\overline{M}_i M_F}{EI} ds = \frac{1}{EI} \omega x_C \tan \alpha \qquad (b)$$

从图 10-14 下图中可知 $x_C \tan \alpha = y_C$，y_C 为 M_F 图的形心 C 处所对应的 $\overline{M}_i$ 图的纵距。故式（b）可表达为

$$\int_A^B \frac{\overline{M}_i M_F}{EI} ds = \frac{1}{EI} \omega y_C \qquad (c)$$

由此可见，上述积分式就等于一个弯矩图的面积 ω 乘以其形心处所对应的另一个直线弯矩图上的纵距 y_C，再除以 EI，这就是图形相乘法或简称图乘法。

如果结构上所有各杆段均能满足图乘条件，则位移计算公式（10-6）可简化为

$$\Delta_{iF} = \sum \int \frac{\overline{M_i} M_F}{EI} \mathrm{d}s = \sum \frac{\omega y_C}{EI} \tag{10-8}$$

应用图乘法时应注意以下几点：①必须符合上述图乘的三个条件；②纵距 y_C 应从直线图形上取得；③乘积 ωy_C 的正负号，当两弯矩图在同一边时乘积为正，反之为负。

在进行图乘时常用的几种图形的面积及其形心位置，如图 10-15 所示。各抛物线图形的公式在应用时，必须是标准抛物线。

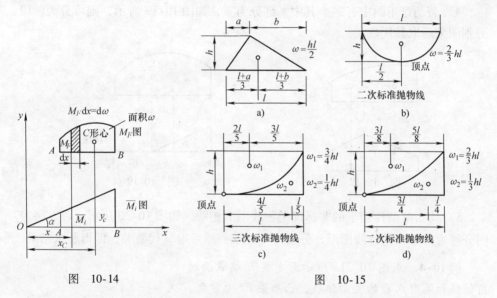

图 10-14   图 10-15

当图乘时，在图形比较复杂的情况下，往往不易直接确定某一图形的面积 ω 或其形心位置时，这时采用叠加的方法较简便，即将图形分成几个易于确定面积或形心位置的部分，分别用图乘法计算，其代数和即为两图形相乘的值。常碰到的有下列几种情况：

1）若两弯矩图中某段都为梯形，如图 10-16 所示。图乘时可以不必求梯形的形心，而将梯形分解为两个三角形，分别相乘后取其代数和，化简后则有

$$\omega y_C = \frac{l}{6}(2ac + 2bd + bc + ad) \tag{10-9}$$

2）若两弯矩图均有正负两部分，如图 10-17 所示，则公式（10-9）仍适用，只要将图 10-17 中的 b、c 以负值代入即可。

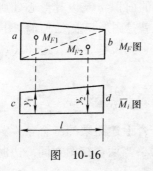

图 10-16

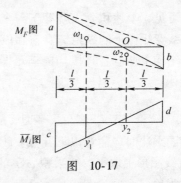

图 10-17

3）若弯矩图为折线，则应将折线分成几段直线，分别图乘后取其代数和，如图 10-18 所示。

4）若两弯矩图中有一个其中一部分为零，如图 10-19 所示，则可分为两段，分别图乘后取其代数和。

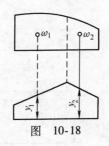

图 10-18

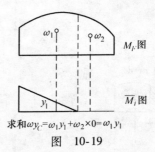

求和 $\omega y_C = \omega_1 y_1 + \omega_2 \times 0 = \omega_1 y_1$

图 10-19

5）均布荷载作用下的非标准抛物线图形相乘，如图 10-20 所示。可以将 M_F 图分解为梯形和抛物线图形，分别与 $\overline{M}_i$ 相乘，然后取其代数和，即得所求结果。

例 10-4 求图 10-21a 所示简支梁 B 端截面的角位移和梁中点 C 的竖向位移，已知梁 EI 为常数。

解：（1）求 φ_B。作图 10-21b 所示 M_F 图，其虚设状态 $\overline{M}_i$ 图如图 10-21c 所示，两图图乘得

$$\varphi_B = -\frac{1}{EI}\left(\frac{2}{3} \times l \times \frac{ql^2}{8}\right) \times \frac{1}{2} = -\frac{ql^3}{24EI}$$

计算结果为负，表明实际转角方向与所设单位力偶转向相反，即 B 截面转角为逆时针转角。

（2）求 Δ_C^{v}。求 C 点的竖向位移，其虚设状态 $\overline{M}_i$ 图如图 10-21d 所示，因为 $\overline{M}_i$ 是折线，应该从转折点处分开，两图均对称，可以只图乘半边再乘以 2 即可：

$$\Delta_C^{\text{v}} = \frac{1}{EI}\left(\frac{2}{3} \times \frac{l}{2} \times \frac{ql^2}{8}\right) \times \left(\frac{5}{8} \times \frac{l}{4}\right) \times 2 = \frac{5ql^4}{384EI}(\downarrow)$$

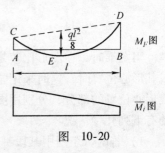

图 10-20

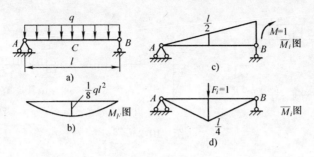

图　10-21

例 10-5　试求图 10-22a 所示刚架 C、D 两点之间的相对水平位移 $\Delta^{\mathrm{H}}_{(C-D)}$，各杆抗弯刚度均为 EI。

解：（1）作荷载作用下 M_F 图，如图 10-22b 所示，AC、BD 两杆的弯矩图是三次标准抛物线。

（2）作单位荷载作用下 $\overline{M}_i$ 图，如图 10-22c 所示。因为要计算 C、D 两点之间的相对水平位移，须沿两点的连线加上一对方向相反的单位力作为虚设状态。

（3）计算 $\Delta^{\mathrm{H}}_{(C-D)}$。将 M_F 和 $\overline{M}_i$ 图乘得

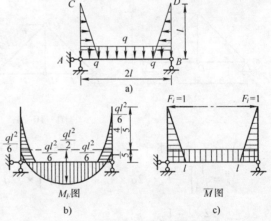

图　10-22

$$\Delta^{\mathrm{H}}_{(C-D)} = \frac{2}{EI}\left(\frac{l}{4}\times\frac{ql^2}{6}\right)\times\frac{4}{5}l + \frac{1}{EI}\left(2l\times\frac{ql^2}{6}\right)\times l - \frac{1}{EI}\left(\frac{2}{3}\times 2l\times\frac{ql^2}{2}\right)\times l$$

$$= \frac{1}{EI}\left(\frac{ql^4}{15}+\frac{ql^4}{3}-\frac{2ql^4}{3}\right) = -\frac{4ql^4}{15}(\rightarrow\leftarrow)$$

例 10-6　求图示 10-23a 所示结构铰结点 C 左右两截面的相对转角，各杆 EI 为常数。

解：（1）作荷载作用下 M_F 图，如图 10-23b 所示，CB 段弯矩图是标准二次抛物线。

（2）作单位荷载作用下 $\overline{M}_i$ 图，如图 10-23c 所示。因为要计算 C 左右两截面的相对转角，须在 C 左右截面分别加一对转向相反的单位力偶作为虚设状态。

$$\theta_C = \frac{1}{EI}\left(\frac{1}{2}\times\frac{ql^2}{2}\times l\times\frac{4}{3} + \frac{1}{2}\times\frac{ql^2}{2}\times l\times\frac{5}{3} - \frac{2}{3}\times\frac{1}{8}ql^2\times l\times\frac{1}{2}\right) = \frac{17ql^3}{24EI}$$

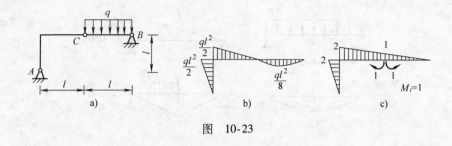

图 10-23

例 10-7 求图 10-24a 所示木桁架结点 C 的水平位移，各杆 EA 相同。

解：（1）求 C 点的水平位移，在 C 点虚设一水平单位力 $F_i = 1$，分别求在 F 及单位力作用下桁架各杆的内力，如图 10-24b、c 所示。

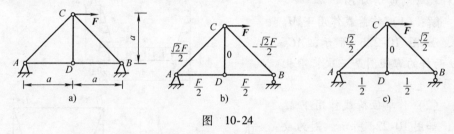

图 10-24

（2）求 C 点的水平位移 Δ_C^H，由公式（10-7）得

$$\Delta_C^H = \frac{1}{EA}\Big[\frac{\sqrt{2}}{2}F \times \sqrt{2}a \times \frac{\sqrt{2}}{2} + \Big(-\frac{\sqrt{2}}{2}F\Big) \times \sqrt{2}a \times \Big(-\frac{\sqrt{2}}{2}\Big) + \frac{F}{2} \times a \times \frac{1}{2} \times 2\Big]$$

$$= \frac{2\sqrt{2}+1}{2EA}Fa \ (\rightarrow)$$

所求结果为正，表示 C 点位移与虚设单位力方向一致。

第六节 静定结构由于温度变化所引起的位移计算

使结构产生位移的因素，除荷载、支座移动外，还有温度的变化。本节将推导温度变化时静定结构的位移计算公式。

图 10-25a 所示结构，由于温度变化，内侧温度升高 t_2，外侧温度升高 t_1，使结构产生变形，如图中虚线所示，这是实际的位移状态。为了求结构上任一点 C 的竖向线位移，需建立虚设状态，即在所求的 C 点和所求方向上加单位力 $F_i = 1$，如图 10-25b 所示。由前面第四节中式（a），得

$$1 \times \Delta_{it} = \sum \int \overline{M_i}\,\mathrm{d}\varphi + \sum \int \overline{F}_{\mathrm{N}i}\,\mathrm{d}u + \sum \int \overline{F}_{\mathrm{S}i}\gamma\,\mathrm{d}s$$

这里由于变形的外界因素为温度变化，所以把公式中所求位移的下标加一 t，

即以 Δ_{it} 来表示；$d\varphi$、du、γds 分别表示由于温度变化而使杆件中微段 ds 产生的弯曲变形、轴向变形及剪切变形。在杆系结构中由于温度改变只产生弯曲变形和轴向变形，不产生剪切变形，即

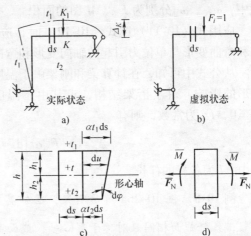

图 10-25

$$\gamma ds = 0$$

所以上式变为

$$\Delta_{it} = \sum \int \overline{F}_{Ni} du + \sum \int \overline{M}_i d\varphi \tag{10-10}$$

下面进一步讨论位移状态中微段 ds 的 $d\varphi$、du 的具体表达式。

图 10-25c 表示由结构任意一根杆件中取出的一微段 ds，截面高度为 h，形心轴线距上、下边的距离各为 h_1 及 h_2，材料的线膨胀系数为 α，杆件截面上、下边温度升高分别为 t_1 及 t_2，假定中间温度沿截面高度按直线变化，则有

$$du = \frac{\alpha t_2 ds h_1}{h} + \frac{\alpha t_1 ds h_2}{h} = \alpha \frac{h_1 t_2 + h_2 t_1}{h} ds$$

$$d\varphi = \frac{\alpha t_1 ds - \alpha t_2 ds}{h} = \frac{\alpha(t_1 - t_2) ds}{h}$$

设 $t' = t_1 - t_2$ 表示杆件截面两侧的温度差；$t = \dfrac{h_1 t_2 + h_2 t_1}{h}$ 表示形心轴线处的温度变化，当杆件截面对称于形心轴时（即 $h_1 = h_2$ 时），$t = \dfrac{t_1 + t_2}{2}$。则有

$$du = \alpha t ds, \quad d\varphi = \frac{\alpha t' ds}{h}$$

将 $d\varphi$ 及 du 代入公式（10-10），得

$$\Delta_{it} = \sum \int \overline{F}_{Ni} \alpha t ds + \sum \int \overline{M}_i \frac{\alpha t' ds}{h} \tag{10-11}$$

式（10-11）为静定结构由于温度变化所引起的位移计算公式，当沿杆件轴线 α、h、t 及 t' 为常数时，则有

$$\Delta_{it} = \sum \alpha t \int \overline{F}_{Ni} ds + \sum \frac{\alpha t'}{h} \int \overline{M}_i ds$$

即

$$\Delta_{it} = \sum \alpha t \omega_{\overline{F}_N} + \sum \frac{\alpha t'}{h} \omega_{\overline{M}} \tag{10-12}$$

式中，$\omega_{\overline{F}_N}$、$\omega_{\overline{M}}$分别为$\overline{F}_{Ni}$、$\overline{M}_i$图的面积。

应用式（10-11）或式（10-12）时，应注意正负号。若温度引起的轴向变形和弯曲变形与单位力引起的轴向变形和弯曲变形方向一致时取正；反之取负。

从公式中可知，在计算梁和刚架由于温度变化引起的位移时，不能略去轴向变形的影响。对于桁架结构，求其由于温度变化引起的位移时，因为各杆的$\overline{M}_i = 0$，$\overline{F}_{Ni}$为常数，则有

$$\Delta_{it} = \sum \overline{F}_{Ni}\alpha t \int \mathrm{d}s = \sum \alpha t \overline{F}_{Ni} l \tag{10-13}$$

式中，l为各杆的杆长。

例10-8 图10-26a所示刚架，已知其外侧温度升高$10℃$，内侧温度升高$20℃$，各杆截面相同且对称于形心轴，截面高$h = \dfrac{l}{10}$，线膨胀系数为α，求刚架C点的水平位移。

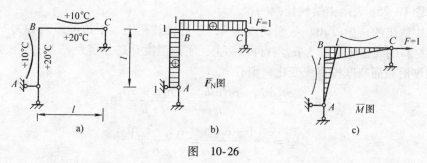

图 10-26

解：在C点加一水平单位力作为虚设力状态，绘出单位轴力图和单位弯矩图，如图10-26b、c所示。

$$t = \left|\frac{t_1 + t_2}{2}\right| = \frac{10℃ + 20℃}{2} = 15℃（伸长）$$

$$\Delta t = |t_1 - t_2| = |10℃ - 20℃| = 10℃（内侧受拉）$$

$$\sum \omega_{\overline{F}_N} = 2(1 \times l) = 2l（伸长）$$

$$\sum \omega_{\overline{M}} = 2\left(\frac{1}{2}l \times l\right) = l^2$$

$$\Delta_C^H = \sum \alpha t \omega_{\overline{F}_N} + \sum \alpha \frac{\Delta t}{h}\omega_{\overline{M}} = \alpha \times 15 \times 2l + \alpha \times \frac{10}{h} \times l^2 = 130\alpha l（\rightarrow）$$

计算结果为正，表示和虚设单位力方向一致。

第七节 线弹性体系的互等定理

本节将应用变形体的虚功原理导出线弹性体系中的四个互等定理：即功的互

等定理、位移互等定理、约束力互等定理及约束力与位移互等定理。其中，功的互等定理是最基本的，其他三个互等定理均是功的互等定理的特殊情况。下面分别叙述四个互等定理。

一、功的互等定理

图 10-27a、b 所示是同一线弹性结构，分别作用两组荷载 F_1、F_2 而处在两种不同状态。为讨论问题方便起见，图 10-27a 称为第一状态，其内力及微段 ds 的变形分别以 M_1、F_{N1}、F_{S1} 及 $d\varphi_1$、du_1、$\gamma_1 ds$ 表示；图 10-27b 称为第二状态，其内力及微段 ds 的变形分别以 M_2、F_{N2}、F_{S2} 及 $d\varphi_2$、du_2、$\gamma_2 ds$ 表示。

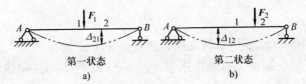

第一状态
a)

第二状态
b)

图 10-27

根据变形体的虚功原理，将第二状态的位移视为第一状态的可能位移（虚位移），则由式（10-5），得

$$T_{12} = U_{12}$$

即

$$F_1 \Delta_{12} = \sum \int M_1 \frac{M_2 ds}{EI} + \sum \int F_{N1} \frac{F_{N2} ds}{EA} + \sum \int F_{S1} \frac{\mu F_{S2} ds}{GA} \tag{a}$$

反过来，将第一状态的位移视为第二状态的可能位移（虚位移），同理，则有 $T_{21} = U_{21}$。即

$$F_2 \Delta_{21} = \sum \int M_2 \frac{M_1 ds}{EI} + \sum \int F_{N2} \frac{F_{N1} ds}{EA} + \sum \int F_{S2} \frac{\mu F_{S1} ds}{GA} \tag{b}$$

比较式（a）和式（b），公式的右边完全相等，则得 $F_1 \Delta_{12} = F_2 \Delta_{21}$，即

$$T_{12} = T_{21} \tag{10-14}$$

式（10-14）称为功的互等定理，可叙述如下：第一状态的外力在第二状态的位移上所做的虚功，等于第二状态的外力在第一状态的位移上所做的虚功。

二、位移互等定理

应用上述功的互等定理，我们来研究图 10-28a、b 所示的特殊情况，即在同一结构的两种受力状态中，都只承受一个单位力 $F_1 = F_2 = 1$。以 δ_{12} 及 δ_{21} 分别表示与单位力 F_1 及 F_2 相应的位移，如图中所示。由功的互等定理可得

$$F_1 \delta_{12} = F_2 \delta_{21}$$

因为

$$F_1 = F_2 = 1$$

则有

$$\delta_{12} = \delta_{21} \tag{10-15}$$

式（10-15）称为位移互等定理，即在第一个单位力的作用点和方向上，由于第二个单位力的作用所引起的位移，等于在第二个单位力的作用点和方向上，由于第一个单位力的作用所引起的位移。

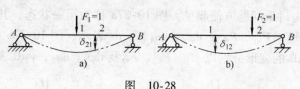

图　10-28

又如，图10-29a、b所示简支梁，当在跨中 1 点处作用 $F = 1$，在 2 点产生角位移 φ_{21}，在同一结构 2 点处作用 $M = 1$，在 1 点产生的竖向线位移 δ_{12}，可由位移互等定理得

$$\delta_{12} = \varphi_{21}$$

此例中虽然 δ_{12} 代表线位移，而 φ_{21} 代表角位移，它们含义不同，但二者在数值上是相等的。

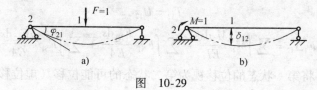

图　10-29

三、约束力互等定理

此定理也是功的互等定理的一个特殊情况，并且只适用于超静定结构。图10-30a、b 所示是同一结构，处在两个不同的状态。图10-30a 中支座 1 发生单位位移，即 $\Delta_1 = 1$，在支座 2 引起的支座反力以 r_{21} 表示。图10-30b 中是支座 2 发生单位位移，即 $\Delta_2 = 1$，在支座 1 引起的支座反力以 r_{12} 表示。

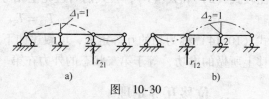

图 10-30

由功的互等定理可得

$$r_{21}\Delta_2 = r_{12}\Delta_1$$

因为 $\Delta_1 = \Delta_2 = 1$，故

$$r_{12} = r_{21} \tag{10-16}$$

式（10-16）称为约束力互等定理，即支座 1 发生单位位移，在支座 2 处引起的约束力，等于支座 2 发生单位位移，在支座 1 处引起的约束力。

这一定理对结构上任何两个支座都适用，但应注意约束力与位移在做功的关系上应相适应，力对应于线位移，力偶对应于角位移。

图 10-31a、b 中所示，表示约束力互等的一个例子。应用上述定理可知约束力偶 r_{12} 与约束力 r_{21} 相等，虽然它们一个代表力偶，一个代表力，二者含义不同，但在数值上是相等的。

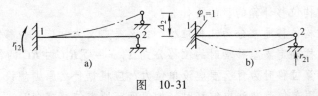

图　10-31

四、约束力与位移互等定理

此定理也是功的互等定理的一个特殊情况，也只适用于超静定结构。说明一种状态中的反力与另一种状态中的位移具有互等关系。

图 10-32a、b 所示是同一结构，处在两个不同的状态。图 10-32a 中在 1 点作用一单位力 $F_1 = 1$；图 10-32b 中在支座 2 处发生单位位移 $\Delta_2 = 1$。由功的互等定理可得：

$$F_1 \delta_{12} + r_{21} \Delta_2 = 0$$

因为 $F_1 = \Delta_2 = 1$，则有

$$r_{21} = -\delta_{12} \tag{10-17}$$

式（10-17）称为约束力与位移互等定理。即由于单位力作用引起结构某一支座反力，等于该支座发生单位位移在单位力的作用点和方向上所引起的位移，但正负号相反。

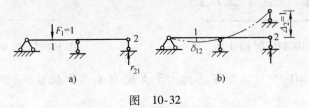

图　10-32

图 10-33a、b 所示就是约束力与位移互等的例子。图 10-33a 表示单位荷载 $F_2 = 1$ 作用于点 2 时支座 1 处的约束力偶为 r_{12}，其方向如图 10-33a 中所示。图 10-33b 表示当支座 1 顺着 r_{12} 的方向发生一单位转角 $\varphi_1 = 1$ 时，在点 2 处沿 F_2 方向的位移为 δ_{21}。则由公式（10-17）得

$$r_{12} = -\delta_{21}$$

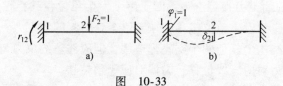

图 10-33

思 考 题

10-1 结构位移计算的目的是什么？

10-2 结构位移通常分为几种位移？什么是广义力和广义位移？

10-3 怎样确定支座移动时的位移公式 $\Delta_{iC} = -\sum \overline{R}_i C$ 中 $\overline{R}C$ 的符号？

10-4 计算位移时为什么要虚设单位力？应根据什么原则虚设单位力？

10-5 应用单位荷载法求位移时，如何确定所求位移方向？

10-6 图乘法的应用条件及注意点是什么？正负号如何确定？

10-7 在计算温度变化引起的位移时，如何确定位移的正负号？

练 习 题

10-1 图 10-34 所示三铰刚架支座 B 发生水平位移 c_H，试求由此引起刚架 D 点的水平位移 Δ_D^H 和铰 C 的竖向位移 Δ_C^V。

10-2 图 10-35 所示刚架支座 D 下沉 b。试求 C 点的水平位移。

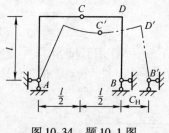

图 10-34 题 10-1 图

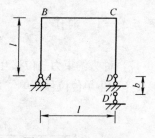

图 10-35 题 10-2 图

10-3 图 10-36 所示桁架结构由于支座 B 有竖向位移 b，试求杆 BC 的转角 φ_{BC}。

10-4 试用积分法求图 10-37 所示各悬臂梁 B 端的竖向位移。梁的 EI 为常数。

10-5 试用积分法计算图 10-38 所示悬臂刚架 C 端竖向位移，刚架各杆 EI 为常数。

10-6 用图乘法求图 10-39 所示各结构指定截面处的位移，EI 为常数。

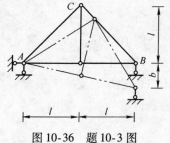

图 10-36 题 10-3 图

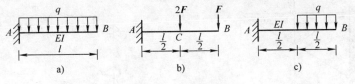

图 10-37 题 10-4 图

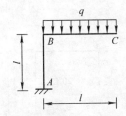

图 10-38 题 10-5 图

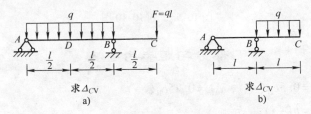

图 10-39 题 10-6 图

10-7 图 10-40 所示刚架，试用图乘法计算图示各结构指定截面的位移，刚架各杆 EI 为常数。

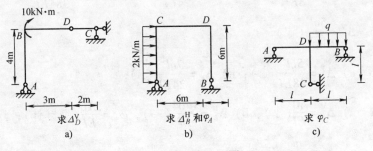

图 10-40 题 10-7 图

10-8 求图 10-41 所示桁架 1 点的竖向位移，各杆 EA 相等。

10-9 求图 10-42 所示组合结构 D 截面的竖向位移。梁的抗弯刚度为 EI，杆的抗拉（压）刚度为 EA。

10-10 图 10-43 所示刚架各杆的温度改变如图所示，试求 B 点的水平线位移。已知各杆的截面对称于形心轴，截面高度 $h = 0.4\text{m}$，材料的线膨胀系数为 α。

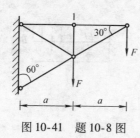

图 10-41　题 10-8 图

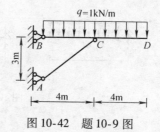

图 10-42　题 10-9 图

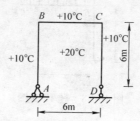

图 10-43　题 10-10 图

部分习题参考答案

10-1　$\Delta_D^H = 0.5c_H(\rightarrow)$，$\Delta_C^V = 0.25c_H(\rightarrow)$

10-2　$\Delta_C^H = b(\rightarrow)$

10-3　$\varphi_{BC} = \dfrac{b}{2l}$（顺时针）

10-4　a) $\Delta_B^V = \dfrac{ql^4}{8EI}(\downarrow)$；b) $\Delta_B^V = \dfrac{13ql^3}{24EI}(\downarrow)$；c) $\Delta_B^V = \dfrac{41ql^3}{384EI}(\downarrow)$

10-5　$\Delta_C^V = \dfrac{5ql^4}{8EI}(\downarrow)$

10-6　a) $\Delta_C^V = \dfrac{5ql^4}{48EI}(\downarrow)$；b) $\Delta_C^V = \dfrac{7ql^4}{24EI}(\downarrow)$

10-7　a) $\Delta_D^V = \dfrac{40}{EI}(\downarrow)$；b) $\Delta_B^H = \dfrac{1404}{EI}(\rightarrow)$，$\varphi_A = \dfrac{216}{EI}$（顺时针）；

　　　c) $\varphi_C = \dfrac{ql^3}{48EI}$（顺时针）

10-8　$\Delta_1 = \dfrac{4Fa}{EA}(\downarrow)$

10-9　$\Delta_D^V = \dfrac{2000}{9EA} + \dfrac{16}{EI}(\downarrow)$

10-10　$\Delta_B^H = 900\alpha(\rightarrow)$

第十一章　力法计算超静定结构

第一节　超静定结构概述

在前面，我们研究了静定结构，静定结构是几何不变且没有多余约束，它的支座反力和内力全部可用静力平衡条件求出。但在实际建筑工程中，应用更多的为超静定结构，它也是几何不变的，但有多余约束，其支座反力和内力仅用静力平衡条件不能全部求出。如图11-1a所示的连续梁，从结构的几何组成来看，它是几何不变的，且有多余约束。所谓多余约束并不是说这些约束对结构的组成不重要，而是相对于静定结构而言，这些约束是多余的。产生在多余约束中的力称为多余未知力，若把支座 B 链杆看作为多余约束，则其多余未知力就是 F_B（图11-1b）。也可把支座 C 链杆看作为多余约束，则其多余未知力就是 F_C（图11-1c）。从静力特征方面来分析，显然此连续梁中所有约束力不能用静力平衡条件全部确定，因此，也就不能进一步求出其内力，而必须考虑结构的位移条件。

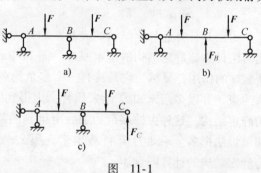

图　11-1

常见的超静定结构类型有超静定梁（图11-2）、超静定刚架（图11-3）、超静定桁架（图11-4）、超静定拱（图11-5）、超静定组合结构（图11-6）。

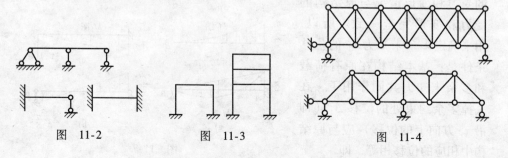

图　11-2　　　　　图　11-3　　　　　图　11-4

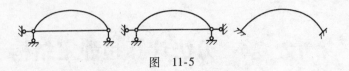

图　11-5

超静定结构的计算方法很多，但归纳起来基本上可以分为两类：一类是以多余未知力为未知数的力法；另一类是以结点位

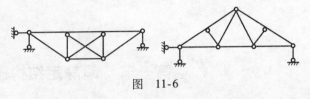

图　11-6

移为未知数的位移法。其他的计算方法大多是从这两种基本方法演变而来的。

第二节　力法的基本原理

力法是计算超静定结构的最基本的方法之一。现在以一个简单的例子来说明用力法计算超静定结构的基本原理。图 11-7a 所示为一根单跨的超静定梁，有外荷载 q 的作用，显然，它是具有一个多余约束的超静定结构。若去掉支座 B 的多余约束，并以多余未知力 x_1 来代替，则得到图 11-7b 所示在 q 与 x_1 共同作用下的静定结构。这种去掉多余约束后所得到的静定结构，称为原结构的基本结构。如果设法把多余未知力 x_1 计算出来，那么，原来超静定结构的计算问题就可化为静定结构的计算问题。

由此可知，计算超静定结构的关键就在于求出多余未知力。为此，我们来分析原结构和基本结构的变化情况。原结构在支座 B 处是没有竖向位移的，而基本结构在外荷载 q 和多余未知力 x_1 的共同作用下，在 B 处的竖向位移也必须等于零，才能使基本结构的受力和变形情况与原结构的受力和变形完全一致。所以，用来确定多余未知力 x_1 的位移条件是：基本结构在原有荷载和多余未知力共同作用下，在去掉多余约束处的位移 Δ_1（即沿 x_1 方向上的位移）应与原结构中相应的位移相等，即

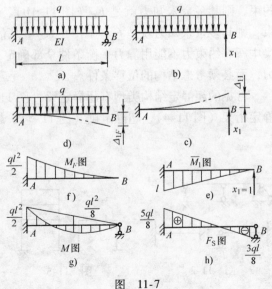

图　11-7

$$\Delta_1 = 0$$

如图 11-7c、d 所示，以 Δ_{11} 和 Δ_{1F} 分别表示多余未知力 x_1 和荷载 q 单独作用在基本结构上 B 点处沿 x_1 方向的位移。其符号都以沿假定的 x_1 方向为正，根据叠加原理，得

$$\Delta_1 = \Delta_{11} + \Delta_{1F} = 0$$

基本结构在未知力 x_1 单独作用下沿 x_1 方向的位移 Δ_{11} 与 x_1 成正比，则有

$$\Delta_{11} = \delta_{11} x_1$$

式中，δ_{11} 是在单位力 $x_1 = 1$ 单独作用下，基本结构 B 点沿 x_1 方向产生的位移。因此，可以把上面的位移条件表达式改写为

$$\delta_{11} x_1 + \Delta_{1F} = 0 \qquad\qquad (a)$$

即

$$x_1 = -\frac{\Delta_{1F}}{\delta_{11}} \qquad\qquad (b)$$

式（a）就是根据实际的位移条件，得到求解 x_1 的补充方程，或称为力法方程。δ_{11} 和 Δ_{1F} 为静定结构在已知力作用下的位移，因此，多余未知力 x_1 的大小和方向即可确定。如果求得的多余未知力 x_1 为正值，说明多余未知力 x_1 的实际方向与原来假设的方向相同；如果是负值，则其实际方向与假设的方向相反。

为了计算位移 δ_{11} 和 Δ_{1F}。可分别绘出在 $x_1 = 1$ 和荷载 q 作用下的弯矩图 $\overline{M}_1$ 和 M_F，如图 11-7e、f 所示。计算 δ_{11} 时利用 $\overline{M}_1$ 图自乘，得

$$\delta_{11} = \int \frac{\overline{M}_1^2}{EI} ds = \frac{1}{EI} \times \frac{1}{2} l^2 \times \frac{2}{3} l = \frac{l^3}{3EI}$$

计算 Δ_{1F} 时由 $\overline{M}_1$ 图与 M_F 图相乘，得

$$\Delta_{1F} = \int \frac{\overline{M}_1 M_F}{EI} ds = -\frac{1}{EI} \times \frac{1}{3} l \times \frac{ql^2}{2} \times \frac{3}{4} l = -\frac{ql^4}{8EI}$$

将所求得的 δ_{11} 和 Δ_{1F} 代入式（b），即可求得多余未知力 x_1 为

$$x_1 = -\frac{\Delta_{1F}}{\delta_{11}} = \frac{ql^4}{8EI} \times \frac{3EI}{l^3} = \frac{3ql}{8} (\uparrow)$$

求得多余未知力 x_1 后，将 x_1 和荷载 q 共同作用在基本结构上。利用静力平衡条件就可以计算出原结构的约束力和内力，并作最后弯矩图和剪力图，如图 11-7g、h 所示。

原结构上任一截面处的弯矩 M 也可根据叠加原理，按下列公式计算，即

$$M = \overline{M}_1 x_1 + M_F$$

A 截面的弯矩为

$$M_{AB} = l \times \frac{3ql}{8} - \frac{ql^2}{2} = -\frac{ql^2}{8} (上边受拉)$$

按照前面分析计算超静定结构的内力，其基本思路是：①解除多余约束而得到基本结构。②根据基本结构与原结构具有相同的受力和变形状态的位移条件，建立补充方程。③解方程求出多余未知力，最后利用平衡条件或叠加原理，求内力并绘制内力图。这样就把超静定结构内力和位移计算的问题，化为静定结构内力和位移计算的问题，这种方法称为力法。

例 11-1   用力法求图 11-8a 所示结构的内力图。

解：（1）选取基本结构，如图 11-8b 所示。

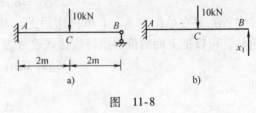

图   11-8

（2）由位移条件补充方程：

$$\delta_{11}x_1 + \Delta_{1F} = 0$$

（3）作基本结构的 M_F 图和 $\overline{M_1}$ 图如图 11-9a、b 所示，求系数 δ_{11} 和 Δ_{1F} 并解方程：

$$\delta_{11} = \frac{1}{EI} \times \frac{1}{2} \times 4 \times 4 \times \frac{2}{3} \times 4 = \frac{64}{3EI}$$

$$\Delta_{1F} = -\frac{1}{EI} \times \frac{1}{2} \times 20 \times 2 \times \frac{5}{6} \times 4 = -\frac{200}{3EI}$$

$$x_1 = -\frac{\Delta_{1F}}{\delta_{11}} = 3.125\text{kN}$$

（4）利用叠加原理 $M = \overline{M_1}x_1 + M_F$ 作结构弯矩图，如图 11-9c 所示。

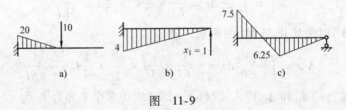

图   11-9

第三节   力法的基本结构和超静定次数

用力法求解超静定结构时，首先要把原来超静定结构中多余约束去掉，使其变为静定结构。去掉多余约束后所得到的静定结构，称为原结构的基本结构。一个超静定结构有多少个多余约束，相应地便有多少个多余未知力，而多余约束或多余未知力的数目，称为该超静定结构的超静定次数。

在一个超静定结构中，哪些约束为多余约束是没有唯一规定的，只要该约束去掉后，对结构的几何不变性并无影响，则该约束就可认为是多余的。也就是说，一个超静定结构，去掉多余约束的方式可以是多种多样的。那么，相应地所得到的基本结构可能有不同的形式，但必须是几何不变的，且是静结构。若去掉约束后所得体系，一部分为可变体系，而另一部分仍有多余约束，则是不能选取的。

图 11-10a 所示为两跨连续梁，具有 1 个多余约束，即为 1 次超静定结构。去掉一个竖向支杆后，以 x_1 为多余未知力来代替，得到原结构的基本结构分别为图 11-10b、c 所示。同样，在两跨连续梁上 B 处切开，加入铰后并以 x_1 的多余未知力来代替，所得到的基本结构为两跨静定梁，如图 11-10d 所示。如果我们在 A 点去掉水平支杆约束，则所得体系为几何可变，如图 11-10e 所示，则不可以作为原结构的基本结构。

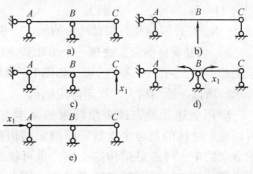

图 11-10

确定结构的超静定次数，一般是采用切断（去掉）多余约束的方法。而切断（或去掉）多余约束的方式通常有以下几种：

1）切断一根链杆，等于去掉一个约束。如图 11-11a 所示组合结构，若切断中间 CD 链杆，以 x_1 表示该杆的轴力，则原结构变成一个静定的基本结构，如图 11-11b 所示。所以，原结构为一次超静定结构。

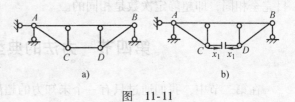

图　11-11

2）切断一个单铰，等于去掉两个约束。如图 11-12a 所示刚架，将单铰 C 切断，得图 11-12b所示基本结构。相当于去掉 C 铰处两侧截面的水平方向相对约束和竖直方向的相对约束，分别以成对的 x_1 和 x_2 表示，所以原结构为两次超静定结构。

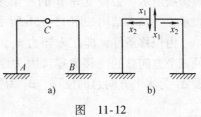

图　11-12

3）切断一根受弯杆件，等于去掉三个约束。如图 11-13a 所示，在原结构（图 11-13a）横梁中点 C 处切断，就相当于去掉切口 C 处两侧截面相对水平、竖向和转角的约束，相应地以 x_1、x_2、x_3 表示，如图 11-13b 所示。所以，原结构为三次超静定结构。

4）切断受弯杆后加入一个铰，或将固定支座改为固定铰支座，等于去掉一个约束。如图 11-13a 结构，若将横梁的中点和 A、B 两固定支座改为铰接后，其基本结构如图 11-13c 所示，则分别去

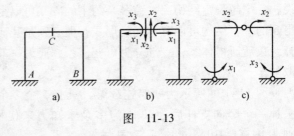

图　11-13

掉 A、B、C 处两侧截面相对转角的约束，相应地以 x_1、x_2、x_3 表示。

5）切断支座约束，去掉一个可动铰支座、固定铰支座、固定支座，分别等于去掉一个、两个、三个约束，如图 11-14a、b 所示。所以，原结构为六次超静定结构。

应用上述几种去掉多余约束的基本方式，可以确定结构的超静定次数。超静定结构存在的多余约束，可能是结构的支座，也可能是结构内部的杆件，还可能是两者兼有。因此，在选择基本结构时，就必须全面考虑。

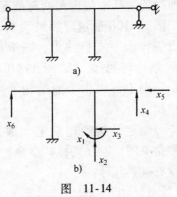

图　11-14

如上所述，对于同一个超静定结构，可采用多种不同方式去掉多余约束，相应地可得到不同的基本结构，但是，所去掉多余约束的数目完全相同，即超静定次数是相同的。

第四节　力法的典型方程

在第二节中，我们通过只有一个未知力的超静定结构的计算，初步了解了力法的基本原理和计算步骤。下面通过一个三次超静定的刚架来说明如何建立力法方程。图 11-15a 所示为三次超静定结构，在荷载作用下结构产生变形如图中双点画线所示。去掉支座 B 的三个多余约束，并相应地用三个未知力 x_1、x_2、x_3 表示，其基本结构如图 11-15b 所示。

由位移条件，即在未知力 x_1、x_2、x_3 和外荷载共同作用下，基本结构在 B 处三个方向总的位移为零。因为原结构在固定支座 B 处三个方向均没有位移，设 Δ_1 为水平方向总的位移、Δ_2 为竖向总的位移、Δ_3 为总的角位移，得

$$\begin{cases} \Delta_1 = 0 \\ \Delta_2 = 0 \\ \Delta_3 = 0 \end{cases} \tag{a}$$

式（a）就是建立力法方程的位移条件。

　　为了利用叠加原理进行计算，将图 11-15b 分解为图 11-15c、d、e、f 四种情况，分别表示在外荷载 q、x_1、x_2、x_3 单独作用下的受力和变形，为了便于列出力法方程，在各位移符号右下角加两个下标，第一个下标表示产生位移的地点和方向；第二个下标表示产生位移的原因。

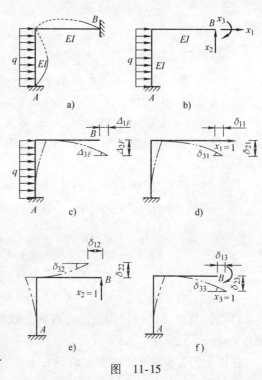

图　11-15

　　在图 11-15c 中，当外荷载作用时，B 点沿 x_1、x_2 和 x_3 方向的位移分别用 Δ_{1F}、Δ_{2F} 和 Δ_{3F} 表示；在图 11-15d 中，当 $x_1 = 1$ 时，B 点沿 x_1、x_2 和 x_3 方向的位移分别用 δ_{11}、δ_{21} 和 δ_{31} 表示；在图 11-15e中，当 $x_2 = 1$ 时，B 点沿 x_1、x_2 和 x_3 方向的位移分别用 δ_{12}、δ_{22} 和 δ_{32} 表示；在图 11-15f 中，当 $x_3 = 1$ 时，B 点沿 x_1、x_2 和 x_3 方向的位移分别用 δ_{13}、δ_{23} 和 δ_{33} 表示。则 x_1、x_2 和 x_3 三个方向上总的位移的表达式分别为

$$\begin{cases} \Delta_1 = \delta_{11}x_1 + \delta_{12}x_2 + \delta_{13}x_3 + \Delta_{1F} \\ \Delta_2 = \delta_{21}x_1 + \delta_{22}x_2 + \delta_{23}x_3 + \Delta_{2F} \\ \Delta_3 = \delta_{31}x_1 + \delta_{32}x_2 + \delta_{33}x_3 + \Delta_{3F} \end{cases} \tag{b}$$

将式 (b) 代入式 (a)，则有

$$\begin{cases} \delta_{11}x_1 + \delta_{12}x_2 + \delta_{13}x_3 + \Delta_{1F} = 0 \\ \delta_{21}x_1 + \delta_{22}x_2 + \delta_{23}x_3 + \Delta_{2F} = 0 \\ \delta_{31}x_1 + \delta_{32}x_2 + \delta_{33}x_3 + \Delta_{3F} = 0 \end{cases} \tag{11-1}$$

　　式 (11-1) 就是为求解多余未知力 x_1、x_2 和 x_3 所需要建立的力法方程。其物理意义是：在基本结构中，由于全部多余未知力和已知荷载作用，在去掉多余约束处位移与原结构中相应的位移相等。

　　对于 n 次超静定的结构，它具有 n 个多余未知力，相应地也就有 n 个已知的位移条件。用以上同样的分析方法，根据这 n 个已知位移条件，可以建立 n 个力法方程：

$$
\begin{cases}
\Delta_1 = \delta_{11}x_1 + \delta_{12}x_2 + \cdots + \delta_{1i}x_i + \cdots + \delta_{1n}x_n + \Delta_{1F} \\
\Delta_2 = \delta_{21}x_1 + \delta_{22}x_2 + \cdots + \delta_{2i}x_i + \cdots + \delta_{2n}x_n + \Delta_{2F} \\
\qquad\qquad\qquad\qquad \vdots \\
\Delta_i = \delta_{i1}x_1 + \delta_{i2}x_2 + \cdots + \delta_{ii}x_i + \cdots + \delta_{in}x_n + \Delta_{iF} \\
\qquad\qquad\qquad\qquad \vdots \\
\Delta_n = \delta_{n1}x_1 + \delta_{n2}x_2 + \cdots + \delta_{ni}x_i + \cdots + \delta_{nn}x_n + \Delta_{nF}
\end{cases}
\tag{11-2}
$$

当 n 个已知位移条件都等于零时，即 $\Delta_i = 0$（$i = 1$，2，3，$\cdots$，n）时，则式（11-2）为

$$
\begin{cases}
\delta_{11}x_1 + \delta_{12}x_2 + \cdots + \delta_{1i}x_i + \cdots + \delta_{1n}x_n + \Delta_{1F} = 0 \\
\delta_{21}x_1 + \delta_{22}x_2 + \cdots + \delta_{2i}x_i + \cdots + \delta_{2n}x_n + \Delta_{2F} = 0 \\
\qquad\qquad\qquad \vdots \\
\delta_{i1}x_1 + \delta_{i2}x_2 + \cdots + \delta_{ii}x_i + \cdots + \delta_{in}x_n + \Delta_{iF} = 0 \\
\qquad\qquad\qquad \vdots \\
\delta_{n1}x_1 + \delta_{n2}x_2 + \cdots + \delta_{ni}x_i + \cdots + \delta_{nn}x_n + \Delta_{nF} = 0
\end{cases}
\tag{11-3}
$$

式（11-2）及式（11-3）为力法方程的一般形式。解此方程组，可求出多余未知力 x_i（$i = 1$，2，$\cdots$，n）。

在以上的方程组中，由左上角到右下角（不包括最后一项）所引的对角线称为主对角线。在主对角线上的系数 δ_{11}、δ_{22}、$\cdots$、δ_{ii}、$\cdots$、δ_{nn} 称为主系数，主系数 δ_{ii} 均为正值，而且永不为零。在主对角线两侧的系数 δ_{ik}（$i \neq k$）称为副系数，其值可正、可负，也可为零，且根据位移互等定理，有

$$
\delta_{ik} = \delta_{ki} \tag{c}
$$

式（11-1）~式（11-3）中最后一项 Δ_{iF} 称为自由项（或称为荷载项）。

上述方程组具有一定的规律，且具有副系数互等的关系。因此，通常又称为力法的典型方程。对于梁和刚架，力法典型方程中各系数和自由项都可用图乘法求得，由下列公式（因为基本结构是静定结构，力法典型方程中各系数和自由项都可按第十章中求位移的方法求得）或图乘法进行计算：

$$
\begin{cases}
\delta_{ii} = \sum \int \dfrac{\overline{M_i}^2}{EI}\mathrm{d}s \\[2mm]
\delta_{ik} = \sum \int \dfrac{\overline{M_i}\ \overline{M_k}}{EI}\mathrm{d}s \\[2mm]
\Delta_{iF} = \sum \int \dfrac{\overline{M_i}\ \overline{M_F}}{EI}\mathrm{d}s
\end{cases}
\tag{d}
$$

式中，$\overline{M_i}$、$\overline{M_k}$ 分别代表 $x_i = 1$ 及 $x_k = 1$ 在基本结构中所产生的弯矩；M_F 则表示外荷载作用在基本结构中所产生的弯矩。

由力法典型方程解出多余未知力 x_i （$i = 1$，2，$\cdots$，n）后，就可用平衡条件求原结构的约束力和内力，或按下述叠加公式求任一截面的弯矩。

$$M = \overline{M_1}x_1 + \overline{M_2}x_2 + \cdots + \overline{M_n}x_n + M_F$$

求出弯矩后，再由平衡条件求其剪力和轴力。

例 11-2　求图 11-16a 所示刚架的弯矩图。

解：（1）取基本结构

取基本结构如图 11-16b 所示。基本未知力为 x_1、x_2。

（2）补充力法方程

基本结构应满足点 B 既无水平位移又无竖向位移的变形条件，力法方程为

$$\begin{cases} \delta_{11}x_1 + \delta_{12}x_2 + \Delta_{1F} = 0 \\ \delta_{21}x_1 + \delta_{22}x_2 + \Delta_{2F} = 0 \end{cases}$$

（3）计算系数和自由项

为计算主、副系数及自由项，作 $\overline{M_1}$ 图、$\overline{M_2}$ 图及 $\overline{M_F}$ 图，如图 11-16c、d、e 所示，由图乘法分别求系数 δ_{11}、δ_{22}、δ_{12}、Δ_{1F}、Δ_{2F}。

δ_{11} 为 $\overline{M_1}$ 图自乘：$\delta_{11} = \dfrac{1}{EI}\left(\dfrac{1}{2} \times 4 \times 4 \times \dfrac{2}{3} \times 4 \times 2 + 4 \times 4 \times 4 \right) = \dfrac{320}{3EI}$

δ_{12} 为 $\overline{M_1}$ 图与 $\overline{M_2}$ 图相乘：$\delta_{12} = \delta_{21} = \dfrac{1}{EI} \times \dfrac{1}{2} \times 4 \times 4 \times 4 \times 2 = \dfrac{64}{EI}$

δ_{22} 为 $\overline{M_2}$ 图自乘：$\delta_{22} = \dfrac{1}{EI}\left(4 \times 4 \times 4 + \dfrac{1}{2} \times 4 \times 4 \times \dfrac{2}{3} \times 4 \right) = \dfrac{256}{3EI}$

Δ_{1F} 为 $\overline{M_1}$ 图与 M_F 图相乘：$\Delta_{1F} = \dfrac{1}{EI} \times \dfrac{1}{2} \times 40 \times 4 \times \dfrac{1}{3} \times 4 = \dfrac{320}{3EI}$

Δ_{2F} 为 $\overline{M_2}$ 图与 M_F 图相乘：$\Delta_{2F} = \dfrac{1}{EI} \times \dfrac{1}{2} \times 40 \times 4 \times 4 = \dfrac{320}{EI}$

（4）将各项系数代入力法方程，并将方程两边各乘以 $\dfrac{3EI}{64}$，有

$$\begin{cases} 5x_1 + 3x_2 + 5 = 0 \\ 3x_1 + 4x_2 + 15 = 0 \end{cases}$$

解方程得

$$x_1 = \frac{25}{11}, \ x_2 = -\frac{60}{11}$$

（5）作内力图

弯矩图由叠加法得到 $M = \overline{M_1}x_1 + \overline{M_2}x_2 + M_F$，如图 11-16f 所示。剪力图和轴力图可以研究基本结构，按静定结构绘制内力图的方法得到，如图 11-16g、h 所示。

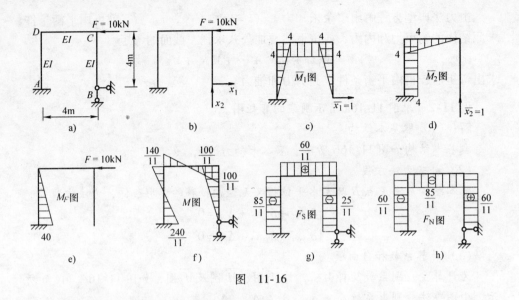

图 11-16

例 11-3 图 11-17a 所示桁架，已知桁架中各杆 EA 相同，求桁架中各杆的轴力。

解：（1）取静定基本结构，如图 11-17b 所示。

（2）由位移条件，补充力法方程：

$$\delta_{11}x_1 + \Delta_{1F} = 0$$

（3）计算系数和自由项

为计算系数 δ_{11} 及自由项 Δ_{1F}，计算静定结构在单位荷载及荷载 F 作用下各杆的轴力，如图 11-17c、d 所示，由位移计算公式得

$$\delta_{11} = \frac{1}{EA}\left[1^2 \times l + \left(-\frac{\sqrt{2}}{2}\right)^2 \times \sqrt{2}l \times 2\right] = \frac{(1+\sqrt{2})l}{EA}$$

$$\Delta_{1F} = \frac{1}{EA}\left(-\frac{\sqrt{2}}{2}\right) \times \sqrt{2}l \times \sqrt{2}F = -\frac{\sqrt{2}Fl}{EA}$$

解方程得

$$x_1 = -\frac{\Delta_{1F}}{\delta_{11}} = \frac{\sqrt{2}}{1+\sqrt{2}}F = 0.59F$$

（4）由叠加法 $F_N = \overline{F}_N x_1 + F_{NF}$ 得各杆的轴力如图 11-17e 所示。

综上所述，用力法计算超静定结构的基本步骤如下：

1）去掉原结构的多余约束，并以多余未知力代替相应的多余约束的作用。这样就把原结构变为在多余未知力和荷载（或其他因素）共同作用下的静定结构，即得到基本结构。在选取基本结构的形式时，应考虑到使计算工作尽可能简单。

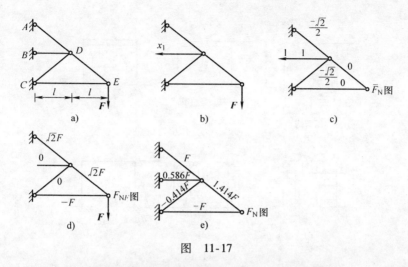

图　11-17

2）根据在原结构解除多余约束处的位移条件，建立力法的典型方程。

3）利用图形相乘法或位移计算的公式，求出各系数和自由项，并代入典型方程求出多余未知力。

4）按分析静定结构的方法，由平衡条件或叠加公式，算出各杆的内力，绘出最后的内力图。

第五节　对称性的利用

用力法解算超静定结构时，结构的超静定次数越高，多余未知力就越多，计算工作量也就越大。但在实际工程中，很多结构是对称的，利用结构的对称性，适当地选取基本结构，可使力法典型方程中尽可能多的副系数等于零，从而简化计算。

当结构的几何形状、支座情况、杆件的截面及弹性模量等均对称于某一几何轴线时，称此结构为对称结构。如图 11-18a 所示刚架为对称结构，选取图 11-18b 所示的基本结构，即在对称轴处切开，以多余未知力 x_1、x_2、x_3 来代替所去掉的三个多余约束。相应的单位力弯矩图和荷载弯矩图分别如图 11-18c、d、e、f 所示，其中，x_1 和 x_2 为对称未知力；x_3 为反对称的未知力。显然，$\overline{M_1}$ 图、$\overline{M_2}$ 图是对称图形；$\overline{M_3}$ 图是反对称图形，由图形相乘可知：

$$\delta_{13} = \delta_{31} = \sum \int \frac{\overline{M_1}\,\overline{M_3}}{EI}\mathrm{d}s = 0$$

$$\delta_{23} = \delta_{32} = \sum \int \frac{\overline{M_2}\,\overline{M_3}}{EI}\mathrm{d}s = 0$$

故力法典型方程简化为

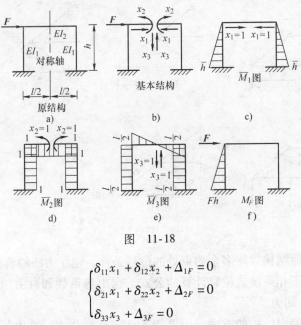

图 11-18

$$\begin{cases} \delta_{11}x_1 + \delta_{12}x_2 + \Delta_{1F} = 0 \\ \delta_{21}x_1 + \delta_{22}x_2 + \Delta_{2F} = 0 \\ \delta_{33}x_3 + \Delta_{3F} = 0 \end{cases}$$

由此可知，力法典型方程将分成两组：一组只包含对称的未知力，即 x_1 和 x_2；另一组只含反对称的未知力 x_3。

作用在对称结构上的一般荷载，都可以分为对称荷载和反对称荷载两组，如图 11-19 所示。则在荷载对称或反对称的情况下，计算还可进一步得到简化。

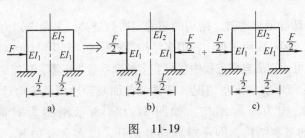

图 11-19

1）外荷载正对称时，使基本结构产生的弯矩图 M'_F 是正对称的，则得

$$\Delta_{3F} = \sum \int \frac{\overline{M_3}M'_F}{EI}ds = 0$$

从而得 $x_3 = 0$，只要计算对称多余未知力 x_1 和 x_2。即在对称荷载作用下，反对称未知力为零，结构只产生对称内力及变形。

2）外荷载反对称时，使基本结构产生的弯矩图 M''_F 是反对称的，则得

$$\Delta_{1F} = \sum \int \frac{\overline{M_1}M''_F}{EI}ds = 0$$

$$\Delta_{2F} = \sum \int \frac{\overline{M_2} M_F''}{EI} ds = 0$$

从而得 $x_1 = x_2 = 0$。

这时，只要计算反对称的多余未知力 x_3。即在反对称荷载作用下，对称未知力为零，结构只产生反对称内力及变形。

所以，在计算对称结构时，可直接利用上述结论，以使计算得到简化。下面举例来说明如何应用上述结论。

例 11-4　利用对称性计算图 11-20a 所示刚架的内力，各杆刚度均为 EI。

解：（1）此结构为正对称的 3 次超静定结构，取图 11-20b 所示基本结构，有 3 个多余未知力。x_1、x_2 为正对称未知力，x_3 为反对称未知力。由对称性知 $x_3 = 0$。

（2）由横梁 CD 中间切开处的位移条件，列出力法典型方程为

$$\begin{cases} \delta_{11} x_1 + \delta_{12} x_2 + \Delta_{1F} = 0 \\ \delta_{21} x_1 + \delta_{22} x_2 + \Delta_{2F} = 0 \end{cases}$$

（3）计算系数和自由项

为计算主、副系数及自由项，作 $\overline{M_1}$ 图、$\overline{M_2}$ 图及 M_F 图，如图 11-20c、d、e 所示，由图乘法分别求系数 δ_{11}、δ_{22}、δ_{12}、Δ_{1F}、Δ_{2F}。

δ_{11} 为 $\overline{M_1}$ 图自乘：$\delta_{11} = \dfrac{2}{EI}\left(\dfrac{1}{2} \times 5 \times 5 \times \dfrac{2}{3} \times 5\right) = \dfrac{250}{3EI}$

δ_{12} 为 $\overline{M_1}$ 图与 $\overline{M_2}$ 图相乘：$\delta_{12} = \delta_{21} = -\dfrac{2}{EI}\left(\dfrac{1}{2} \times 5 \times 5 \times 1\right) = -\dfrac{25}{EI}$

δ_{22} 为 $\overline{M_2}$ 图自乘：$\delta_{22} = \dfrac{1}{EI}(5 + 5 + 10) \times 1 \times 1 = \dfrac{20}{EI}$

Δ_{1F} 为 $\overline{M_1}$ 图与 M_F 图相乘：$\Delta_{1F} = \dfrac{2}{EI}\left(\dfrac{1}{2} \times 5 \times 5 \times 125\right) = \dfrac{3125}{EI}$

Δ_{2F} 为 $\overline{M_2}$ 图与 M_F 图相乘：$\Delta_{2F} = \dfrac{2}{EI}\left(5 \times 125 \times 1 + \dfrac{1}{3} \times 5 \times 125 \times 1\right) = -\dfrac{5000}{3EI}$

（4）将各项系数代入力法方程，并化简得

$$\begin{cases} 10x_1 - 3x_2 + 375 = 0 \\ -15x_1 + 12x_2 - 1000 = 0 \end{cases}$$

解方程得

$$x_1 = -20, \quad x_2 = 58.3$$

（5）作弯矩图

由叠加法得到 $M = \overline{M_1} x_1 + \overline{M_2} x_2 + M_F$，如图 11-20f 所示。

例 11-5　求图 11-21a 所示刚架的内力，各杆 EI 均相等。

解：（1）此结构为反对称的 2 次超静定结构，取图示基本结构如图 11-21b

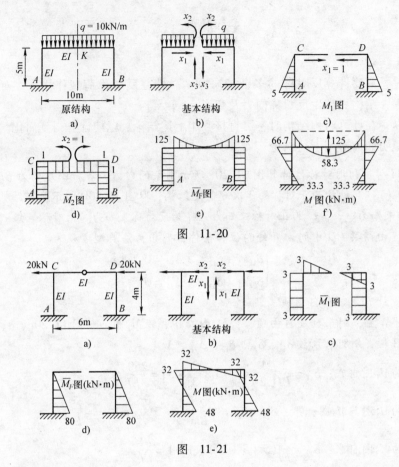

图 11-20

图 11-21

所示，有 2 个多余未知力。其中 x_1 为反对称未知力，x_2 为正对称未知力。由对称性知 $x_2 = 0$。

（2）由横梁 CD 杆中间切开处的位移条件，列出力法典型方程为

$$\delta_{11}x_1 + \Delta_{1F} = 0$$

（3）作 $\overline{M}_1$ 图、M_F 图，如图 11-21c、d 所示，利用图形相乘求自由项和系数，并解 x_1：

$$\delta_{11} = \frac{2}{EI}\left(\frac{1}{2} \times 3 \times 3 \times 2 + 3 \times 4 \times 3\right) = \frac{90}{EI}$$

$$\Delta_{1F} = -\frac{2}{EI} \times 3 \times 4 \times 40 = -\frac{960}{EI}$$

解得

$$x_1 = \frac{32}{3}$$

（4）由叠加公式 $M = \overline{M}_1 x_1 + M_F$ 绘制弯矩图，如图 11-21e 所示。

例11-6 如图11-22a所示结构，求结构的内力。

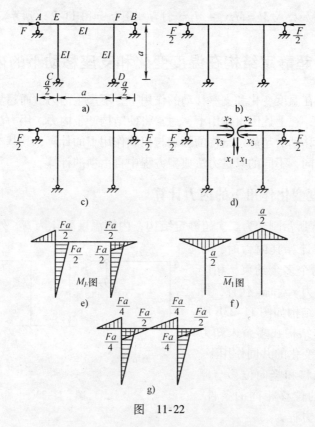

图 11-22

解：（1）该结构为3次超静定，结构对称但荷载不对称，为利用对称性将荷载分组，分成一组正对称荷载，一组反对称荷载，如图11-22b、c所示。

图11-22b所示是对称荷载只产生轴力，无弯矩；故只考虑图11-22c所示反对称荷载。取基本结构如图11-22d所示，由于荷载反对称，故 $x_2 = 0$，$x_3 = 0$。

（2）由横梁中点的位移条件，列出力法典型方程为

$$\delta_{11} x_1 + \Delta_{1F} = 0$$

（3）作 M_F 图、$\overline{M}_1$ 图，如图11-22e、f所示，利用图形相乘求自由项和系数，并解 x_1：

$$\delta_{11} = \frac{4}{EI} \times \frac{1}{2} \times \frac{a}{2} \times \frac{a}{2} \times \frac{2}{3} \times \frac{a}{2} = \frac{a^3}{6EI}$$

$$\Delta_{1F} = -\frac{2}{EI} \times \frac{1}{2} \times \frac{Fa}{2} \times \frac{a}{2} \times \frac{a}{3} = -\frac{Fa^3}{12EI}$$

解得

$$x_1 = \frac{F}{2}$$

（4）由叠加公式 $M = \overline{M_1} x_1 + M_F$ 绘制弯矩图，如图 11-22g 所示。

第六节　超静定结构在温度变化和支座移动下的内力计算

静定结构在温度变化和支座移动的作用下，不产生内力。而超静定结构，由于有多余约束，在上述因素作用下，通常将使结构产生内力。用力法计算由于温度变化和支座移动对超静定结构的影响与荷载作用下的计算，其基本思路、原理和步骤基本相同，不同的只是力法典型方程中自由项的计算。

一、温度变化作用下的内力计算

图 11-23a 所示刚架为二次超静定结构，内侧温度变化为 t_1，外侧温度变化为 t_2。用力法计算其内力时，可去掉 C 处的两个多余约束，相应地以多余未知力 x_1 和 x_2 代替，得原结构的基本结构如图 11-23b 所示。根据基本结构在多余未知力 x_1、x_2 和温度变化的共同作用下，C 点的水平位移和竖向位移与原结构 C 点处的位移相同的条件，建立力法典型方程为

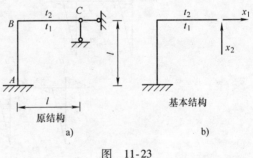

图　11-23

$$\begin{cases} \delta_{11} x_1 + \delta_{12} x_2 + \Delta_{1t} = 0 \\ \delta_{21} x_1 + \delta_{22} x_2 + \Delta_{2t} = 0 \end{cases}$$

式中，Δ_{1t}、Δ_{2t} 分别表示在基本结构中，由于温度变化而引起的在 x_1 和 x_2 方向上的位移。

$$\Delta_{it} = \sum \alpha t \omega_{\overline{F}_N} + \sum \frac{\alpha t'}{h} \omega_{\overline{M}} \tag{a}$$

力法典型方程中的系数和以前所述相同。将所求得的系数和自由项代入典型方程，即可解出多余未知力 x_1 和 x_2。

由于基本结构是静定的，温度变化并不产生内力。因此，解出多余未知力后，原结构的最后内力只是由多余力所引起的，其内力叠加公式为

$$\begin{cases} M = \overline{M_1} x_1 + \overline{M_2} x_2 \\ F_S = \overline{F}_{S1} x_1 + \overline{F}_{S2} x_2 \\ F_N = \overline{F}_{N1} x_1 + \overline{F}_{N2} x_2 \end{cases} \tag{b}$$

例11-7 在图 11-23a 所示结构中，已知 $t_1 = 5℃$，$t_2 = 15℃$，杆件截面对称于形心，截面高 $h = \dfrac{l}{10}$，线膨胀系数为 α，EI 为常数，求最后的弯矩图。

解：（1）基本结构如图 11-23b 所示，作 $\overline{M_1}$ 图、$\overline{M_2}$ 图及 $\overline{F}_{N1}$ 图、$\overline{F}_{N2}$ 图，如图 11-24a、b、c、d 所示，求解系数。

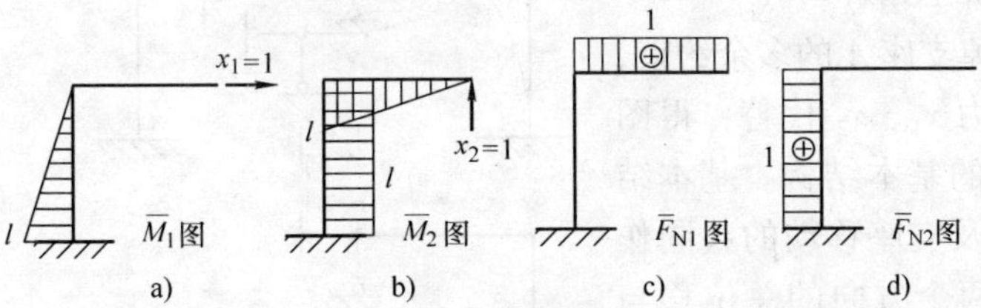

图 11-24

$$t = \frac{t_1 + t_2}{2} = 10℃ \quad t' = t_2 - t_1 = 10℃$$

$$\delta_{11} = \frac{l^3}{3EI}, \quad \delta_{22} = \frac{4l^3}{3EI}, \quad \delta_{12} = \delta_{21} = -\frac{l^3}{2EI}$$

$$\Delta_{1t} = \sum \alpha t \omega_{\overline{F}_{N1}} + \sum \frac{\alpha t'}{h} \omega_{\overline{M_1}} = \alpha t l + \frac{\alpha t' l^2}{2h} = 10\alpha l + 50\alpha l = 60\alpha l$$

$$\Delta_{2t} = \alpha t l - \frac{3\alpha t' l^2}{2h} = 10\alpha l - 150\alpha l = -140\alpha l$$

（2）将系数代入方程，并简化得

$$\begin{cases} 2x_1 - 3x_2 + 360\dfrac{\alpha EI}{l^2} = 0 \\ -3x_1 + 8x_2 - 840\dfrac{\alpha EI}{l^2} = 0 \end{cases}$$

解得 $x_1 = -\dfrac{360}{7} \times \dfrac{\alpha EI}{l^2} = -\dfrac{51.4\alpha EI}{l^2}$，$x_2 = \dfrac{600}{7} \times \dfrac{\alpha EI}{l^2} = \dfrac{85.7\alpha EI}{l^2}$

（3）由叠加法得最后的弯矩图，如图 11-25 所示。

温度变化在超静定结构中引起的内力与杆件截面刚度的绝对值成正比。各杆刚度越大，引起的内力也越大，故增加截面的刚度，并不能提高结构抵抗温度变化的能力。

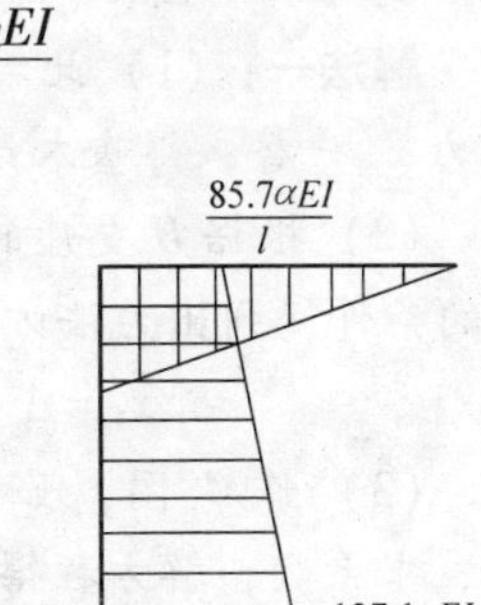

图 11-25

二、支座移动作用下的内力计算

用力法计算支座移动作用下的超静定结构内力，其基本原理和步骤同上所述，不同之处也是力法典型方程中的自由项。

图 11-26a 所示为二次超静定刚架，由于支座 B 发生水平位移 a、竖向位移 b。计算此刚架时，我们可取图 11-26b 所示的基本结构，即去掉支座 B 的多余约束，相应地以多余未知力 x_1、x_2 代替。在 x_1、x_2 共同作用下，B 处两个方向的位移应与原结构 B 点的位移相同，建立力法典型方程为

$$\begin{cases} \delta_{11}x_1 + \delta_{12}x_2 = -a \\ \delta_{21}x_1 + \delta_{22}x_2 = -b \end{cases}$$

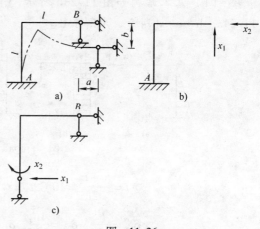

图 11-26

如果去掉支座 A 的多余约束，以多余未知力 x_1、x_2 代替，得图 11-26c 所示的基本结构。基本结构在 x_1、x_2 及支座移动的共同作用下，沿其两个方向的总位移与原结构 A 点处位移相同，建立力法典型方程为

$$\begin{cases} \delta_{11}x_1 + \delta_{12}x_2 + \Delta_{1C} = 0 \\ \delta_{21}x_1 + \delta_{22}x_2 + \Delta_{2C} = 0 \end{cases}$$

式中，自由项 Δ_{1C} 及 Δ_{2C} 分别表示基本结构中，由于支座位移分别在 x_1 及 x_2 方向上所产生的位移，即

$$\Delta_{iC} = -\sum \overline{R}_i C$$

力法典型方程中系数的计算仍与前述相同。

系数和自由项求出后，代入力法典型方程即可解出多余未知力 x_1、x_2，则最终的弯矩图可由叠加公式求得，即

$$M = \overline{M}_1 x_1 + \overline{M}_2 x_2$$

然后绘出最终的弯矩图。

例 11-8 图 11-27a 所示单跨超静定梁，支座 B 下沉 Δ，绘制梁的弯矩图。

解法一：（1）此梁为一次超静定结构，去掉 B 支座的多余约束，以多余未知力 x_1 代替，得基本结构如图 11-27b 所示。

（2）根据 B 支座的竖向位移为 Δ 的条件，列出力法方程：

$$\delta_{11}x_1 = \Delta$$

（3）作 $\overline{M}_1$ 图，如图 11-27c 所示，求系数，解方程得

$$\delta_{11} = \frac{1}{EI} \times \frac{1}{2} \times l \times l \times \frac{2}{3}l = \frac{l^3}{3EI}$$

$$x_1 = \frac{\Delta}{\delta_{11}} = \frac{3EI\Delta}{l^3}$$

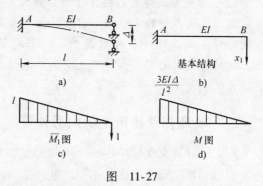

图 11-27

（4）由公式 $M = \overline{M}_1 x_1$ 得最终弯矩图如图 11-27d 所示。

解法二：（1）将 A 支座（图 11-28a）改成固定铰支座，得基本结构如图 11-28b 所示。

（2）根据 A 支座原结构中转角位移为零的条件，列出力法方程：

$$\delta_{11} x_1 + \Delta_{1C} = 0$$

（3）作 $\overline{M}_1$ 图，并求出支座 B 处的支座反力，如图 11-28c 所示，求系数及自由项，解方程得

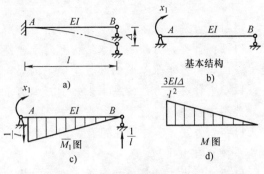

图　11-28

$$\delta_{11} = \frac{1}{EI} \times \frac{1}{2} \times l \times 1 \times \frac{2}{3} = \frac{l}{3EI}$$

$$\Delta_{1C} = -\left(-\frac{1}{l} \times \Delta \right) = \frac{\Delta}{l}$$

$$x_1 = -\frac{\Delta_{1C}}{\delta_{11}} = \frac{3EI\Delta}{l^2}$$

（4）由公式 $M = \overline{M}_1 x_1$ 得最终弯矩图如图 11-28d 所示。

第七节　超静定结构的特性

超静定结构和静定结构相比，超静定结构具有如下特征：

1）超静定结构是具有多余约束的几何不变体系。一般来讲，超静定结构内力分布比较均匀，变形较小，结构刚度较大。

2）在静定结构中，由于温度变化、支座移动、材料收缩、制造误差等任一因素的影响，都不会引起内力。但在超静定结构中，当结构受到这些因素影响时，由于存在多余约束，使结构的变形不能自由发生，因而相应地要产生内力。

3）静定结构的内力只要利用平衡条件就可以确定，其值与结构的材料性质和截面尺寸无关。超静定结构的全部内力和约束力仅由平衡条件是求不出的，还必须考虑变形条件。超静定结构的内力与材料的物理性能及截面的几何特征有关。

4）超静定结构的多余约束破坏后，仍能继续承载，具有较高的防御能力。而静定结构在任何一个约束被破坏后，便立即丧失了承载能力。

5）超静定结构的整体性能好，在局部荷载作用下可以减少局部的内力幅值和位移幅值。

思 考 题

11-1   力法的基本概念是什么？用力法解超静定结构的步骤是什么？

11-2   什么是力法的基本结构？对于给定的超静定结构，它的力法基本结构是唯一的吗？基本未知量的数目是确定的吗？基本结构和原结构有什么异同？

11-3   什么是力法的基本未知量？如何求得力法的基本未知量？如何建立力法的典型方程？

11-4   力法方程中的主系数、副系数、自由项的物理意义是什么？如何求解这些系数和自由项？

11-5   用力法计算超静定梁、刚架、桁架、组合结构时，计算力法方程中的系数和自由项时主要考虑哪些变形因素？

11-6   力法对称性利用的关键是什么？

练 习 题

11-1   确定图 11-29 所示各结构的超静定次数。

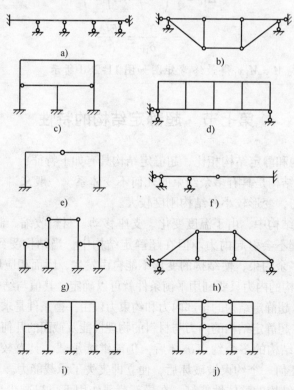

图 11-29   题 11-1 图

11-2　用力法计算图11-30所示各超静定梁，并作弯矩图。

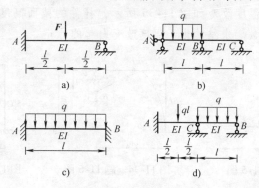

图 11-30　题 11-2 图

11-3　用力法计算图11-31所示各刚架内力，并作内力图。

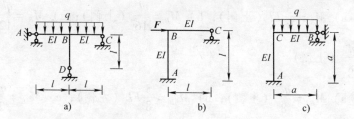

图 11-31　题 11-3 图

11-4　作图11-32所示各对称结构的弯矩图。

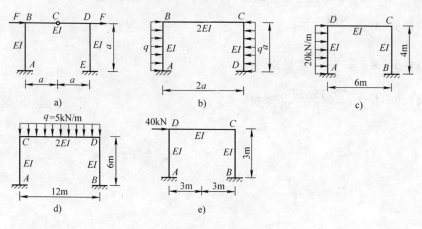

图 11-32　题 11-4 图

11-5　图11-33所示两端固定梁的左端发生转角 φ_A，绘制梁的弯矩图，EI 为常数。

11-6 图 11-34 所示刚架，B 支座下沉 Δ，试绘制刚架内力图。

11-7 刚架的温度改变如图 11-35 所示，杆件的截面高度 $h = 0.1l$，线膨胀系数为 α，EI 为常数。求结构由于温度改变引起的弯矩。

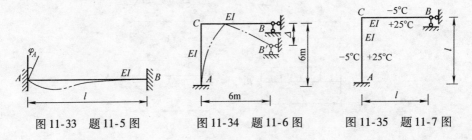

图 11-33 题 11-5 图　　　图 11-34 题 11-6 图　　　图 11-35 题 11-7 图

部分习题参考答案

11-2　a) $M_A = \dfrac{3}{16}Fl$（上侧）；b) $M_B = \dfrac{ql^2}{16}$（上侧）；c) $M_B = \dfrac{ql^2}{12}$（上侧）；

d) $M_{AC} = \dfrac{ql^2}{8}$（上侧）

11-3　a) $M_{BA} = \dfrac{ql^2}{8}$（上侧）；b) $M_{AB} = \dfrac{5}{8}FL$（左侧）；c) $M_{AC} = \dfrac{qa^2}{28}$（右侧）

11-4　a) $M_{AB} = \dfrac{5}{8}Fa$（左侧）；b) $M_{AB} = \dfrac{qa^2}{9}$（左侧）；c) $M_{AD} = 38.17\mathrm{kN \cdot m}$（左侧）；d) $M_{AC} = 40\mathrm{kN \cdot m}$（右侧）；e) $M_{AD} = 37.5\mathrm{kN \cdot m}$（左侧）

11-5　$M_{AB} = \dfrac{4EI}{l}$（下侧）

11-6　$M_{AC} = \dfrac{\Delta EI}{42}$（右侧）

11-7　$M_{AC} = \dfrac{77.15\alpha EI}{l}$（左侧）

第十二章 位移法与力矩分配法

第一节 单跨超静定梁的形常数及载常数

位移法是用加约束的办法将结构中的各杆件均变成单跨超静定梁。在不计轴向变形的情况下，单跨超静定梁有图 12-1 中所示的三种形式：①两端固定的梁，如图 12-1a 所示；②一端固定另一端为铰支的梁，如图 12-1b 所示；③一端固定另一端为定向支座的梁，如图 12-1c 所示。

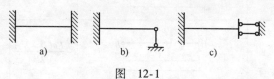

图 12-1

上述三种单跨超静定梁，不论是荷载作用，还是支座移动所引起的内力，都可用力法求得其结果。为解题时提供方便，现将计算结果列于表 12-1 中，这个表中所列的杆端弯矩和剪力数值，凡是由荷载作用产生的均称为载常数；凡是由单位位移产生的均称为形常数，形常数和载常数都是今后常用的，必须非常熟悉表中数值的大小和正负号。

表 12-1 单跨超静定梁的形常数及载常数表

编号	梁的计算简图	弯 矩		剪 力	
		M_{AB}	M_{BA}	F_{SAB}	F_{SBA}
1	$\varphi_A=1$ 的两端固定梁，跨度 l	$4i$	$2i$	$-\dfrac{6i}{l}$	$-\dfrac{6i}{l}$
2	两端固定，B端竖向单位位移，跨度 l	$-\dfrac{6i}{l}$	$-\dfrac{6i}{l}$	$\dfrac{12i}{l^2}$	$\dfrac{12i}{l^2}$
3	两端固定，集中荷载 F，a、b，跨度 l	$-\dfrac{Fab^2}{l^2}$	$+\dfrac{Fba^2}{l^2}$	$\dfrac{Fb^2}{l^2}\left(1+\dfrac{2a}{l}\right)$	$-\dfrac{Fa^2}{l^2}\left(1+\dfrac{2b}{l}\right)$
4	两端固定，均布荷载 q，跨度 l	$-\dfrac{ql^2}{12}$	$\dfrac{ql^2}{12}$	$\dfrac{ql}{2}$	$-\dfrac{ql}{2}$

（续）

编号	梁的计算简图	弯　矩		剪　力	
		M_{AB}	M_{BA}	F_{SAB}	F_{SBA}
5		$\dfrac{Mb}{l^2}(2l-3b)$	$\dfrac{Ma}{l^2}(2l-3a)$	$-\dfrac{6ab}{l^2}M$	$-\dfrac{6ab}{l^2}M$
6		$3i$	0	$-\dfrac{3i}{l}$	$-\dfrac{3i}{l}$
7		$-\dfrac{3i}{l}$	0	$\dfrac{3i}{l^2}$	$\dfrac{3i}{l^2}$
8		$-\dfrac{Fb(l^2-b^2)}{2l^2}$	0	$\dfrac{Fb(3l^2-b^2)}{2l^3}$	$\dfrac{Fa^2(2l+b)}{2l^3}$
9		$-\dfrac{ql^2}{8}$	0	$\dfrac{5}{8}ql$	$-\dfrac{3}{8}ql$
10		$\dfrac{M(l^2-3b^2)}{2l^3}$	0	$\dfrac{3M(l^2-b^2)}{2l^3}$	$-\dfrac{3M(l^2-b^2)}{2l^3}$
11		i	$-i$	0	0
12		$-\dfrac{Fa(l+b)}{2l}$	$-\dfrac{Fa^2}{2l}$	F	0
13		$-\dfrac{ql^2}{3}$	$-\dfrac{ql^2}{6}$	ql	0

表 12-1 中的杆端弯矩、杆端剪力及单位位移的正负号的规定如下：

M_{AB}、M_{BA} 分别表示 AB 杆 A 端和 B 端的弯矩，以顺时针转向为正，反之为负；

F_{SAB}、F_{SBA} 分别表示 AB 杆 A 端和 B 端的剪力，以使杆件绕另一端顺时针旋转者为正，反之为负；

φ_{AB}表示固定端 A 的角位移，以顺时针转为正，反之为负；

Δ 表示固定端或铰支座的线位移，以绕另一端顺时针转为正，反之为负。

在形常数中，$i = \dfrac{EI}{l}$，称为杆件的线抗弯刚度。

应用表 12-1 时应注意：①表中所有的杆端弯矩和杆端剪力，在图上表示的方向与在数值前的正负号是互相对应的；②表中所给的形常数，是根据单位正向角位移 $\varphi = 1$ 和单位正向线位移 $\Delta = 1$ 而算得的，如果单位角位移或单位线位移是负值，则表中所列形常数的正负号也应作相应改变。

第二节　位移法的基本概念

力法是以结构的多余未知力为基本未知量，按照位移条件首先求出多余未知力，然后根据多余未知力求出结构的其他约束力、内力和位移。根据实践经验可知，当结构受外界影响（荷载、支座移动或温度变化）后，一般来说结构既产生了内力也产生了位移，并且两者之间在数量上有着确定的对应关系。因此，我们也可以把结构的某些位移作为基本未知量，首先求出结构位移，然后再利用位移和内力之间确定的对应关系求出相应的内力，这样的方法称为位移法。

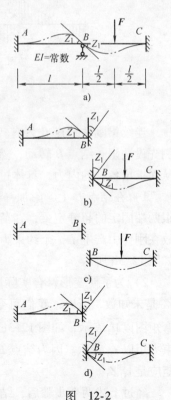

为了说明位移法的基本概念，我们来研究图 12-2a 所示的连续梁。此梁在集中荷载 F 的作用下，将产生如图中虚线所示的变形。该连续梁可以看成 AB、BC 两根杆在 B 端刚性连接而成。由于不考虑受弯杆的轴向变形，而 B 点有竖向铰支座支撑，故结点 B 没有水平位移和竖向位移，只有转角位移 Z_1。

在分析上述连续梁时，我们可以这样来考虑：因为 AB 和 BC 两杆的结点 B 是刚性连接的，如果分别来考虑这两杆，则其变形情况相当于图 12-2b 所示。其中杆 BC 相当于两端固定的梁受到集中荷载 F 的作用，且在左端发生一个等于 Z_1 的转角，杆 AB 则相当于两端固定的梁在 B 固定端发生转角 Z_1。而图 12-2b 所示的情况，又可分解为图 12-2c、d 所示两种情况的叠加。图 12-2c 中 AB 和 BC 两杆

图　12-2

在结点 B 均无转角，其中 AB 杆又没有外荷载作用，将不发生变形，故没有弯矩；而 BC 杆在集中荷载 F 作用下的弯矩图可由力法解得。在图 12-2d 中，杆 AB 和 BC 均为在支座 B 处发生 Z_1 转角的单跨超静定梁，只要转角 Z_1 为已知，则其弯矩图可由力法解得。

由以上分析可知，如果能将结点 B 处的角位移 Z_1 求出，则原连续梁的弯矩图，便可由图 12-2c、d 所示的两种情况叠加求得。因此，这种解题过程的关键就在于如何确定结点的角位移 Z_1 的大小和方向。

下面我们通过具体计算，进一步阐明位移法的基本概念。

如图 12-3a 所示连续梁，两段的跨度相同，刚度 EI 相同，故各段的线抗弯刚度 $i = \dfrac{EI}{l}$ 也相同。

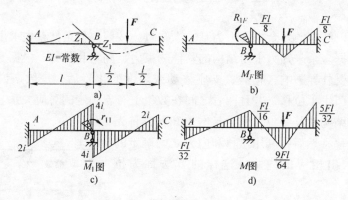

图 12-3

连续梁刚性结点 B 只有转角 Z_1，用位移法解此题时只有一个未知数 Z_1。我们先设法阻止结点 B 转动，然后再恢复转角 Z_1，经过这两个步骤后便可求出 Z_1，从而求出各杆的内力，具体过程如下：

1）在结点 B 上，附加一个仅能阻止结点转动的约束刚臂，使连续梁变成两根两端固定的超静定梁，在荷载 F 作用下，由于约束刚臂阻止了结点 B 的转动，故在刚臂中产生了一个约束力矩，以 R_{1F} 表示，这时连续梁的弯矩图以 M_F 表示，如图 12-3b 所示。

2）为了使变形符合实际情况，必须转动附加刚臂以恢复转角 Z_1。因为转角 Z_1 是未知数，所以，我们可令结点 B 先转动一个单位角度即 $Z_1 = 1$，这时梁的弯矩图以 $\overline{M}_1$ 表示，如图 12-3c 所示。由于转动单位角度 $Z_1 = 1$，在刚臂中产生约束力矩以 r_{11} 表示。因为结点 B 实际转动 Z_1 角度，所以，相应的刚臂中的约束力矩应是 $r_{11}Z_1$。

经过上述两个步骤后，结构变形和受力将符合原来的实际情况，因而就获得

了符合原来实际情况的内力，即约束刚臂中总约束力矩为零，即

$$R_1 = r_{11}Z_1 + R_{1F} = 0$$

式中，R_1 为约束刚臂中的总约束力矩；r_{11} 为当结点 B 产生单位转角，即 $Z_1 = 1$ 时，在刚臂中所产生的约束力矩；R_{1F} 为荷载作用时在刚臂中所产生的约束力矩。

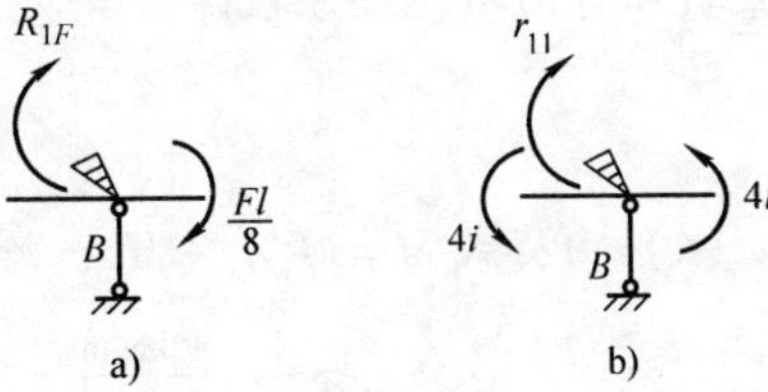

r_{11} 和 R_{1F} 的大小和方向分别由 $\overline{M}_1$ 图和 M_F 图，根据平衡条件计算求得如下：

由图 12-3b、c，分别取结点 B 为脱离体，如图 12-4a、b 所示。根据 $\sum M_B = 0$，得

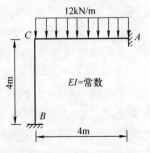

图　12-4

$$r_{11} = 4i + 4i = 8i$$

$$R_{1F} = -\frac{Fl}{8}$$

将求得的 r_{11} 和 R_{1F} 代入方程，得

$$Z_1 = -\frac{R_{1F}}{r_{11}} = \frac{Fl}{64i}$$

求出转角 Z_1 后，则原刚架最终弯矩图按叠加原理，由下面公式求得：

$$M = \overline{M}_1 Z_1 + M_F$$

故

$$M_{AB} = 2i \times \frac{Fl}{64i} + 0 = \frac{Fl}{32} \quad （下侧受拉）$$

$$M_{BA} = 4i \times \frac{Fl}{64i} + 0 = \frac{Fl}{16} \quad （上侧受拉）$$

$$M_{CB} = 2i \times \frac{Fl}{64i} + \frac{Fl}{8} = \frac{5Fl}{32} \quad （上侧受拉）$$

原连续梁的最终弯矩图如图 12-3d 所示。

例 12-1　用位移法计算图 12-5 所示结构，并作结构的弯矩图，各杆 EI 均相等。

解：（1）计算结点的位移未知数，经前面分析可以知道，此超静定结构有 1 个未知数，即 C 点的角位移。相应地加上一个刚臂约束得基本结构如图 12-6a 所示。

（2）根据约束刚臂中的总约束力矩等于零的条件，可建立典型方程为

$$r_{11}Z_1 + R_{1F} = 0$$

（3）绘 M_F 图、$\overline{M}_1$ 图，如图 12-6b、c 所示，并

图　12-5

计算系数和自由项。

$$r_{11} = 8i, \ R_{1F} = -16$$

将系数和自由项代入方程得

$$Z_1 = -\frac{R_{1F}}{r_{11}} = \frac{2}{i}$$

（4）由公式 $M = \overline{M}_1 Z_1 + M_F$，绘制最终弯矩图，如图 12-6d 所示。

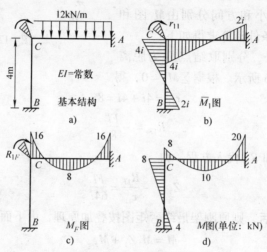

图　12-6

第三节　位移法的基本未知数和基本结构

在力法计算中，基本未知数的数目等于超静定次数。而在位移法计算中，位移法的基本未知数的数目等于刚性结点的角位移数和结点线位移数的总和。即

$$n = n_\alpha + n_l \tag{12-1}$$

式中，n_α 为刚性结点的角位移数；n_l 为结点的线位移数；n 为基本未知数的数目。

刚性结点的角位移数 n_α 的确定非常简单，只要数一下结构中有多少刚性结点，就可以确定未知角位移的数目。已知转角为零的结点，不应计算在内。例如，图 12-7 所示刚架有两个刚性结点 B、C，即 $n_\alpha = 2$。

结点线位移数 n_l 的确定，除在简单情况下可直接看出外，一般由下面的方法来确定：把原结构所有刚性结点及固定端变成铰接而得到铰接图，然后求出使其成为几何不变体系所需增加的链杆数，这个链杆数即等于所求的结点线位移数。例如，图 12-8a 所示为一两层刚架，确定其线位移数 n_l 时，先将其变为铰

接图如图12-8b所示，然后使其成为几何不变，则需要增加两个水平链杆，所以此结构的结点线位移数 $n_l = 2$。

根据以上的讨论，我们就不难算出任一结构用位移法解题时的基本未知数的数目 n。故图12-8a所示刚架，其刚性结点数 $n_\alpha = 3$，结点线位移数 $n_l = 2$，结构的基本未知数数目为

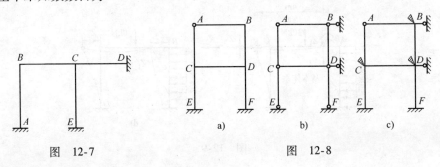

图 12-7   图 12-8

$$n = n_\alpha + n_l = 3 + 2 = 5$$

相应地，在刚结点处加上约束刚臂，线位移处加上链杆，得基本结构如图12-6c所示。

应该指出，在位移法的基本结构中所加的约束刚臂，它只能起着阻止相应结点发生角位移的作用，而不能阻止相应结点发生线位移。同样，所加的链杆它仅能起着阻止结点发生线位移，而不能阻止相应结点发生角位移，两者是互相独立的。

第四节　位移法的典型方程

下面以图12-9a所示的刚架为例来说明一般情况下位移法方程的建立。此刚架具有两个基本未知数，即结点 B 的角位移 Z_1 和结点 C 的水平线位移 Z_2，Z_1 的方向假定是顺时针方向，Z_2 的方向假定是向右的，加上相应的刚臂和链杆约束后，便得到如图12-9b所示的基本结构。

为使基本结构的变形与受力情况能与原结构相同，我们必须使附加刚臂和链杆分别发生与原结构相同的位移，如图12-9c所示。这样，基本结构体系中各杆的变形情况和受力情况与原结构中各根杆件的变形和受力情况（图12-9d）完全一致。因此，图12-9c中，刚臂的约束力矩 R_1 及连杆中的约束力 R_2，应与图12-9d中实际情况相同，即 $R_1 = 0$，$R_2 = 0$。由此可见，基本体系上附加约束的约束力矩或约束力等于零的条件保证了基本体系的受力和变形情况与原结构完全相同。

将图12-9c所示基本体系的受力情况，视为图12-10a、b、c所示三种情况

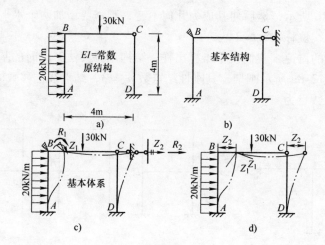

图　12-9

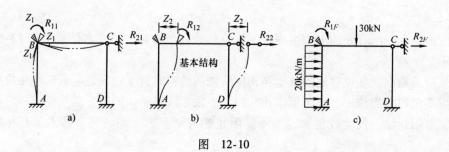

图　12-10

的叠加。故有

$$\begin{cases} R_1 = R_{11} + R_{12} + R_{1F} = 0 \\ R_2 = R_{21} + R_{22} + R_{2F} = 0 \end{cases} \tag{a}$$

式中，R_{11}、R_{21} 为当附加刚臂单独转动 Z_1 时，分别在附加刚臂和链杆中引起的约束力矩及约束力；R_{12}、R_{22} 为链杆单独移动 Z_2 时，分别在附加刚臂和附加链杆中引起的约束力矩和约束力；R_{1F}、R_{2F} 为荷载单独作用时在附加刚臂和附加链杆中引起的约束力矩和约束力。在 R_{ij}、R_{iF} 的两个下标中，第一个下标表示该约束力矩或约束力的作用处，第二个下标表示产生该约束力矩或约束力的原因。

设在基本结构中由于附加刚臂单独发生单位角位移 $Z_1 = 1$、附加链杆单独发生水平位移 $Z_2 = 1$ 时，在附加刚臂中产生的约束力矩分别为 r_{11} 和 r_{12}，在附加链杆中产生的约束力分别为 r_{21} 和 r_{22}，则式（a）可写成

$$\begin{cases} r_{11}Z_1 + r_{12}Z_2 + R_{1F} = 0 \\ r_{21}Z_1 + r_{22}Z_2 + R_{2F} = 0 \end{cases} \tag{b}$$

从上述方程组中即可解出两个位移未知数 Z_1、Z_2。

对于具有 n 个基本未知数的任一结构，作同样的分析，并根据每一附加约束内总的约束力矩或总的约束力都应等于零的条件，可得出如下 n 个方程：

$$
\begin{cases}
r_{11}Z_1 + r_{12}Z_2 + \cdots + r_{1n}Z_n + R_{1F} = 0 \\
r_{21}Z_1 + r_{22}Z_2 + \cdots + r_{2n}Z_n + R_{2F} = 0 \\
\quad\vdots \\
r_{n1}Z_1 + r_{n2}Z_2 + \cdots + r_{nn}Z_n + R_{nF} = 0
\end{cases}
\tag{c}
$$

同力法典型方程一样，上述方程组中的系数有两种：①两个下标相同的系数，表示由于附加约束作单位位移时，在同一附加约束中所引起的约束力（或约束力矩）称为主系数，主系数恒为正；②另一种两个下标不相同的系数，它表示某一附加约束发生单位位移时，在另一附加约束中所引起的约束力（或约束力矩），称为副系数。以 r_{ik} 表示，副系数可为正、为负或为零。R_{iF} 称为自由项或称荷载项，它可为正、为负或为零。在求副系数时，根据约束力互等定理可知 $r_{ik} = r_{ki}$。此类方程组是按一定规则写出，且具有副系数互等的关系，故通常称为位移法的典型方程。

为了求得典型方程中的系数和自由项，需分别绘出基本结构中由于单位位移引起的单位弯矩图 $\overline{M}_i$ 和由于外荷载引起的 M_F 图。绘出 $\overline{M}_i$ 和 M_F 图后，即可利用静力平衡条件求出各系数和自由项。它们可分为两类：

1）代表附加刚臂上的约束力矩。可取结点为脱离体，利用 $\sum M = 0$ 的条件求出。

2）代表附加链杆上的约束力。可作一截面截取结构的某一部分为脱离体，再利用平衡条件 $\sum F_x = 0$ 或 $\sum F_y = 0$ 进行计算。

系数和自由项确定后，代入典型方程就可解出各个基本未知数，然后再按叠加原理作原结构的最终弯矩图。具体计算过程由下例说明。

例 12-2 试用位移法计算图 12-11a 所示刚架，绘制最终弯矩图。

解： （1）计算结点的位移未知数。经上面的分析，结构有两个未知数，即结点 B 的角位移 Z_1 和线位移 Z_2，相应地加上约束刚臂和约束链杆，得基本结构如图 12-11b 所示。

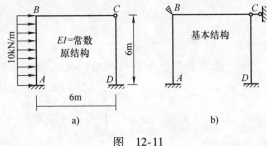

图 12-11

（2）根据附加刚臂及链杆中的总约束力矩和总约束力应分别等于零的条件，可建立典型方程为

$$\begin{cases} r_{11}Z_1 + r_{12}Z_2 + R_{1F} = 0 \\ r_{21}Z_1 + r_{22}Z_2 + R_{2F} = 0 \end{cases}$$

（3）绘制 $\overline{M_1}$ 图、$\overline{M_2}$ 图、M_F 图，如图 12-12a、b、c 所示，计算系数及自由项。

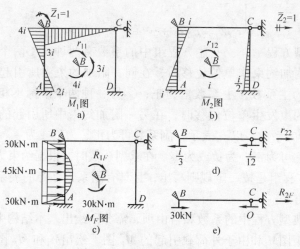

图 12-12

从 $\overline{M_1}$ 中取出 B 结点为脱离体，由 $\sum M_B = 0$，$r_{11} = 4i + 3i = 7i$

从 $\overline{M_2}$ 中取出 B 结点为脱离体，由 $\sum M_B = 0$，$r_{12} = -i$

从 M_F 中取出 B 结点为脱离体，由 $\sum M_B = 0$，$R_{1F} = 30\text{kN} \cdot \text{m}$

沿柱顶端切开，取上部为脱离体，如图 12-12d、e 所示，由表 12-1 查出各柱的剪力，由静力平衡求 r_{22}、R_{2F}。

$$r_{22} = \frac{i}{3} + \frac{i}{12} = \frac{5i}{12}$$

$$R_{2F} = -30\text{kN}$$

（4）求出各系数和自由项后，代入典型方程，得

$$\begin{cases} 7iZ_1 - iZ_2 + 30 = 0 \\ -iZ_2 + \frac{5}{12}iZ_2 - 30 = 0 \end{cases}$$

解联立方程得

$$Z_1 = \frac{9.13}{i}, \quad Z_2 = \frac{93.91}{i}$$

（5）按公式 $M = \overline{M_1}Z_1 + \overline{M_2}Z_2 + M_F$ 求任一截面的弯矩，并绘制原结构的最终弯矩图，如图 12-13 所示。

结构的最终弯矩图绘出后，可由静力平衡条件逐杆求出相应的剪力值和轴力

值，然后可绘出结构的最终剪力图和轴力图。

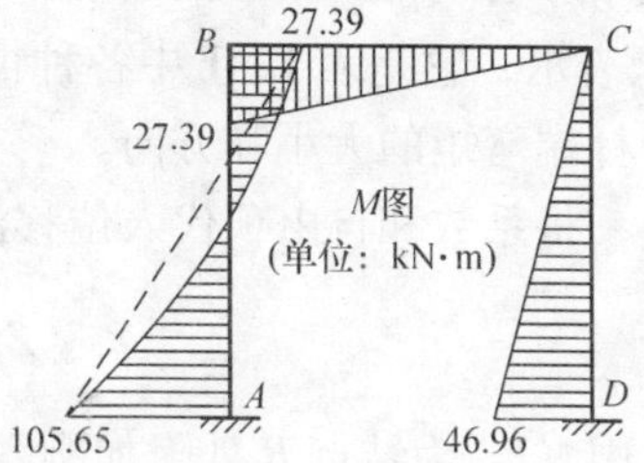

综上所述，用位移法计算超静定结构内力的步骤简要归纳如下：

1）计算基本未知数数目，相应地加上附加刚臂或链杆约束，从而得到基本结构。

2）根据附加约束中总的约束力或约束力矩等于零的条件，建立位移法的典型方程。

3）利用表12-1，分别绘出基本结构的单位弯矩图和荷载弯矩图，并由静力平衡条件算出各系数和自由项。

4）将各系数和自由项代入典型方程，解出基本未知数的数值。

5）按叠加公式：$M = \overline{M_1}Z_1 + \overline{M_2}Z_2 + \cdots + \overline{M_i}Z_i + M_F$，绘制原结构的最终弯矩图。

图 12-13

第五节　力矩分配法的基本原理

力法和位移法是解算超静定结构的两种最基本的方法。两种方法都需要组成并解算联立方程组，当未知数数目较多时，解算方程组的工作是比较繁重的。为寻求解算超静定刚架比较简捷的途径，人们在力法和位移法的基础上，又陆续提出了各种渐近法，如力矩分配法、无剪力分配法、迭代法等。这些方法都是位移法的变体，共同特点是避免了解算典型方程。而以逐次渐近的方法来计算杆端弯矩，其结果的精度随计算轮次的增加而提高，最后收敛于精确解。这种方法既可避免解算联立方程，又可遵循一定的机械步骤进行运算。因其易于掌握，且可以直接算出杆端弯矩，故目前在我国工程单位中此法常被采用。

本章将针对连续梁和结点无线位移刚架的特点，介绍力矩分配法的基本原理和计算步骤。从分析方法的实质来说，力矩分配法仍属于位移法的范畴。它的原理、基本假定、基本结构和正负号的规定等都和位移法相同，所不同的仅仅是某些计算技巧上的改进而已。

下面我们通过一个简单的例子，来说明力矩分配法的基本概念。如图12-14a所示的两跨连续梁，当用位移法计算时，只有一个未知角位移 Z_1，其位移法的方程为

$$r_{11}Z_1 + R_{1F} = 0$$

式中，自由项和系数可分别由荷载弯矩图和单位弯矩图（图12-14b、c）所示求得。其值为

$$r_{11} = 3i_{BA} + 4i_{BC}$$

$$R_{1F} = M_{BA}^g + M_{BC}^g = \sum M_{Bj}^g$$

式中，$\sum M_{Bj}^g$表示汇交于结点 B 各杆的固端弯矩的代数和。ij 杆 i 端的固端弯矩以 M_{ij}^g 表示，它是表 12-1 中各种情况下相应的载常数。固端弯矩的大小和方向就等于杆端弯矩的大小和方向。

将系数和自由项代入位移法方程，得

$$Z_1 = -\frac{R_{1F}}{r_{11}} = \frac{(-\sum M_{Bj}^g)}{3i_{BA} + 4i_{BC}}$$

式中，R_{1F} 为结点 B 处附加刚臂中的约束力矩，它等于汇交于结点 B 各杆的固端弯矩的代数和。

解得 Z_1 后，从而可求出基本结构上由于使附加刚臂发生角位移 Z_1 时所引起的弯矩。在结点 B 由于角位移 Z_1 所引起转动端（近端）的杆端弯矩为

$$M_{BA} = 3i_{BA}Z_1 = \frac{3i_{BA}}{3i_{BA} + 4i_{BC}}(-\sum M_{Bj}^g)$$

$$M_{BC} = 4i_{BC}Z_1 = \frac{4i_{BC}}{3i_{BA} + 4i_{BC}}(-\sum M_{Bj}^g)$$

在任一杆件 AB 中，使杆端 A 产生单位转角时所需的 A 端弯矩的绝对值，称为 A 端的转动刚度，用 S_{AB} 表示。各种单跨超静定梁的转动刚度如图 12-15 所示：

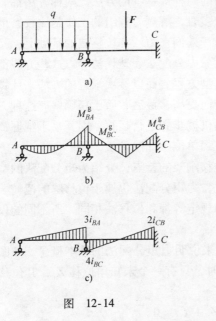

图 12-14

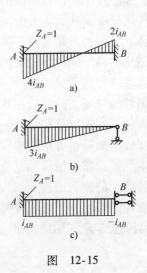

图 12-15

1）B 端为固定端时，A 端转动刚度为

$$S_{AB} = 4i_{AB}$$

2）B 端为铰支座时，A 端转动刚度为

$$S_{AB} = 3i_{AB}$$

3）B 端为定向支座时，A 端转动刚度为

$$S_{AB} = i_{AB}$$

由此在结点 B 由于角位移 Z_1 所引起转动端的杆端弯矩的表达式为

$$M_{BA} = \frac{S_{BA}}{S_{BA} + S_{BC}}(- \sum M_{Bj}^{g}) = \frac{S_{BA}}{\sum S_{B}}(- \sum M_{Bj}^{g})$$

$$M_{BC} = \frac{S_{BC}}{S_{BA} + S_{BC}}(- \sum M_{Bj}^{g}) = \frac{S_{BC}}{\sum S_{B}}(- \sum M_{Bj}^{g})$$

式中，$\sum S_B$ 为相交于结点 B 各杆杆端转动刚度的总和。

将上述杆端弯矩的表达式写成一般形式，则

$$M_{ij} = \frac{S_{ij}}{\sum S_{i}}(- \sum M_{ij}^{g}) = \mu_{ij}(- \sum M_{ij}^{g}) \tag{12-2}$$

式中，μ_{ij} 称为杆端弯矩分配系数，即按 $\frac{S_{ij}}{\sum S_i} = \mu_{ij}$ 的比例将力矩 $-R_{1F}$ 分配给各杆。因此，我们把 μ_{ij} 称为 ij 杆 i 端的分配系数，杆端所分配到的弯矩 M_{ij} 称为 ij 杆 i 端的分配弯矩。

对于结点 B 转动角位移 Z_1 时，在杆件另一端（远端）所产生的杆端弯矩，我们可从图 12-15 所示的单跨超静定梁的分析中得到启发。两端固定梁，如图 12-15a 所示当 A 端转动单位转角（$Z_1 = 1$）时，A 端和 B 端的弯矩也相应增加任意倍数，故 A 端和 B 端的弯矩的比值不变，则有

$$\frac{M_{BA}}{M_{AB}} = \frac{2i_{AB}}{4i_{AB}} = \frac{1}{2}$$

$$M_{BA} = \frac{1}{2}M_{AB}$$

同理，当一端固定另一端为铰支时（图 12-15b），

$$M_{BA} = 0 \times M_{AB}$$

当一端为固定另一端为定向支座时（图 12-15c），

$$M_{BA} = -1 \times M_{AB}$$

由上面分析可知，若知道转动端 A 的杆端弯矩 M_{AB}，则只要乘以相应的某一系数就可得到另一端（远端）的杆端弯矩值，这个过程称为弯矩的传递。此系数称为传递系数，通常用 C_{AB} 表示。由此，当结点 B 转动角位移 Z_1 所引起（近端）的杆端弯矩由公式（12-2）求出后，另一端（远端）所产生的杆端弯矩的一般表达式为

$$M_{ji} = C_{ij}M_{ij} \tag{12-3}$$

式中，C_{ij} 表示由 i 向 j 方向传递的传递系数。其值，当两端固定的超静定梁时为 0.5；当一端固定另一端为铰支座时为 0；当一端固定另一端是定向支座时为 -1。

这样，我们只要知道各杆的转动刚度 S 和传递系数 C，便可以根据式（12-2）

和式（12-3）直接求出由于角位移 Z_1 所引起的杆端弯矩，而不必先解出 Z_1。

从上面分析中可以看出，用力矩分配法求杆端弯矩的过程是：

1）结点固定，即加入刚臂。求在荷载作用下的杆端弯矩，即固端弯矩。求各杆固端弯矩的代数和，得出结点不平衡力矩。

2）放松结点，让结点转动。求各杆端的分配系数，将不平衡弯矩反其符号后，乘以各杆的分配系数，便得到相应各杆端的分配弯矩。

3）将分配弯矩乘以传递系数，得到远端的传递弯矩。

4）最后将各杆杆端的固端弯矩、分配弯矩、传递弯矩三者代数和叠加，即得到原结构在荷载作用下的杆端弯矩。

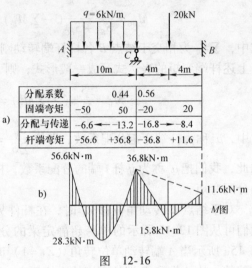

a)

分配系数		0.44	0.56	
固端弯矩	−50	50	−20	20
分配与传递	−6.6	←−13.2	−16.8→	−8.4
杆端弯矩	−56.6	+36.8	−36.8	+11.6

b)

图 12-16

例 12-3 用力矩分配法计算图 12-16a 所示连续梁，各杆刚度 EI 均相同，绘制最终弯矩图。

解：（1）求分配系数

将结点 C 固定，杆 CA 与 CB 的转动刚度分别为

$$S_{CA} = 4i_{CA} = \frac{4EI}{10} = 0.4EI$$

$$S_{CB} = 4i_{CB} = \frac{4EI}{8} = 0.5EI$$

分配系数：

$$\mu_{CA} = \frac{S_{CA}}{S_{CB} + S_{CA}} = \frac{0.4EI}{0.4EI + 0.5EI} = 0.44$$

$$\mu_{CB} = \frac{S_{CB}}{S_{CB} + S_{CA}} = \frac{0.5EI}{0.4EI + 0.5EI} = 0.56$$

（2）求固端弯矩

杆件 CA 及 CB 均为两端固定梁。按表 12-1 查得固端弯矩

$$M_{CA}^g = \frac{ql^2}{12} = \frac{6 \times 100}{12} kN \cdot m = 50 kN \cdot m$$

$$M_{AC}^g = -\frac{ql^2}{12} = -50 kN \cdot m$$

$$M_{CB}^g = -\frac{Fl}{8} = -\frac{20 \times 8}{8} kN \cdot m = -20 kN \cdot m$$

$$M_{BC}^g = \frac{Fl}{8} = 20\text{kN} \cdot \text{m}$$

各杆端固端弯矩记入图中表格第二行相应杆端部位。按结点 C 的平衡条件，结点 C 的不平衡弯矩为

$$M_C = M_{CA}^g + M_{CB}^g = (50 - 20)\text{kN} \cdot \text{m} = 30\text{kN} \cdot \text{m}$$

（3）求分配弯矩和传递弯矩

将结点 C 的不平衡弯矩 M_C^g 加上负号，乘以各杆的分配系数，得各杆件在 C 端的分配弯矩，将各分配弯矩记入图中表格第三行相应于杆端部位。

$$M_{CA}' = \mu_{CA}(-M_C) = [0.44 \times (-30)]\text{kN} \cdot \text{m} = -13.2\text{kN} \cdot \text{m}$$

$$M_{CB}' = \mu_{CB}(-M_C) = [0.56 \times (-30)]\text{kN} \cdot \text{m} = -16.8\text{kN} \cdot \text{m}$$

将杆件近端的分配弯矩乘以该杆件的传递系数，得该杆件远端的传递弯矩，传递弯矩记入第三行相应于杆件远端的部位。

$$M_{AC}'' = 0.5M_{CA}' = -6.6\text{kN} \cdot \text{m}$$

$$M_{BC}'' = 0.5M_{CB}' = -8.4\text{kN} \cdot \text{m}$$

（4）求各杆端最终弯矩

将各杆杆端的固端弯矩与分配弯矩和传递弯矩相加，得最终杆端弯矩。将杆端最终弯矩记入图中表格第四行。第四行中的每一值都是二、三两行相应值的代数相加。

$$M_{CA} = M_{CA}^g + M_{CA}' = (50 - 13.2)\text{kN} \cdot \text{m} = 36.8\text{kN} \cdot \text{m}$$

$$M_{AC} = M_{AC}^g + M_{AC}'' = (-50 - 6.6)\text{kN} \cdot \text{m} = 56.6\text{kN} \cdot \text{m}$$

$$M_{CB} = M_{CB}^g + M_{CB}' = (-20 - 16.8)\text{kN} \cdot \text{m} = 36.8\text{kN} \cdot \text{m}$$

$$M_{BC} = M_{BC}^g + M_{BC}'' = (20 - 8.4)\text{kN} \cdot \text{m} = 11.6\text{kN} \cdot \text{m}$$

（5）绘制最终弯矩图

根据杆端最终弯矩绘制弯矩图如图 12-16b 所示。

例 12-4　用力矩分配法计算图 12-17a 所示刚架的弯矩图，各杆 EI 均相同。

解：（1）计算分配系数，为方便计算令 $i = \dfrac{EI}{6}$，则 $i_{BA} = i$，$i_{AD} = 1.5i$，$i_{AC} = 1.5i$，所以

$$\mu_{AB} = \frac{S_{AB}}{\sum S_A} = \frac{4i_{AB}}{4i_{AB} + 4i_{AC} + 4i_{AD}} = \frac{4i}{4i + 6i + 6i} = 0.25$$

$$\mu_{AC} = \frac{S_{AC}}{\sum S_A} = \frac{4i_{AC}}{4i_{AB} + 4i_{AC} + 4i_{AD}} = \frac{6i}{4i + 6i + 6i} = 0.375$$

$$\mu_{AD} = \frac{S_{AD}}{\sum S_A} = \frac{4i_{AD}}{4i_{AB} + 4i_{AC} + 4i_{AD}} = \frac{6i}{4i + 6i + 6i} = 0.375$$

（2）计算固端弯矩与结点不平衡弯矩

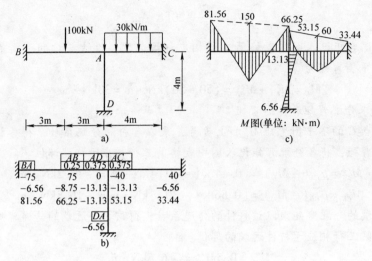

图 12-17

$$M_{AB}^{g} = \frac{Fl}{8} = \frac{100 \times 6}{8} kN \cdot m = 75 kN \cdot m , \quad M_{BA}^{g} = -\frac{Fl}{8} = -75 kN \cdot m$$

$$M_{AC}^{g} = -\frac{ql^{2}}{12} = -\frac{30 \times 4^{2}}{12} kN \cdot m = -40 kN \cdot m , \quad M_{CA}^{g} = \frac{ql^{2}}{12} = 40 kN \cdot m$$

$$M_{A} = \sum M_{Aj}^{g} = (75 - 40) kN \cdot m = 35 kN \cdot m$$

将分配系数及固端弯矩填入图 12-17b。

（3）计算分配弯矩、传递弯矩，计算各杆端总弯矩，如图 12-17b 所示。

（4）绘制 M 图，如图 12-17c 所示。

这样，就用不着建立和解算位移法的典型方程了。以上所述就是力矩分配法的基本概念。

第六节　用力矩分配法计算连续梁和无侧移刚架

上一节我们讨论了只有一个附加刚臂的简单情况，介绍了力矩分配法的基本概念。利用这一概念，并结合逐次否定每一个附加刚臂作用的办法，来解算具有多个结点的连续梁和无侧移刚架的内力。现以图 12-18a 所示的连续梁来加以说明，此结构有两个结点，用附加刚臂在 B、C 两结点加以固定，得其基本结构，则各杆的固端弯矩和分配系数计算如下：

计算固端弯矩：$M_{BC}^{g} = -\frac{90 \times 2 \times 16}{36} kN \cdot m = -80 kN \cdot m , \quad M_{CB}^{g} = \frac{90 \times 4 \times 4}{36} kN \cdot m =$

$40 kN \cdot m$

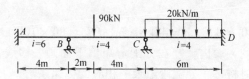

结点	A	B		C		D
杆端	AB	BA	BC	CB	CD	DC
μ	固端	0.6	0.4	0.5	0.5	固端
M^g			−80	40	−60	60
分配与传递	24	48	32	16		
			1	2	2	1
	−0.3	−0.6	−0.4	−0.2		
			0.05	0.1	0.1	0.05
		−0.03	−0.02			
M	23.7	47.37	−47.37	57.9	−57.9	61.05

a)

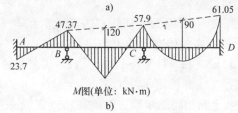

M图(单位：kN·m)

b)

图 12-18

$$M^g_{CD} = -\frac{20 \times 36}{12}\text{kN} \cdot \text{m} = -60\text{kN} \cdot \text{m}, \quad M^g_{DC} = 60\text{kN} \cdot \text{m}$$

B 结点的不平衡弯矩为 $R_{BF} = -80\text{kN} \cdot \text{m}$

C 结点的不平衡弯矩为 $R_{CF} = (-60 + 40)\text{kN} \cdot \text{m} = -20\text{kN} \cdot \text{m}$

求分配系数：结点 B：$S_{BA} = 4i = 24$，$S_{BC} = 4i = 16$

故
$$\mu_{BA} = \frac{24}{24 + 16} = 0.6, \quad \mu_{BC} = \frac{16}{24 + 16} = 0.4$$

结点 C：$S_{CB} = 4i = 16$，$S_{CD} = 4i = 16$

故
$$\mu_{CB} = \frac{16}{16 + 16} = 0.5, \quad \mu_{CD} = \frac{16}{16 + 16} = 0.5$$

求出各杆的固端弯矩、分配系数及各结点的不平衡力矩后，便可逐一消除各个附加刚臂约束中的不平衡力矩。为了使计算结果收敛较快，一般我们先消除不平衡力矩绝对值较大的那个结点，即 B 结点，使该结点上的各杆端弯矩单独处于平衡。此时，其他结点仍固定不动，即结点 C 仍保持固定，这样每次只放松（转动）一个结点，它只影响梁的两跨。由此，两跨以上连续梁的计算就转化为两跨连续梁的计算，故可利用上节所述力矩分配和传递的办法来消除结点的不平衡力矩。将结点 B 的不平衡力矩 R_{BF} 反其符号并乘上分配系数，求得相应杆端的

分配弯矩为

$$M_{BA} = (80 \times 0.6)\,\text{kN} \cdot \text{m} = 48\,\text{kN} \cdot \text{m}, M_{BC} = (80 \times 0.4)\,\text{kN} \cdot \text{m} = 32\,\text{kN} \cdot \text{m}$$

将分配弯矩列入表内，并在分配弯矩值下面画一横线，表示此时结点 B 暂时得到平衡。同时将每一分配弯矩乘上相应的传递系数，求得传递弯矩为

$$M_{AB} = (48 \times 0.5)\,\text{kN} \cdot \text{m} = 24\,\text{kN} \cdot \text{m}, \quad M_{CB} = (32 \times 0.5)\,\text{kN} \cdot \text{m} = 16\,\text{kN} \cdot \text{m}$$

因为当转动结点 B 时，结点 C 仍固定，故结点 C 的不平衡力矩的数值除了原来在荷载作用下产生的不平衡力矩 R_{CF} 外，再加上结点 B 传来的传递弯矩 M_{CB}，即

$$R'_{CF} = (16 - 20)\,\text{kN} \cdot \text{m} = -4\,\text{kN} \cdot \text{m}$$

在消除（转动）结点 C 的不平衡力矩时，这时结点 B 必须重新固定。将 R'_{CF} 反其符号并乘上分配系数，得相应的分配弯矩为

$$M_{CB} = (4 \times 0.5)\,\text{kN} \cdot \text{m} = 2\,\text{kN} \cdot \text{m}, M_{CD} = (4 \times 0.5)\,\text{kN} \cdot \text{m} = 2\,\text{kN} \cdot \text{m}$$

同样，在此分配弯矩值下面画一横线以表示此时结点 C 暂时得到平衡。同时，将此分配弯矩乘以相应的传递系数得传递弯矩为

$$M_{BC} = (2 \times 0.5)\,\text{kN} \cdot \text{m} = 1\,\text{kN} \cdot \text{m}, M_{DC} = (2 \times 0.5)\,\text{kN} \cdot \text{m} = 1\,\text{kN} \cdot \text{m}$$

这时结点 B 上又产生了新的不平衡力矩 $R'_{BF} = 1\,\text{kN} \cdot \text{m}$，此值比第一次的不平衡力矩要小很多。按照上面相同的步骤，继续在结点 B 消去不平衡力矩，进行弯矩分配和传递。直至最后传递弯矩很小可以忽略不计为止，便可停止进行。此时结构非常接近于结构的真实平衡状态了。各次的计算过程和结果如图中表格所示。

将每一杆端各次的分配弯矩、传递弯矩和原有的固端弯矩相叠加，便得到各杆杆端的最终弯矩值，然后绘出原结构的最终弯矩图，如图 12-18b 所示。

如果弯矩分配和传递的计算无误的话，那么，结点上的最终弯矩应该是平衡的。

以上是由连续梁的例子来说明的，但上述的计算方法同样可用于一般结点无线位移的刚架。

例 12-5 用力矩分配法计算图 12-19a 所示刚架，绘制 M 图。

解： 图示刚架没有结点线位移，故可以用力矩分配法计算。

（1）计算分配系数，为了计算方便，令 $i = \dfrac{EI}{6}$，则

$$i_{AB} = i, \ i_{AD} = i_{BE} = \frac{EI}{4} = 1.5i, \ i_{BC} = \frac{EI}{3} = 2i$$

所以

$$\mu_{AD} = \frac{4i_{AD}}{4i_{AD} + 4i_{AB}} = 0.6, \ \mu_{AB} = \frac{4i_{AB}}{4i_{AD} + 4i_{AB}} = 0.4$$

$$\mu_{BA} = \frac{4i_{BA}}{4i_{BA} + 4i_{BE} + 3i_{BC}} = 0.25, \ \mu_{BE} = \frac{4i_{BE}}{4i_{BA} + 4i_{BE} + 3i_{BC}} = 0.375$$

$$\mu_{BC} = \frac{3i_{BC}}{4i_{BA} + 4i_{BE} + 3i_{BC}} = 0.375$$

（2）计算固端弯矩

$$M_{DA}^g = -\frac{30 \times 4^2}{12} kN \cdot m = -40 kN \cdot m, \quad M_{AD}^g = \frac{30 \times 4^2}{12} kN \cdot m = 40 kN \cdot m$$

$$M_{AB}^g = -\frac{80 \times 6}{8} kN \cdot m = -60 kN \cdot m, \quad M_{BA}^g = \frac{80 \times 6}{8} kN \cdot m = 60 kN \cdot m$$

分配、传递弯矩及最终杆端弯矩的计算结果见表12-2，最终弯矩图如图12-19b所示。

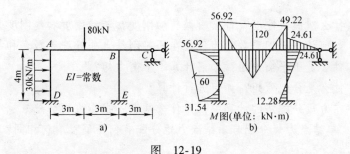

图 12-19

表 **12-2**

结点	D	A		B			E
杆端	DA	AD	AB	BA	BC	BE	EB
μ	固端	0.6	0.4	0.25	0.375	0.375	固端
M^g	−40	40	−60	60			
分配 与 传递			−7.5 ←	−15	−22.5	−22.5 →	−11.25
	8.25 ←	16.5	11	5.5			
			−0.7 ←	−1.4	−2.06	−2.06 →	−1.03
	0.21 ←	0.42	0.28	1.4			
				−0.04	−0.05	−0.05	
M	31.54	56.92	56.92	49.2	24.61	24.61	12.28

最后，应指出在计算过程中应该注意以下几个问题：

1）力矩分配法的基本假定及原理、基本结构、正负号的规定等都与位移法相同；

2）结点上的不平衡力矩，等于汇交于该结点各杆端的固端弯矩的代数和；

3）分配系数与外荷载、支座移动等因素无关，只与超静定的单杆的形式及其线性刚度有关；在计算分配系数时，同一结点各杆端的分配系数公式中有同一的分母值，且同一结点所有各杆端的分配系数之和应等于1。

思 考 题

12-1　结点角位移数如何确定？独立结点线位移的数目是如何确定的？

12-2　位移法中，杆端弯矩、支座截面转角以及杆端相对线位移的正、负号是怎样规定的？

12-3　位移法典型方程的物理意义是什么？典型方程中的系数和自由项各自的含义是什么？

12-4　说明力矩分配法的基本概念，力矩分配法与位移法有什么相同和不同之处？

12-5　什么叫做线刚度？什么叫做转动刚度？转动刚度和线刚度是否有关？

12-6　如何计算分配系数？为什么在同一刚结点处分配系数之和等于1？

12-7　什么是不平衡力矩？如何计算不平衡力矩？

12-8　什么是分配弯矩？如何进行计算？

12-9　在力矩分配法的计算中，为什么结点不平衡力矩会越来越小？

12-10　单结点力矩分配与多结点力矩分配有何不同？有何相同？

练 习 题

12-1　试确定图12-20所示各结构的位移法基本未知量。

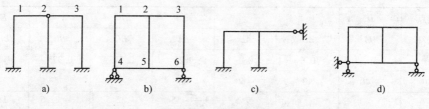

图12-20　题12-1图

12-2　用位移法计算图12-21所示各结构，并绘制最终弯矩图，EI 为常数。

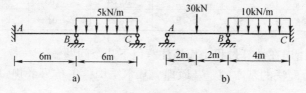

图12-21　题12-2图

12-3　用位移法计算图12-22所示各结构，并绘制最终弯矩图。

12-4　用位移法计算图12-23所示各结构，并绘制最终弯矩图。

12-5　用力矩分配法计算图12-24所示各连续梁的杆端弯矩，并绘制 M 图。

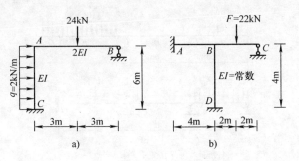

图 12-22　题 12-3 图

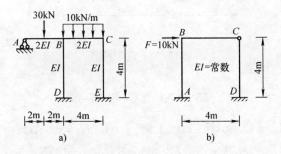

图 12-23　题 12-4 图

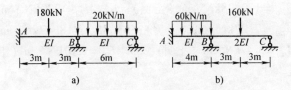

图 12-24　题 12-5 图

12-6　用力矩分配法计算图 12-25 所示各刚架的杆端弯矩，并绘制 *M* 图。

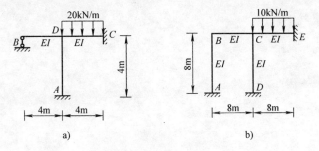

图 12-25　题 12-6 图

12-7　用力矩分配法计算图 12-26 所示各连续梁的杆端弯矩，并绘制 *M* 图。

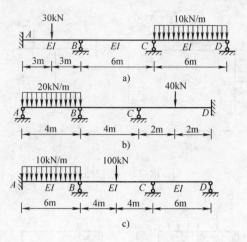

图 12-26　题 12-7 图

部分习题参考答案

12-2　a) $M_{BA} = 12.86$kN・m（上侧）；b) $M_{BA} = 31.41$kN・m（上侧）

12-3　a) $M_{AC} = 25.2$kN・m（左侧）；b) $M_{BA} = 12$kN・m（上侧）

12-4　a) $M_{BA} = 35.17$kN・m（上侧）；b) $M_{AB} = 17.39$kN・m（左侧）

12-5　a) $M_{BC} = 109.28$kN・m（上侧）；b) $M_{BA} = 220$kN・m（上侧）

12-6　a) $M_{DB} = 7.27$kN・m（上侧）；b) $M_{CD} = 18.47$kN・m（右侧）

12-7　a) $M_{BA} = 3.47$kN・m（上侧）；b) $M_{CD} = 3.07$kN・m（上侧）；c) $M_{CD} = 60.75$kN・m（上侧）

第十三章　压　杆　稳　定

　　杆件的破坏不仅会因为强度不足而引起，也可能会由于稳定性的丧失而发生。因此在设计杆件（特别是受压杆件）时，除了进行强度计算，还必须进行稳定计算，以满足其稳定条件。

　　工程上经常遇到的中心受压杆有桁架中的压杆、中心受压柱等，它们除必须满足强度条件外，还往往会由于"失稳"而破坏。所谓失稳就是本来直线状态的中心压杆，当荷载超过某一数值后，突然弯曲，改变了它原来的变形性质，即由压缩变形转化为压弯变形（图 13-1），杆件此时的荷载是远小于按抗压强度所确定的荷载。人们将细长压杆所发生的这种情形称为"丧失稳定"，而把这一类性质的问题称为"稳定问题"。

图　13-1

第一节　压杆的稳定平衡与不稳定平衡

　　图 13-2a 表示将一小球放在凹面的最低位置 A 处于平衡状态的情形，这时如果将小球轻轻推动一下，小球将由于自身重量的作用，在点 A 附近来回滚动，最后停留在原来位置 A，我们说小球在位置 A 的平衡是稳定的，即称为"稳定平衡"。图 13-2b 则表示将小球放在凸面上的 B 点，如果无干扰力，小球在最高点 B 也能平衡，但如果将小球轻微推动一下，小球将沿坡面滚下去，到另一位置 C，然后静止平衡，再也不能

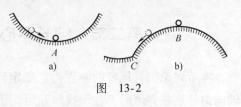

图　13-2

回到原来位置 B 上，这种小球在原来位置 B 的平衡是不稳定的，称为"不稳定平衡"。

　　同样，对弹性压杆也有稳定平衡与不稳定平衡的问题，要判断平衡是否稳定，必须加干扰。

　　稳定平衡，干扰去掉后，构件可以完全恢复原有形式下的平衡，称为稳定平衡。不稳平衡，干扰去掉后，构件不能完全恢复原有形式下的平衡，称为不稳定平衡。临界平衡，临界情况。小变形情况下，干扰到哪里，就在哪里保持曲线形式的平衡。

例如，细长的理想中心受压杆件，一端固定、一端自由，在外力 F 作用下（图 13-3a），压杆的变形会出现以下几种情况。

1）当压力 F 小于某一临界值 F_{cr} 时，压杆可以保持直线形式的平衡，但当压杆受到横向干扰时，就会出现偏离直线平衡位置的弯曲变形（图 13-3b），当干扰解除后，它将恢复直线形状下的平衡（图 13-3c），表明压杆在原来直线状态下的平衡是稳定的。

2）若压力 F 等于某一极限值 F_{cr} 时，杆件处于临界平衡状态。当压杆受到横向干扰的时候，会发生弯曲，但当解除干扰后，杆件不能恢复原来的形状而保持曲线形状的平衡（图 13-3d），此时的极限值称为临界压力或临界力，记为 F_{cr}。利用压杆在临界压力作用下，可以在曲线形式下保持平衡这一特点，可以求解临界压力 F_{cr}。

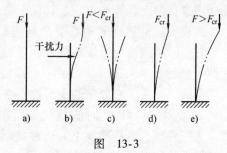

图　13-3

3）若压力 F 大于 F_{cr}，杆件的平衡将失去稳定性。干扰解除后，杆件将继续弯曲，不能恢复，表明压杆在原来直线形式下的平衡是不稳定平衡（图 13-3e）。压杆丧失其直线平衡形式的稳定性，称为丧失稳定，简称失稳。杆件失稳后，会导致整个结构的损坏。而且细长压杆失稳时，应力并不一定很高，有时甚至低于比例极限。

综上所述，压杆是否具有稳定性，主要取决于其所受的轴向压力。即研究压杆的稳定性的关键是确定其临界力 F_{cr} 的大小。当 $F < F_{cr}$ 时，压杆处于稳定平衡状态；当 $F > F_{cr}$ 时，压杆处于不稳定平衡状态。

第二节　细长中心压杆的临界力 F_{cr}

本节讨论细长压杆的临界力。稳定计算的关键是确定临界力 F_{cr} 的大小，当轴向力达到临界值时，在干扰解除后，压杆将继续保持微弯状态下的平衡。

一、两端铰支压杆的临界力

这里以两端铰支的等截面中心压杆为例来推导其临界力的计算公式。根据前面所述，此中心压杆在 F_{cr} 作用下，有可能在微弯状态下平衡。现假设在 F 作用下，如图 13-4a 所示的微弯状态下平衡，此时压杆距离铰 O 为 x 的任意横截面上的位移为 y，而该截面上的弯矩为

$$M_x = F_{cr}y \tag{a}$$

弯矩的正、负号按前面规定，在图 13-4b 所示的坐标系中弯矩 $M(x)$ 为正。

压力 F_{cr} 取正值，位移 y 以沿 y 轴的正向为正。将弯矩 M_x 代入挠曲线的近似微分方程，得

$$EIy'' = -M(x) = -F_{cr}y \qquad (b)$$

其中，I 代表横截面对其形心轴的惯性矩中的最小值即 I_{min}。将上式两端同除以 EI，并令

$$\frac{F_{cr}}{EI} = k^2 \qquad (c)$$

式中，k 为一系数，将 k^2 代入式（b），则式（b）可写成如下形式的二阶常系数线性微分方程：

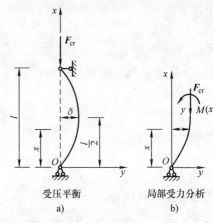

受压平衡
a)

局部受力分析
b)

图　13-4

$$y'' + k^2y = 0 \qquad (d)$$

上式通解为

$$y = A\sin kx + B\cos kx \qquad (e)$$

三个待定常数 A、B 和 k，可利用挠曲线的三个边界条件来确定。

由 $x = 0$，$y = 0$ 这一边界条件，可得 $B = 0$，于是

$$y = A\sin kx \qquad (f)$$

其次，由式（f）及 $x = \frac{l}{2}$，$y = \delta$ 这一条件（δ 为挠曲线的中点挠度），可得

$$A = \frac{\delta}{\sin \dfrac{kl}{2}}$$

将此常数 A 代回式（f）中，得

$$y = \frac{\delta \sin kx}{\sin \dfrac{kl}{2}} \qquad (g)$$

最后，由式（g）及 $x = l$，$y = 0$ 这一边界条件，得到

$$\frac{\delta}{\sin \dfrac{kl}{2}}\sin kl = 2\delta\cos \frac{kl}{2} = 0 \qquad (h)$$

上述条件只有在 $\delta = 0$ 或 $\cos \dfrac{kl}{2} = 0$ 时才成立。而 $\delta = 0$ 说明压杆原来没有微弯，这与维持微弯状态下平衡的出发点有矛盾，所以要使压杆在微弯状态下维持平衡，必须是

$$\cos \frac{kl}{2} = 0 \qquad (i)$$

即必须要满足：

$$\frac{kl}{2} = \frac{n\pi}{2} \quad (n = 1, 3, 5, \cdots)$$

其中，n 取最小值 1 时，其解为

$$kl = \sqrt{\frac{F_{cr}}{EI}}l = \pi \tag{j}$$

由此得出临界力公式

$$F_{cr} = \frac{\pi^2 EI}{l^2} \tag{13-1}$$

上式通常称为欧拉公式。

在 $kl = \pi$ 时，$\sin\dfrac{kl}{2} = \sin\dfrac{\pi}{2} = 1$，所以，由式（g）可知挠曲线的方程为

$$y = \delta\sin\frac{\pi x}{l} \tag{k}$$

从临界力公式知，临界力与抗弯刚度 EI 成正比，与 l^2 成反比。同时，上述临界力公式是从两端铰支的中心受压杆推导出来的，对于其他约束情况，亦可用同样方法推导出各自的临界力公式，推导过程中我们运用了边界条件，故说明临界力与两端的支座条件有关。

二、不同杆端约束下细长压杆的临界力公式、压杆的长度因数

对一端固定另一端自由、一端固定另一端铰支和两端固定的压杆（见表 13-1），推导临界力公式的结果表明，无论支承约束如何，其临界力公式可用下面的普遍形式表达，即

$$F_{cr} = \frac{\pi^2 EI}{(\mu l)^2} \tag{13-2}$$

式中，μ 为长度因数，它反映了杆件两端约束对临界力的影响，μ 的数值见表 13-1。从 μ 的数值知，杆端约束越强，则临界力越大。

表 13-1　不同约束条件下的细长压杆临界力计算公式

支端情况	两端铰支	一端固定、一端铰支	一端固定、一端自由	一端固定、一端滑动	两端固定但一端可沿横向滑动
临界状态时挠曲线形状	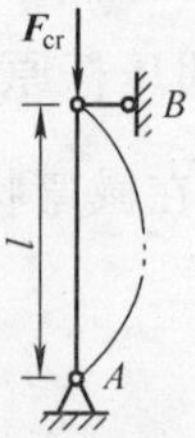	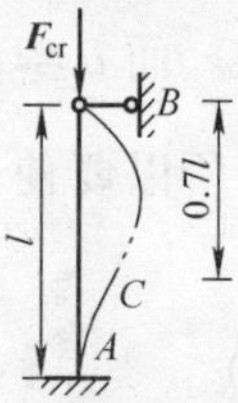	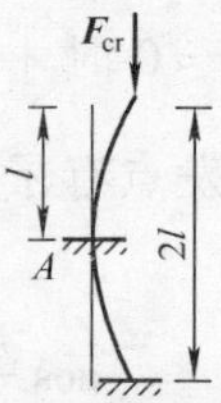	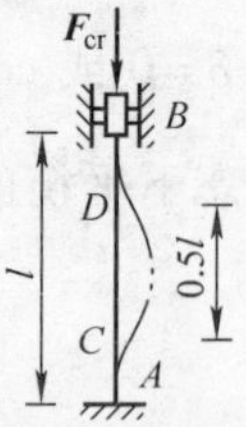	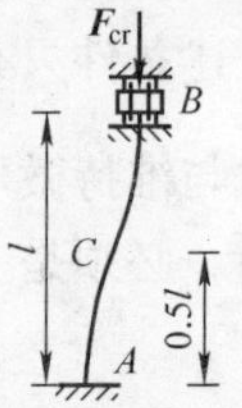

（续）

支端情况	两端铰支	一端固定、一端铰支	一端固定、一端自由	一端固定、一端滑动	两端固定但一端可沿横向滑动
临界力公式	$F_{cr} = \dfrac{\pi^2 EI}{l^2}$	$F_{cr} = \dfrac{\pi^2 EI}{(0.7l)^2}$	$F_{cr} = \dfrac{\pi^2 EI}{(2l)^2}$	$F_{cr} = \dfrac{\pi^2 EI}{(0.5l)^2}$	$F_{cr} = \dfrac{\pi^2 EI}{(0.5l)^2}$
长度因数	$\mu = 1$	$\mu = 0.7$	$\mu = 2$	$\mu = 0.5$	$\mu = 0.5$

上述长度因数 μ 的值，都是按理想约束情况得到的，在工程实际中确定 μ 时，要对实际的约束作具体分析，μl 又称计算长度。

下面将临界力公式用另一种形式表达。将惯性矩 I 用 $i^2 A$ 表示，即 $I = i^2 A$，这里 A 为压杆横截面面积，i 为惯性半径。于是临界力公式可写成

$$F_{cr} = \frac{\pi^2 E i^2 A}{(\mu l)^2} = \frac{\pi^2 EA}{\left(\dfrac{\mu l}{i}\right)^2} = \frac{\pi^2 EA}{\lambda^2} \tag{13-3}$$

式中，$\lambda = \dfrac{\mu l}{i}$ 是一个无量纲的量，称为压杆的长细比。它反映了与杆的长度 l、横截面的形状和尺寸有关的惯性半径 i 及与杆端约束有关的长度因数 μ，对临界力的综合影响，以后可根据 λ 数值的变化来研究临界力的变化。应该注意的是，式（13-2）与式（13-3）只适用于材料处于线弹性范围内。

例 13-1 如图 13-5 所示，某细长压杆，一端固定，另一端自由，已知其弹性模量 $E = 10\text{GPa}$，长度 $l = 2.5\text{m}$，$h = 150\text{mm}$，$b = 90\text{mm}$。试求压杆的临界力。

解：（1）截面对 y 轴、z 轴的惯性矩分别为

$$I_z = \frac{bh^3}{12} = \frac{90 \times 150^3}{12}\text{mm}^4 = 25.3 \times 10^6 \text{mm}^4$$

$$I_y = \frac{hb^3}{12} = \frac{150 \times 90^3}{12}\text{mm}^4 = 9.1 \times 10^6 \text{mm}^4$$

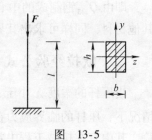

图 13-5

由于 $I_y < I_z$，所以压杆必然绕 y 轴弯曲失稳。将 I_y 代入公式计算临界力，根据杆端约束 $\mu = 2$，得

$$F_{cr} = \frac{\pi^2 EI}{(\mu l)^2} = \frac{\pi^2 \times 10 \times 10^9 \times 9.1 \times 10^6 \times 10^{-12}}{(2 \times 2.5)^2}\text{N} = 35.9\text{kN}$$

第三节　欧拉公式及临界应力总图

一、欧拉临界力的适用范围

欧拉临界力公式是假设材料在线弹性范围内的条件下导出的，因此，压杆失

稳前的应力必须不大于材料的比例极限 σ_p，否则应力与应变不成正比，挠曲线的近似微分方程不成立，当然临界力公式也不成立。欧拉临界力公式的适用范围可用 λ 来判别。临界应力用 σ_{cr} 表示，则临界应力为

$$\sigma_{cr} = \frac{F_{cr}}{A} = \frac{\pi^2 E}{\lambda^2}$$

如果

$$\sigma_{cr} = \frac{\pi^2 E}{\lambda^2} \leqslant \sigma_p$$

或写成

$$\lambda \geqslant \sqrt{\frac{\pi^2 E}{\sigma_p}} \qquad\qquad (13\text{-}4)$$

也就是说，只有当压杆的长细比 $\lambda \geqslant \sqrt{\dfrac{\pi^2 E}{\sigma_p}}$ 时，才能用欧拉公式计算临界力或临界应力，这类压杆我们称为大柔度杆，或称为细长压杆。式（13-4）的右边为 λ_p。λ_p 是能否用欧拉公式计算临界力的长细比界限值，其大小取决于材料的力学性质（即 σ_p 与 E）。例如，Q_{235} 钢，$E = 2.06 \times 10^5 \text{MPa}$，$\sigma_p = 200 \text{MPa}$，则

$$\lambda_p = \sqrt{\frac{\pi^2 E}{\sigma_p}} = \sqrt{\frac{\pi^2 \times 2.06 \times 10^5}{200}} \approx 100$$

即由 Q_{235} 钢制成的中心受压杆，当 $\lambda \geqslant 100$ 时，才能用欧拉公式计算临界力。其他材料，同样可求出其界限值 λ_p。

二、欧拉经验公式

当压杆的柔度 λ 小于 λ_p 时，σ_{cr} 已大于 σ_p，材料已进入非弹性范围。在这种情况下，压杆的临界应力在工程计算中常通过建立在实验基础上的经验公式来计算，其中有在机械工程中常用的直线公式和在钢结构中常用的抛物线公式。

1. 直线公式

其形式为

$$\sigma_{cr} = a - b\lambda$$

式中，a、b 为与材料有关的常数，单位为 MPa。

压杆的柔度越小，其临界应力就越大。以塑性材料制成的压杆为例，当其临界应力达到材料的屈服极限 σ_s 或强度极限 σ_b 时，就属于强度问题了。因此，直线公式也有适用范围，即由经验公式算出的临界应力，其最高值只能等于 σ_s。即

$$\sigma_{cr} = a - b\lambda < \sigma_s$$

由上式得

$$\lambda > \frac{a - \sigma_s}{b}$$

令

$$\lambda_s = \frac{a - \sigma_s}{b} \tag{13-5}$$

由以上讨论可知，在计算压杆的临界应力时应根据其柔度值来选择相应的计算公式，当 $\lambda \geqslant \lambda_p$ 时，称为细长杆或大柔度杆，可用欧拉公式（13-4）计算其临界应力；当 $\lambda_s < \lambda < \lambda_p$ 时，称为中长杆或中柔度杆，可用直线公式（13-5）计算其临界应力；当 $\lambda < \lambda_s$ 时，称为短粗杆或小柔度杆，其临界应力就为材料的屈服极限，应用强度条件计算。

2. 抛物线公式

其形式为

$$\sigma_{cr} = \sigma_s - a\lambda^2$$

式中，σ_s 为材料的屈服极限；a 为与材料有关的常数，单位均为 MPa。

例如，Q235 钢：$\sigma_{cr} = 235 - 0.00668\lambda^2$，锰钢：$\sigma_{cr} = 343 - 0.00142\lambda^2$。

实际压杆的柔度值不同，临界应力的计算公式将不同，为了直观地表达这一点，可以给出临界应力随柔度的变化曲线，这种图线称为压杆的临界应力总图。例如，图 13-6a 所示为直线公式临界应力总图，图 13-6b 所示为抛物线公式临界应力总图，图 13-6c 所示为 Q235 钢压杆的临界应力总图。图中，抛物线和欧拉曲线在 C 处光滑连接，C 点对应的柔度 $\lambda_c = 123$，临界应力为 134MPa。由于经验公式更符合压杆的实际情况，故在实用中，对 Q235 钢制成的压杆，当 $\lambda \geqslant \lambda_c = 123$ 时才按欧拉公式计算临界应力，当且 $\lambda < 123$ 时，采用抛物线公式计算临界应力。

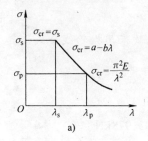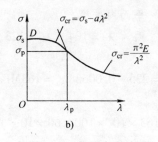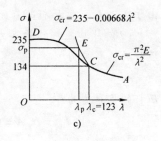

图 13-6 临界应力总图

例 13-2 图 13-7a 所示压杆的横截面为矩形，$h = 100$mm，$b = 60$mm，杆长 $l = 3$m，材料为 Q235 钢，$\sigma_s = 235$MPa，$\lambda_p = 123$。在图 13-7a 所示平面内，杆端约束为两端铰支；在图 13-7b 所示平面内，杆端约束为两端固定。求此压杆的临界力。

解：（1）判断该杆的失稳平面。因为压杆在各个纵向平面内的杆端约束和抗弯刚度都不相同，故须计算压杆在两个纵向对称面内的柔度值。压杆在 xOy 平

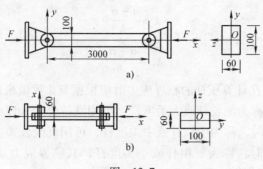

图　13-7

面内，杆端约束为两端铰支，$\mu = 1$，惯性半径为

$$i_z = \frac{h}{\sqrt{12}} = \frac{100 \times 10^{-3}}{\sqrt{12}} \mathrm{m} = 28.86 \times 10^{-3} \mathrm{m}$$

柔度为

$$\lambda_z = \frac{\mu l}{i_z} = \frac{1 \times 3}{28.86 \times 10^{-3}} = 104$$

压杆在 xOz 平面内，杆端约束为两端固定，$\mu = 0.5$，惯性半径为

$$i_y = \frac{b}{\sqrt{12}} = \frac{60 \times 10^{-3}}{\sqrt{12}} \mathrm{m} = 17.32 \times 10^{-3} \mathrm{m}$$

柔度为：

$$\lambda_y = \frac{\mu l}{i_y} = \frac{0.5 \times 3}{17.32 \times 10^{-3}} = 86.6$$

由于 $\lambda_z > \lambda_y$，故压杆将在 xOy 平面内失稳。

（2）计算压杆的临界力。因为 $\lambda_z = 104 < \lambda_p = 123$，故采用抛物线公式计算压杆的临界应力

$$\sigma_{cr} = 235 - 0.00668\lambda_z^2 = 163\mathrm{MPa}$$

压杆的临界力为

$$F_{cr} = \sigma_{cr}A = (163 \times 10^6 \times 100 \times 60 \times 10^{-6})\mathrm{N} = 978\mathrm{kN}$$

第四节　压杆的稳定计算

一、理想中心受压杆的稳定条件

对于中心受压杆，除考虑强度条件外，必须进行稳定计算。下面讨论压杆的稳定条件。取稳定安全因数为 n_w，以 $[\sigma]_w$ 表示稳定许用应力，则

$$[\sigma]_{\mathrm{w}} = \frac{\sigma_{\mathrm{cr}}^{0}}{n_{\mathrm{w}}} \tag{13-6}$$

式中，$[\sigma]_{\mathrm{w}}$ 为稳定许用应力；σ_{cr}^{0} 为欧拉临界应力或切线模量临界应力；n_{w} 为稳定安全因数。

为了防止压杆失稳，使压杆能正常地工作，必须使压杆的工作应力小于或等于稳定许用应力，即

$$\sigma = \frac{F}{A} \leqslant [\sigma]_{\mathrm{w}} \tag{13-7}$$

式中，F 是压杆的工作荷载，公式（13-7）为稳定条件的基本公式。

为了计算方便，下面用强度条件中的许用应力 $[\sigma]$ 来表示稳定条件，从前面章节中知

$$[\sigma] = \frac{\sigma^{0}}{n}$$

式中，σ^{0} 为材料压缩时的极限应力，取 σ_{s} 或 σ_{b}；n 为强度安全因数。

令

$$\frac{[\sigma]_{\mathrm{w}}}{[\sigma]} = \varphi$$

式中，φ 称为中心受压杆件的稳定因数。即稳定许用压力可用 φ 乘以强度许用应力表示。

$$[\sigma]_{\mathrm{w}} = \varphi[\sigma]$$

将式（13-7）改写成

$$\sigma = \frac{F}{A} \leqslant \varphi[\sigma] \tag{13-8}$$

φ 值一般情形下是小于 1 的系数。同时，临界应力随长细比 λ 而变，λ 越大则临界应力越小，φ 也就越小。

与强度条件的计算方法类似，应用稳定条件可以解决下列常见的三类问题：

（1）稳定校核　根据式（13-8）校核压杆是否满足稳定条件。此时，应首先计算出压杆的柔度 λ，由 λ 查出相应的稳定因数 φ，见表13-2，再按式（13-8）进行校核。

（2）确定许用荷载　在已知压杆的几何尺寸、所用材料及支承情况下，按式（13-8）计算外荷载 F，即

$$F \leqslant A\varphi[\sigma]$$

此时，应首先计算出压杆的柔度 λ，再由 λ 查出相应的稳定因数 φ。

（3）选择截面　在已知压杆的长度、所用材料、支撑情况及荷载 F 条件下，按式（13-8）选择杆的截面尺寸，即

$$A \geqslant \frac{F}{\varphi[\sigma]}$$

此时采用试算法。由于截面尺寸未确定前，无法确定杆的柔度 λ，因此，无法确定稳定因数 φ。试算法先假定一个 φ 值（0～1），由稳定条件计算出杆件截面面积 A，然后根据计算出的面积 A 及截面形状计算出 λ，查出稳定因数 φ，再根据 A 及 φ 值验算其是否满足稳定条件。若不满足，再重新假定新的 φ 值，重复上述过程，直到满足稳定条件为止。

表 13-2　稳定因数

λ	φ			λ	φ		
	Q235 钢	16 锰钢	木材		Q235 钢	16 锰钢	木材
0	1.000	1.000	1.000	110	0.536	0.384	0.248
10	0.995	0.993	0.971	120	0.466	0.325	0.208
20	0.981	0.973	0.932	130	0.401	0.279	0.178
30	0.958	0.940	0.883	140	0.349	0.242	0.153
40	0.927	0.895	0.822	150	0.306	0.213	0.133
50	0.888	0.840	0.751	160	0.272	0.188	0.117
60	0.842	0.776	0.668	170	0.243	0.168	0.104
70	0.789	0.705	0.575	180	0.218	0.151	0.093
80	0.731	0.627	0.470	190	0.197	0.136	0.083
90	0.669	0.546	0.370	200	0.180	0.124	0.075
100	0.604	0.462	0.300				

例 13-3　材料为 Q235 的工字钢受压杆，杆两端分别为铰支和固定约束如图 13-8 所示，杆的长度 $l = 4m$。压力 $F = 300kN$，材料的强度许用应力 $[\sigma] = 170MPa$，试选择工字钢型号。

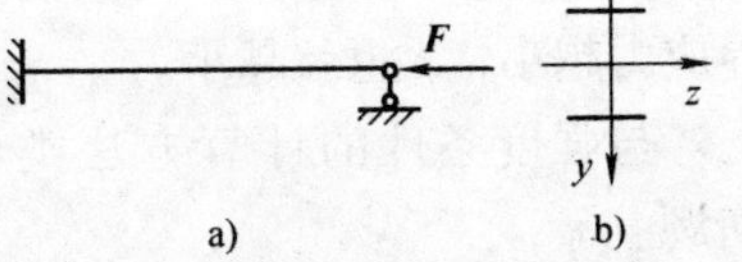

图　13-8

解： 压杆两端约束条件在各方位都相同的情况下，压杆将首先沿最弱轴（惯性矩最小轴）发生失稳。对图 13-8 所示工字钢截面而言，压杆将首先沿 y 轴失稳。采用"试算法"选择截面。

（1）取 $\varphi = 0.5$，由稳定条件式（13-8），作第一次试算，可得压杆的截面面积为

$$A \geqslant \frac{F}{\varphi[\sigma]} = \frac{300 \times 10^3}{0.5 \times 170 \times 10^6} m^2 = 0.00353 m^2 = 35.3 cm^2$$

根据 $A = 35.3 cm^2$，查型钢表选取 20a 工字钢。可查得该工字钢横截面积为 $A = 35.6 cm^2$，最小惯性半径 $i_{min} = i_y = 2.12 cm$。在此基础上再验算其稳定条件。压杆的长细比为

$$\lambda = \frac{\mu l}{i_y} = \frac{0.7 \times 4}{0.0212} = 132$$

根据 $\lambda = 132$ 计算稳定因数。当长细比为 130 时，稳定因数为 0.401；当长细比为 140 时，稳定因数为 0.349。按内查法可得 $\lambda = 132$ 时，其折减因数为

$$\varphi = 0.401 - \frac{0.401 - 0.349}{10} \times 2 = 0.391$$

根据式（13-8）验算：

$$\sigma = \frac{F}{\varphi A} = \frac{300 \times 10^3}{0.391 \times 35.6 \times 10^{-4}} \text{Pa} = 215\text{MPa} > [\sigma] = 170\text{MPa}$$

故不满足稳定条件，需要重新选择工字钢。

（2）由稳定条件公式（13-8）作第二次试算，选

$$\varphi' = \frac{0.5 + 0.391}{2} = 0.446$$

由此可得压杆的截面面积为

$$A' \geq \frac{F}{\varphi'[\sigma]} = \frac{300 \times 10^3}{0.446 \times 170 \times 10^6} \text{m}^2 = 0.00396\text{m}^2 = 39.6\text{cm}^2$$

根据 $A = 39.6\text{cm}^2$，查型钢表选取 22a 工字钢。可查得该工字钢横截面积为 $A = 42\text{cm}^2$，最小惯性半径 $i_{\min} = i_y = 2.31\text{cm}$。在此基础上再验算其稳定条件。压杆的长细比为

$$\lambda_2 = \frac{\mu l}{i_y} = \frac{0.7 \times 4}{0.0231} = 121$$

根据 $\lambda = 121$ 计算稳定因数。当长细比为 120 时，稳定因数为 0.446；当长细比为 130 时，稳定因数为 0.401。按内查法可得 $\lambda = 121$ 时，其折减因数为

$$\varphi = 0.446 - \frac{0.446 - 0.401}{10} \times 1 = 0.441$$

根据式（13-8）验算：

$$\sigma = \frac{F}{\varphi A} = \frac{300 \times 10^3}{0.441 \times 42 \times 10^{-4}} \text{Pa} = 162\text{MPa} < [\sigma] = 170\text{MPa}$$

故选择 22a 工字钢满足条件。

二、提高压杆稳定性的措施

1. 减小压杆的支承长度

在条件允许的情况下，尽量减小压杆的实际长度，以减小 λ 值，从而提高压杆稳定性。若不允许减小压杆的实际长度，则可通过增加中间支承减小压杆的支承长度，以达到既不减小压杆的实际长度又提高其稳定性的目的。

2. 改善支承情况，减小长度因数 λ

杆端约束的刚性越好，压杆的 μ 值就越小，从而可在相当程度上改善整个杆件抗失稳能力。例如，工程结构中有的柱子，除两端要求焊牢固之外，还需要设置肘板以加固端部约束。

3. 选择合理的截面形状

在截面面积相同的情况下，增大惯性矩 I，从而达到增大惯性半径 i，减小柔度 λ，提高压杆的临界应力。例如，把截面设计成空心的，如图 13-9 所示，并使 $I_y = I_z$ 可提高压杆在两方向的稳定性。当压杆在各弯曲平面内的支承条件相同时，压杆的稳定性是由 I_{min} 方向的临界应力控制。因此，应尽量使截面对任一形心主轴的惯性矩相同，这样可使压杆在各弯曲平面内具有相同的稳定性。

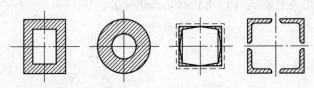

图 13-9

4. 合理选择材料

对于大柔度杆，临界应力与材料的弹性模量 E 有关，由于各种钢材的弹性模量相差不大。所以，对大柔度杆来说，选用优质钢材对于提高临界应力意义不大。对于中柔度杆，其临界应力与材料强度有关，强度越高的材料，临界应力越高。所以，对中柔度杆而言，选择优质钢材有助于提高压杆的稳定性。

思 考 题

13-1 什么是压杆稳定？什么叫做失稳？

13-2 受压杆的强度问题与稳定性问题有何区别和联系？

13-3 压杆的临界压力和临界应力的含义是什么？压杆临界力与压杆所受作用力有关吗？

13-4 若将受压杆的长度增加一倍，其临界压力和临界应力会有什么变化？若将圆截面杆的直径增加一倍，其临界压力和临界应力的值会有什么变化？

13-5 压杆的柔度反映了压杆的哪些因素？

练 习 题

13-1 如图 13-10 所示压杆，截面形状都为圆形，直径 $d = 150\text{mm}$，材料为 Q235 钢，弹性模量 $E = 200\text{GPa}$。试按欧拉公式分别计算各杆的临界力。

13-2 某细长压杆，两端为铰支，材料用 Q235 钢，弹性模量 $E = 200\text{GPa}$，试用欧拉公式分别计算下列三种情况的临界力：
（1）圆形截面，直径 $d=25\text{mm}$，$l=2\text{m}$；（2）矩形截面，$h=50\text{mm}$，$b=20\text{mm}$，$l=2\text{m}$；（3）16工字钢，$l=2\text{m}$。

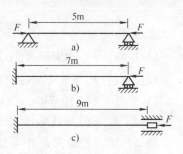

图 13-10 题 13-1 图

13-3 下端固定、上端铰支、$l=2\text{m}$ 的压杆，已知杆为一根 28a 工字钢，材料为 Q235 钢，强度许用应力 $[\sigma]=170\text{MPa}$，试求压杆的许用荷载。

13-4 如图 13-11 所示，两端铰支的圆截面受压钢杆（Q235 钢），已知 $l=2\text{m}$，$d=40\text{mm}$，材料的弹性模量 $E=2\times10^{5}\text{MPa}$，比例极限 $\sigma_{\text{p}}=200\text{MPa}$，试求该压杆的临界力。

13-5 材料为 Q235 钢的受压杆，杆两端铰支约束如图 13-12 所示，杆横截面为圆形，直径 $d=20\text{mm}$，杆长 $l=1\text{m}$。两端轴心压力 $F=11\text{kN}$，材料的强度许用应力 $[\sigma]=170\text{MPa}$，试校核杆的稳定性。

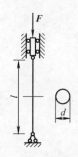

图 13-11 题 13-4 图

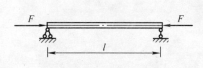

图 13-12 题 13-5 图

13-6 如图 13-13 所示结构中，*CD* 杆为 Q235 轧制钢管，材料的强度许用应力 $[\sigma]=170\text{MPa}$，$d=26\text{mm}$，$D=36\text{mm}$，试校核 *CD* 杆的稳定性。

13-7 如何判断压杆的失稳平面？图 13-14 所示截面，在约束都相同的情况下，试指出失稳平面，失稳时截面绕哪个轴转动？

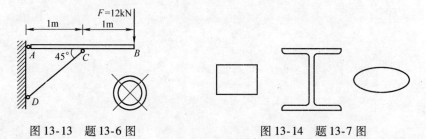

图 13-13 题 13-6 图   图 13-14 题 13-7 图

部分习题参考答案

13-1　a）$F_{cr} = 1960 \text{kN}$；b）$F_{cr} = 2039 \text{kN}$；c）$F_{cr} = 2418 \text{kN}$

13-2　1）$F_{cr} = 9.45 \text{kN}$；2）$F_{cr} = 16.43 \text{kN}$；3）$F_{cr} = 459.8 \text{kN}$

13-3　$[F] = 810.7 \text{kN}$

13-4　$F_{cr} = 61.92 \text{kN}$

13-5　不满足稳定条件

13-6　$[F_{CD}] = 34.58 \text{kN}$，满足稳定条件

附 录

附录 A 型钢表（GB/T 706—2008）

表 A-1 热轧等边角钢

符号意义：

b——边宽；
d——边厚；
r——内圆弧半径；
r_1——边端内弧半径。

I——惯性矩；
i——惯性半径；
W——截面模数；
z_0——重心距离。

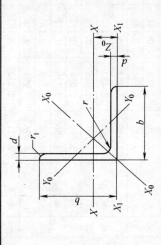

型号	截面尺寸/mm			截面面积 /cm²	理论重量 /(kg/m)	外表面积 /(m²/m)	惯性矩/cm⁴				惯性半径/cm				截面模数/cm³			重心距离/cm
	b	d	r				I_x	I_{x1}	I_{x0}	I_{y0}	i_x	i_{x0}	i_{y0}	W_x	W_{x0}	W_{y0}	Z_0
2	20	3	3.5	1.132	0.889	0.078	0.40	0.81	0.63	0.17	0.59	0.75	0.39	0.29	0.45	0.20	0.60
		4		1.459	1.145	0.077	0.50	1.09	0.78	0.22	0.58	0.73	0.38	0.36	0.55	0.24	0.64
2.5	25	3		1.432	1.124	0.098	0.82	1.57	1.29	0.34	0.76	0.95	0.49	0.46	0.73	0.33	0.73
		4		1.859	1.459	0.097	1.03	2.11	1.62	0.43	0.74	0.93	0.48	0.59	0.92	0.40	0.76

（续）

型号	截面尺寸/mm b	截面尺寸/mm d	截面尺寸/mm r	截面面积/cm²	理论重量/(kg/m)	外表面积/(m²/m)	惯性矩/cm⁴ I_x	I_{x1}	I_{x0}	I_{y0}	惯性半径/cm i_x	i_{x0}	i_{y0}	截面模数/cm³ W_x	W_{x0}	W_{y0}	重心距离/cm Z_0
3.0	30	3	4.5	1.749	1.373	0.117	1.46	2.71	2.31	0.61	0.91	1.15	0.59	0.68	1.09	0.51	0.85
		4		2.276	1.786	0.117	1.84	3.63	2.92	0.77	0.90	1.13	0.58	0.87	1.37	0.62	0.89
3.6	36	3		2.109	1.656	0.141	2.58	4.68	4.09	1.07	1.11	1.39	0.71	0.99	1.61	0.76	1.00
		4		2.756	2.163	0.141	3.29	6.25	5.22	1.37	1.09	1.38	0.70	1.28	2.05	0.93	1.04
		5		3.382	2.654	0.141	3.95	7.84	6.24	1.65	1.08	1.36	0.70	1.56	2.45	1.00	1.07
4	40	3		2.359	1.852	0.157	3.59	6.41	5.69	1.49	1.23	1.55	0.79	1.23	2.01	0.96	1.09
		4		3.086	2.422	0.157	4.60	8.56	7.29	1.91	1.22	1.54	0.79	1.60	2.58	1.19	1.13
		5		3.791	2.976	0.156	5.53	10.74	8.76	2.30	1.21	1.52	0.78	1.96	3.10	1.39	1.17
4.5	45	3	5	2.659	2.088	0.177	5.17	9.12	8.20	2.14	1.40	1.76	0.89	1.58	2.58	1.24	1.22
		4		3.486	2.736	0.177	6.65	12.18	10.56	2.75	1.38	1.74	0.89	2.05	3.32	1.54	1.26
		5		4.292	3.369	0.176	8.04	15.2	12.74	3.33	1.37	1.72	0.88	2.51	4.00	1.81	1.30
		6		5.076	3.985	0.176	9.33	18.36	14.76	3.89	1.36	1.70	0.8	2.95	4.64	2.06	1.33
5	50	3	5.5	2.971	2.332	0.197	7.18	12.5	11.37	2.98	1.55	1.96	1.00	1.96	3.22	1.57	1.34
		4		3.897	3.059	0.197	9.26	16.69	14.70	3.82	1.54	1.94	0.99	2.56	4.16	1.96	1.38
		5		4.803	3.770	0.196	11.21	20.90	17.79	4.64	1.53	1.92	0.98	3.13	5.03	2.31	1.42
		6		5.688	4.465	0.196	13.05	25.14	20.68	5.42	1.52	1.91	0.98	3.68	5.85	2.63	1.46
5.6	56	3	6	3.343	2.624	0.221	10.19	17.56	16.14	4.24	1.75	2.20	1.13	2.48	4.08	2.02	1.48
		4		4.390	3.446	0.220	13.18	23.43	20.92	5.46	1.73	2.18	1.11	3.24	5.28	2.52	1.53
		5		5.415	4.251	0.220	16.02	29.33	25.42	6.61	1.72	2.17	1.10	3.97	6.42	2.98	1.57
		6		6.420	5.040	0.220	18.69	35.26	29.66	7.73	1.71	2.15	1.10	4.68	7.49	3.40	1.61
		7		7.404	5.812	0.219	21.23	41.23	33.63	8.82	1.69	2.13	1.09	5.36	8.49	3.80	1.64
		8		8.367	6.568	0.219	23.63	47.24	37.37	9.89	1.68	2.11	1.09	6.03	9.44	4.16	1.68
6	60	5	6.5	5.829	4.576	0.236	19.89	36.05	31.57	8.21	1.85	2.33	1.19	4.59	7.44	3.48	1.67
		6		6.914	5.427	0.235	23.25	43.33	36.89	9.60	1.83	2.31	1.18	5.41	8.70	3.98	1.70
		7		7.977	6.262	0.235	26.44	50.65	41.92	10.96	1.82	2.29	1.17	6.21	9.88	4.45	1.74
		8		9.020	7.081	0.235	29.47	58.02	46.66	12.28	1.81	2.27	1.17	6.98	11.00	4.88	1.78

（续）

型号	截面尺寸/mm			截面面积 /cm²	理论重量 /(kg/m)	外表面积 /(m²/m)	惯性矩/cm⁴				惯性半径/cm			截面模数/cm³			重心距离/cm
	b	d	r				I_x	I_{x1}	I_{x0}	I_{y0}	i_x	i_{x0}	i_{y0}	W_x	W_{x0}	W_{y0}	Z_0
6.3	63	4	7	4.978	3.907	0.248	19.03	33.35	30.17	7.89	1.96	2.46	1.26	4.13	6.78	3.29	1.70
		5		6.143	4.822	0.248	23.17	41.73	36.77	9.57	1.94	2.45	1.25	5.08	8.25	3.90	1.74
		6		7.288	5.721	0.247	27.12	50.14	43.03	11.20	1.93	2.43	1.24	6.00	9.66	4.46	1.78
		7		8.412	6.603	0.247	30.87	58.60	48.96	12.79	1.92	2.41	1.23	6.88	10.99	4.98	1.82
		8		9.515	7.469	0.247	34.46	67.11	54.56	14.33	1.90	2.40	1.23	7.75	12.25	5.47	1.85
		10		11.657	9.151	0.246	41.09	84.31	64.85	17.33	1.88	2.36	1.22	9.39	14.56	6.36	1.93
7	70	4	8	5.570	4.372	0.275	26.39	45.74	41.80	10.99	2.18	2.74	1.40	5.14	8.44	4.17	1.86
		5		6.875	5.397	0.275	32.21	57.21	51.08	13.31	2.16	2.73	1.39	6.32	10.32	4.95	1.91
		6		8.160	6.406	0.275	37.77	68.73	59.93	15.61	2.15	2.71	1.38	7.48	12.11	5.67	1.95
		7		9.424	7.398	0.275	43.09	80.29	68.35	17.82	2.14	2.69	1.38	8.59	13.81	6.34	1.99
		8		10.667	8.373	0.274	48.17	91.92	76.37	19.98	2.12	2.68	1.37	9.68	15.43	6.98	2.03
7.5	75	5	9	7.412	5.818	0.295	39.97	70.56	63.30	16.63	2.33	2.92	1.50	7.32	11.94	5.77	2.04
		6		8.797	6.905	0.294	46.95	84.55	74.38	19.51	2.31	2.90	1.49	8.64	14.02	6.67	2.07
		7		10.160	7.976	0.294	53.57	98.71	84.96	22.18	2.30	2.89	1.48	9.93	16.02	7.44	2.11
		8		11.503	9.030	0.294	59.96	112.97	95.07	24.86	2.28	2.88	1.47	11.20	17.93	8.19	2.15
		9		12.825	10.068	0.294	66.10	127.30	104.71	27.48	2.27	2.86	1.46	12.43	19.75	8.89	2.18
		10		14.126	11.089	0.293	71.98	141.71	113.92	30.05	2.26	2.84	1.46	13.64	21.48	9.56	2.22
8	80	5	9	7.912	6.211	0.315	48.79	85.36	77.33	20.25	2.48	3.13	1.60	8.34	13.67	6.66	2.15
		6		9.397	7.376	0.314	57.35	102.50	90.98	23.72	2.47	3.11	1.59	9.87	16.08	7.65	2.19
		7		10.860	8.525	0.314	65.58	119.70	104.07	27.09	2.46	3.10	1.58	11.37	18.40	8.58	2.23
		8		12.303	9.658	0.314	73.49	136.97	116.60	30.39	2.44	3.08	1.57	12.83	20.61	9.46	2.27
		9		13.725	10.774	0.314	81.11	154.31	128.60	33.61	2.43	3.06	1.56	14.25	22.73	10.29	2.31
		10		15.126	11.874	0.313	88.43	171.74	140.09	36.77	2.42	3.04	1.56	15.64	24.76	11.08	2.35

（续）

型号	截面尺寸/mm			截面面积/cm²	理论重量/(kg/m)	外表面积/(m²/m)	惯性矩/cm⁴				惯性半径/cm			截面模数/cm³			重心距离/cm
	b	d	r				I_x	I_{x1}	I_{x0}	I_{y0}	i_x	i_{x0}	i_{y0}	W_x	W_{x0}	W_{y0}	Z_0
9	90	6	10	10.637	8.350	0.354	82.77	145.87	131.26	34.28	2.79	3.51	1.80	12.61	20.63	9.95	2.44
		7		12.301	9.656	0.354	94.83	170.30	150.47	39.18	2.78	3.50	1.78	14.54	23.64	11.19	2.48
		8		13.944	10.946	0.353	106.47	194.80	168.97	43.97	2.76	3.48	1.78	16.42	26.55	12.35	2.52
		9		15.566	12.219	0.353	117.72	219.39	186.77	48.66	2.75	3.46	1.77	18.27	29.35	13.46	2.56
		10		17.167	13.476	0.353	128.58	244.07	203.90	53.26	2.74	3.45	1.76	20.07	32.04	14.52	2.59
		12		20.306	15.940	0.352	149.22	293.76	236.21	62.22	2.71	3.41	1.75	23.57	37.12	16.49	2.67
10	100	6	12	11.932	9.366	0.393	114.95	200.07	181.98	47.92	3.10	3.90	2.00	15.68	25.74	12.69	2.67
		7		13.796	10.830	0.393	131.86	233.54	208.97	54.74	3.09	3.89	1.99	18.10	29.55	14.26	2.71
		8		15.638	12.276	0.393	148.24	267.09	235.07	61.41	3.08	3.88	1.98	20.47	33.24	15.75	2.76
		9		17.462	13.708	0.392	164.12	300.73	260.30	67.95	3.07	3.86	1.97	22.79	36.81	17.18	2.80
		10		19.261	15.120	0.392	179.51	334.48	284.68	74.35	3.05	3.84	1.96	25.06	40.26	18.54	2.84
		12		22.800	17.898	0.391	208.90	402.34	330.95	86.84	3.03	3.81	1.95	29.48	46.80	21.08	2.91
		14		26.256	20.611	0.391	236.53	470.75	374.06	99.00	3.00	3.77	1.94	33.73	52.90	23.44	2.99
		16		29.627	23.257	0.390	262.53	539.80	414.16	110.89	2.98	3.74	1.94	37.82	58.57	25.63	3.06
11	110	7	12	15.196	11.928	0.433	177.16	310.64	280.94	73.38	3.41	4.30	2.20	22.05	36.12	17.51	2.96
		8		17.238	13.535	0.433	199.46	355.20	316.49	82.42	3.40	4.28	2.19	24.95	40.69	19.39	3.01
		10		21.261	16.690	0.432	242.19	444.65	384.39	99.98	3.38	4.25	2.17	30.68	49.42	22.91	3.09
		12		25.200	19.782	0.431	282.55	534.60	448.17	116.93	3.35	4.22	2.15	36.05	57.62	26.15	3.16
		14		29.056	22.809	0.431	320.71	625.16	508.01	133.40	3.32	4.18	2.14	41.31	65.31	29.14	3.24
12.5	125	8	14	19.750	15.504	0.492	297.03	521.01	470.89	123.16	3.88	4.88	2.50	32.52	53.28	25.86	3.37
		10		24.373	19.133	0.491	361.67	651.93	573.89	149.46	3.85	4.85	2.48	39.97	64.93	30.62	3.45
		12		28.912	22.696	0.491	423.16	783.42	671.44	174.88	3.83	4.82	2.46	41.17	75.96	35.03	3.53
		14		33.367	26.193	0.490	481.65	915.61	763.73	199.57	3.80	4.78	2.45	54.16	86.41	39.13	3.61
		16		37.739	29.625	0.489	537.31	1048.62	850.98	223.65	3.77	4.75	2.43	60.93	96.28	42.96	3.68

（续）

型号	b	d	r	截面面积/cm²	理论重量/(kg/m)	外表面积/(m²/m)	惯性矩/cm⁴ I_x	I_{x1}	I_{x0}	I_{y0}	惯性半径/cm i_x	i_{x0}	i_{y0}	截面模数/cm³ W_x	W_{x0}	W_{y0}	重心距离/cm Z_0
14	140	10	14	27.373	21.488	0.551	514.65	915.11	817.27	212.04	4.34	5.46	2.78	50.58	82.56	39.20	3.82
		12		32.512	25.522	0.551	603.68	1099.28	958.79	248.57	4.31	5.43	2.76	59.80	96.85	45.02	3.90
		14		37.567	29.490	0.550	688.81	1284.22	1093.56	284.06	4.28	5.40	2.75	68.75	110.47	50.45	3.98
		16		42.539	33.393	0.549	770.24	1470.07	1221.81	318.67	4.26	5.36	2.74	77.46	123.42	55.55	4.06
15	150	8	14	23.750	18.644	0.592	521.37	899.55	827.49	215.25	4.69	5.90	3.01	47.36	78.02	38.14	3.99
		10		29.373	23.058	0.591	637.50	1125.09	1012.79	262.21	4.66	5.87	2.99	58.35	95.49	45.51	4.08
		12		34.912	27.406	0.591	748.85	1351.26	1189.97	307.73	4.63	5.84	2.97	69.04	112.19	52.38	4.15
		14		40.367	31.688	0.590	855.64	1578.25	1359.30	351.98	4.60	5.80	2.95	79.45	128.16	58.83	4.23
		15		43.063	33.804	0.590	907.39	1692.10	1441.09	373.69	4.59	5.78	2.95	84.56	135.87	61.90	4.27
		16		45.739	35.905	0.589	958.08	1806.21	1521.02	395.14	4.58	5.77	2.94	89.59	143.40	64.89	4.31
16	160	10	16	31.502	24.729	0.630	779.53	1365.33	1237.30	321.76	4.98	6.27	3.20	66.70	109.36	52.76	4.31
		12		37.441	29.391	0.630	916.58	1639.57	1455.68	377.49	4.95	6.24	3.18	78.98	128.67	60.74	4.39
		14		43.296	33.987	0.629	1048.36	1914.68	1665.02	431.70	4.92	6.20	3.16	90.95	147.17	68.24	4.47
		16		49.067	38.518	0.629	1175.08	2190.82	1865.57	484.59	4.89	6.17	3.14	102.63	164.89	75.31	4.55
18	180	12	16	42.241	33.159	0.710	1321.35	2332.80	2100.10	542.61	5.59	7.05	3.58	100.82	165.00	78.41	4.89
		14		48.896	38.383	0.709	1514.48	2723.48	2407.42	621.53	5.56	7.02	3.56	116.25	189.14	88.38	4.97
		16		55.467	43.542	0.709	1700.99	3115.29	2703.37	698.60	5.54	6.98	3.55	131.13	212.40	97.83	5.05
		18		61.055	48.634	0.708	1875.12	3502.43	2988.24	762.01	5.50	6.94	3.51	145.64	234.78	105.14	5.13

（续）

型号	截面尺寸/mm			截面面积 /cm²	理论重量 /(kg/m)	外表面积 /(m²/m)	惯性矩/cm⁴				惯性半径/cm			截面模数/cm³			重心距离/cm
	b	d	r				I_x	I_{x1}	I_{x0}	I_{y0}	i_x	i_{x0}	i_{y0}	W_x	W_{x0}	W_{y0}	Z_0
20	200	14	18	54.642	42.894	0.788	2103.55	3734.10	3343.26	863.83	6.20	7.82	3.98	144.70	236.40	111.82	5.46
		16		62.013	48.680	0.788	2366.15	4270.39	3760.89	971.41	6.18	7.79	3.96	163.65	265.93	123.96	5.54
		18		69.301	54.401	0.787	2620.64	4808.13	4164.54	1076.74	6.15	7.75	3.94	182.22	294.48	135.52	5.62
		20		76.505	60.056	0.787	2867.30	5347.51	4554.55	1180.04	6.12	7.72	3.93	200.42	322.06	146.55	5.69
		24		90.661	71.168	0.785	3338.25	6457.16	5294.97	1381.53	6.07	7.64	3.90	236.17	374.41	166.65	5.87
22	220	16	21	68.664	53.901	0.866	3187.36	5681.62	5063.73	1310.99	6.81	8.59	4.37	199.55	325.51	153.81	6.03
		18		76.752	60.250	0.866	3534.30	6395.93	5615.32	1453.27	6.79	8.55	4.35	222.37	360.97	168.29	6.11
		20		84.756	66.533	0.865	3871.49	7112.04	6150.08	1592.90	6.76	8.52	4.34	244.77	395.34	182.16	6.18
		22		92.676	72.751	0.865	4199.23	7830.19	6668.37	1730.10	6.78	8.48	4.32	266.78	428.66	195.45	6.26
		24		100.512	78.902	0.864	4517.83	8550.57	7170.55	1865.11	6.70	8.45	4.31	288.39	460.94	208.21	6.33
		26		108.264	84.987	0.864	4827.58	9273.39	7656.98	1998.17	6.68	8.41	4.30	309.62	492.21	220.49	6.41
25	250	18	24	87.842	68.956	0.985	5268.22	9379.11	8369.04	2167.41	7.74	9.76	4.97	290.12	473.42	224.03	6.84
		20		97.045	76.180	0.984	5779.34	10426.97	9181.94	2376.74	7.72	9.73	4.95	319.66	519.41	242.85	6.92
		24		115.201	90.433	0.983	6763.93	12529.74	10742.67	2785.19	7.66	9.66	4.92	377.34	607.70	278.38	7.07
		26		124.154	97.461	0.982	7238.08	13585.18	11491.33	2984.84	7.63	9.62	4.90	405.50	650.05	295.19	7.15
		28		133.022	104.422	0.982	7709.60	14643.62	12219.39	3181.81	7.61	9.58	4.89	433.22	691.23	311.42	7.22
		30		141.807	111.318	0.981	8151.80	15705.30	12927.26	3376.34	7.58	9.55	4.88	460.51	731.28	327.12	7.30
		32		150.508	118.149	0.981	8592.01	16770.41	13615.32	3568.71	7.56	9.51	4.87	487.39	770.20	342.33	7.37
		35		163.402	128.271	0.980	9232.44	18374.95	14611.16	3853.72	7.52	9.46	4.86	526.97	826.53	364.30	7.48

注：截面图中的 $r_1 = 1/3d$ 及表中 r 的数据用于孔型设计，不做交货条件。

表 A-2　热轧不等边角钢

符号意义：

B——长边宽度　　　　b——短边宽度
d——边厚　　　　　　r——内圆弧半径
r_1——边端内弧半径　I——惯性矩
i——惯性半径　　　　W——截面模数
X_0——重心距离　　　Y_0——重心距离

型号	截面尺寸/mm B	b	d	r	截面面积 /cm²	理论重量 /(kg/m)	外表面积 /(m²/m)	惯性矩/cm⁴ I_x	I_{x1}	I_y	I_{y1}	I_u	惯性半径/cm i_x	i_y	i_u	截面模数/cm³ W_x	W_y	W_u	tgα	重心距离/cm X_0	Y_0
2.5/1.6	25	16	3	3.5	1.162	0.912	0.080	0.70	1.56	0.22	0.43	0.14	0.78	0.44	0.34	0.43	0.19	0.16	0.392	0.42	0.86
			4		1.499	1.176	0.079	0.88	2.09	0.27	0.59	0.17	0.77	0.43	0.34	0.55	0.24	0.20	0.381	0.46	1.86
3.2/2	32	20	3		1.492	1.171	0.102	1.53	3.27	0.46	0.82	0.28	1.01	0.55	0.43	0.72	0.30	0.25	0.382	0.49	0.90
			4		1.939	1.522	0.101	1.93	4.37	0.57	1.12	0.35	1.00	0.54	0.42	0.93	0.39	0.32	0.374	0.53	1.08
4/2.5	40	25	3	4	1.890	1.484	0.127	3.08	5.39	0.93	1.59	0.56	1.28	0.70	0.54	1.15	0.49	0.40	0.385	0.59	1.12
			4		2.467	1.936	0.127	3.93	8.53	1.18	2.14	0.71	1.36	0.69	0.54	1.49	0.63	0.52	0.381	0.63	1.32
4.5/2.8	45	28	3	5	2.149	1.687	0.143	445	9.10	1.34	2.23	0.80	1.44	0.79	0.61	1.47	0.62	0.51	0.383	0.64	1.37
			4		2.806	2.203	0.143	5.69	12.13	1.70	3.00	1.02	1.42	0.78	0.60	1.91	0.80	0.66	0.380	0.68	1.47
5/3.2	50	32	3	5.5	2.431	1.908	0.161	6.24	12.49	2.02	3.31	1.20	1.60	0.91	0.70	1.84	0.82	0.68	0.404	0.73	1.51
			4		3.177	2.494	0.160	8.02	16.65	2.58	4.45	1.53	1.59	0.90	0.69	2.39	1.06	0.87	0.402	0.77	1.60
5.6/3.6	56	36	3	6	2.743	2.153	0.181	8.88	17.54	2.92	4.70	1.73	1.80	1.03	0.79	2.32	1.05	0.87	0.408	0.80	1.65
			4		3.590	2.818	0.180	11.45	23.39	3.76	6.33	2.23	1.79	1.02	0.79	3.03	1.37	1.13	0.408	0.85	1.78
			5		4.415	3.466	0.180	13.86	29.25	4.49	7.94	2.67	1.77	1.01	0.78	3.71	1.65	1.36	0.404	0.88	1.82

（续）

型号	截面尺寸/mm				截面面积/cm²	理论重量/(kg/m)	外表面积/(m²/m)	惯性矩/cm⁴					惯性半径/cm			截面模数/cm³			tgα	重心距离/cm	
	B	b	d	r				I_x	I_{x1}	I_y	I_{y1}	I_u	i_x	i_y	i_u	W_x	W_y	W_u		X_0	Y_0
6.3/4	63	40	4	7	4.058	3.185	0.202	16.49	33.30	5.23	8.63	3.12	2.20	1.14	0.88	3.87	1.70	1.40	0.398	0.92	1.87
			5		4.993	3.920	0.202	20.02	41.63	6.31	10.86	3.76	2.00	1.12	0.87	4.74	2.07	1.71	0.396	0.95	2.04
			6		5.908	4.638	0.201	23.36	49.98	7.29	13.12	4.34	1.96	1.11	0.86	5.59	2.43	1.99	0.393	0.99	2.08
			7		6.802	5.339	0.201	26.53	58.07	8.24	15.47	4.97	1.98	1.10	0.86	6.40	2.78	2.29	0.389	1.03	2.12
7/4.5	70	45	4	7.5	4.547	3.570	0.226	23.17	45.92	7.55	12.26	4.40	2.26	1.29	0.98	4.86	2.17	1.77	0.410	1.02	2.15
			5		5.609	4.403	0.225	27.95	57.10	9.13	15.39	5.40	2.23	1.28	0.98	5.92	2.65	2.19	0.407	1.06	2.24
			6		6.647	5.218	0.225	32.54	68.35	10.62	18.58	6.35	2.21	1.26	0.98	6.95	3.12	2.59	0.404	1.09	2.28
			7		7.657	6.011	0.225	37.22	79.99	12.01	21.84	7.16	2.20	1.25	0.97	8.03	3.57	2.94	0.402	1.13	2.32
7.5/5	75	50	5	8	6.125	4.808	0.245	34.86	70.00	12.61	21.04	7.41	2.39	1.44	1.10	6.83	3.30	2.74	0.435	1.17	2.36
			6		7.260	5.699	0.245	41.12	84.30	14.70	25.87	8.54	2.38	1.42	1.08	8.12	3.88	3.19	0.435	1.21	2.40
			8		9.467	7.431	0.244	52.39	112.50	18.53	34.23	10.87	2.35	1.40	1.07	10.52	4.99	4.10	0.429	1.29	2.44
			10		11.590	9.098	0.244	62.71	140.80	21.96	43.43	13.10	2.33	1.38	1.06	12.79	6.04	4.99	0.423	1.36	2.52
8/5	80	50	5	8	6.375	5.005	0.255	41.96	85.21	12.82	21.06	7.66	2.56	1.42	1.10	7.78	3.32	2.74	0.388	1.14	2.60
			6		7.560	5.935	0.255	49.49	102.53	14.95	25.41	8.85	2.56	1.41	1.08	9.25	3.91	3.20	0.387	1.18	2.65
			7		8.724	6.848	0.255	56.46	119.33	16.96	29.82	10.18	2.54	1.39	1.08	10.58	4.48	3.70	0.384	1.21	2.69
			8		9.867	7.745	0.254	62.83	136.41	18.85	34.32	11.38	2.52	1.38	1.07	11.92	5.03	4.16	0.381	1.25	2.73
9/5.6	90	56	5	9	7.212	5.661	0.287	60.45	121.32	18.32	29.53	10.98	2.90	1.59	1.23	9.92	4.21	3.49	0.385	1.25	2.91
			6		8.557	6.717	0.286	71.03	145.59	21.42	35.58	12.90	2.88	1.58	1.23	11.74	4.96	4.13	0.384	1.29	2.95
			7		9.880	7.756	0.286	81.01	169.60	24.36	41.71	14.67	2.86	1.57	1.22	13.49	5.70	4.72	0.382	1.33	3.00
			8		11.183	8.779	0.286	91.03	194.14	27.15	47.98	16.34	2.85	1.56	1.21	15.27	6.41	5.29	0.380	1.36	3.04

（续）

型号	截面尺寸/mm B	b	d	r	截面面积/cm²	理论重量/(kg/m)	外表面积/(m²/m)	惯性矩/cm⁴ I_x	I_{x1}	I_y	I_{y1}	I_u	惯性半径/cm i_x	i_y	i_u	截面模数/cm³ W_x	W_y	W_u	tgα	重心距离/cm X_0	Y_0
10/6.3	100	63	6	10	9.617	7.550	0.320	99.06	199.71	30.94	50.50	18.42	3.21	1.79	1.38	14.64	6.35	5.25	0.394	1.43	3.24
			7		11.111	8.722	0.320	113.45	233.00	35.26	59.14	21.00	3.20	1.78	1.38	16.88	7.29	6.02	0.394	1.47	3.28
			8		12.534	9.878	0.319	127.37	266.32	39.39	67.88	23.50	3.18	1.77	1.37	19.08	8.21	6.78	0.391	1.50	3.32
			10		15.467	12.142	0.319	153.81	333.06	47.12	85.73	28.33	3.15	1.74	1.35	23.32	9.98	8.24	0.387	1.58	3.40
10/8	100	80	6	10	10.637	8.350	0.354	107.04	199.83	61.24	102.68	31.65	3.17	2.40	1.72	15.19	10.16	8.37	0.627	1.97	2.95
			7		12.301	9.656	0.354	122.73	233.20	70.08	119.98	36.17	3.16	2.39	1.72	17.52	11.71	9.60	0.626	2.01	3.0
			8		13.944	10.946	0.353	137.92	266.61	78.58	137.37	40.58	3.14	2.37	1.71	19.81	13.21	10.80	0.625	2.05	3.04
			10		17.167	13.476	0.353	166.87	333.63	94.65	172.48	49.10	3.12	2.35	1.69	24.24	16.12	13.12	0.622	2.13	3.12
11/7	110	70	6	10	10.637	8.350	0.354	133.37	265.78	42.92	69.08	25.36	3.54	2.01	1.54	17.85	7.90	6.53	0.403	1.57	3.53
			7		12.301	9.656	0.354	153.00	310.07	49.01	80.82	28.95	3.53	2.00	1.53	20.60	9.09	7.50	0.402	1.61	3.57
			8		13.944	10.946	0.353	172.04	354.39	54.87	92.70	32.45	3.51	1.98	1.53	23.30	10.25	8.45	0.401	1.65	3.62
			10		17.167	13.476	0.353	208.39	443.13	65.88	116.83	39.20	3.48	1.96	1.51	28.54	12.48	10.29	0.397	1.72	3.70
12.5/8	125	80	7	11	14.096	11.066	0.403	227.98	454.99	74.42	120.32	43.81	4.02	2.30	1.76	26.86	12.01	9.92	0.408	1.80	4.01
			8		15.989	12.551	0.403	256.77	519.99	83.49	137.85	49.15	4.01	2.28	1.75	30.41	13.56	11.18	0.407	1.84	4.06
			10		19.712	15.474	0.402	312.04	650.09	100.67	173.40	59.45	3.98	2.26	1.47	37.33	16.56	13.64	0.404	1.92	4.14
			12		23.351	18.330	0.402	364.41	780.39	116.67	209.67	69.35	3.95	2.24	1.72	44.01	19.43	16.01	0.400	2.00	4.22
14/9	140	90	8	12	18.038	14.160	0.453	365.64	730.53	120.69	195.79	70.83	4.50	2.59	1.98	38.48	17.34	14.31	0.411	2.04	4.50
			10		22.261	17.475	0.452	445.50	913.20	140.03	245.92	85.82	4.47	2.56	1.96	47.31	21.22	17.48	0.409	2.12	4.58
			12		26.400	20.724	0.451	521.59	1 096.09	169.79	296.89	100.21	4.44	2.54	1.95	55.87	24.95	20.54	0.406	2.19	4.66
			14		30.456	23.908	0.451	594.10	1 279.26	192.10	348.82	114.13	4.42	2.51	1.94	64.18	28.54	23.52	0.403	2.27	4.74

（续）

型号	\(B\)	\(b\)	\(d\)	\(r\)	截面面积/cm²	理论重量/(kg/m)	外表面积/(m²/m)	\(I_x\)	\(I_{x1}\)	\(I_y\)	\(I_{y1}\)	\(I_u\)	\(i_x\)	\(i_y\)	\(i_u\)	\(W_x\)	\(W_y\)	\(W_u\)	tgα	\(X_0\)	\(Y_0\)
								惯性矩/cm⁴					惯性半径/cm			截面模数/cm³				重心距离/cm	
15/9	150	90	8	12	18.839	14.788	0.473	442.05	898.35	122.80	195.96	74.14	4.84	2.55	1.98	43.86	17.47	14.48	0.364	1.97	4.92
			10		23.261	18.260	0.472	539.24	1 122.85	148.62	246.26	89.86	4.81	2.53	1.97	53.97	21.38	17.69	0.362	2.05	5.01
			12		27.600	21.666	0.471	632.08	1 347.50	172.85	297.46	104.95	4.79	2.50	1.95	63.79	25.14	20.80	0.359	2.12	5.09
			14		31.856	25.007	0.471	720.77	1 572.38	195.62	349.74	119.53	4.76	2.48	1.94	73.33	28.77	23.84	0.356	2.20	5.17
			15		33.952	26.652	0.471	763.62	1 684.93	206.50	376.33	126.67	4.74	2.47	1.93	77.99	30.53	25.33	0.354	2.24	5.21
			16		36.027	28.281	0.470	805.51	1 797.55	217.07	403.24	133.72	4.73	2.45	1.93	82.60	32.27	26.82	0.352	2.27	5.25
16/10	160	100	10	13	23.315	19.872	0.512	668.69	1 362.89	205.03	336.59	121.74	5.14	2.85	2.19	62.13	26.56	21.92	0.390	2.28	5.24
			12		30.054	23.592	0.511	784.91	1 635.56	239.06	405.94	142.33	5.11	2.82	2.17	73.49	31.28	25.79	0.388	2.36	5.32
			14		34.709	27.247	0.510	896.30	1 908.50	271.20	476.42	162.23	5.08	2.80	2.16	84.56	35.83	29.56	0.385	2.43	5.40
			16		39.281	30.835	0.510	1 003.04	2 181.79	301.60	548.22	182.57	5.05	2.77	2.16	95.33	40.24	33.44	0.382	2.51	5.48
18/11	180	110	10	14	28.373	22.273	0.571	1 124.72	1 940.40	278.11	447.22	166.50	5.80	3.13	2.42	78.96	32.49	26.88	0.376	2.44	5.89
			12		33.712	26.440	0.571	1 286.91	2 328.38	325.03	538.94	194.87	5.78	3.10	2.40	93.53	38.32	31.66	0.374	2.52	5.98
			14		38.967	30.589	0.570	1 443.06	2 716.60	369.55	631.95	222.30	5.75	3.08	2.39	107.76	43.97	36.32	0.372	2.59	6.06
			16		44.139	34.649	0.569	1 570.90	3 105.15	411.85	726.46	248.94	5.72	3.06	2.38	121.64	49.44	40.87	0.369	2.67	6.14
20/12.5	200	125	12	14	37.912	29.761	0.641	1 800.97	3 193.85	483.16	787.74	285.79	6.44	3.57	2.74	116.73	49.99	41.23	0.392	2.83	6.54
			14		43.687	34.436	0.640	2 023.35	3 726.17	550.83	922.47	326.58	6.41	3.54	2.73	134.65	57.44	47.34	0.390	2.91	6.62
			16		49.739	39.045	0.639	2 238.30	4 258.88	615.44	1 058.86	366.21	6.38	3.52	2.71	152.18	64.89	53.32	0.388	2.99	6.70
			18		55.526	43.588	0.639	2 470.01	4 792.00	677.19	1 197.13	404.83	6.35	3.49	2.70	169.33	71.74	59.18	0.385	3.06	6.78

注：截面图中的 \(r_1 = 1/3d\) 及表中 \(r\) 的数据用于孔型设计，不做交货条件。

表 A-3　热轧普通槽钢

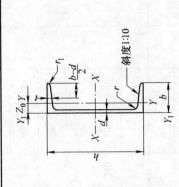

符号意义：

h——高度
b——腿宽
d——腰厚
t——平均腿厚
r——内圆弧半径
r₁——腿端圆弧半径
I——惯性矩
W——截面模数
Z₀——Y-Y 与 Y₁-Y₁ 轴线间距离

型号	截面尺寸/mm						截面面积 /cm²	理论重量 /(kg/m)	惯性矩 /cm⁴			惯性半径 /cm		截面模数 /cm³		重心距离 /cm
	h	b	d	t	r	r_1			I_x	I_y	I_{y1}	i_x	i_y	W_x	W_y	Z_0
5	50	37	4.5	7.0	7.0	3.5	6.928	5.438	26.0	8.30	20.9	1.94	1.10	10.4	3.55	1.35
6.3	63	40	4.8	7.5	7.5	3.8	8.451	6.634	50.8	11.9	28.4	2.45	1.19	16.1	4.50	1.36
6.5	65	40	4.3	7.5	7.5	3.8	8.547	6.709	55.2	12.0	28.3	2.54	1.19	17.0	4.59	1.38
8	80	43	5.0	8.0	8.0	4.0	10.248	8.045	101	16.6	37.4	3.15	1.27	25.3	5.79	1.43
10	100	48	5.3	8.5	8.5	4.2	12.748	10.007	198	25.6	54.9	3.95	1.41	39.7	7.80	1.52
12	120	53	5.5	9.0	9.0	4.5	15.362	12.059	346	37.4	77.7	4.75	1.56	57.7	10.2	1.62
12.6	126	53	5.5	9.0	9.0	4.5	15.692	12.318	391	38.0	77.1	4.95	1.57	62.1	10.2	1.59
14a	140	58	6.0	9.5	9.5	4.8	18.516	14.535	564	53.2	107	5.52	1.70	80.5	13.0	1.71
14b	140	60	8.0	9.5	9.5	4.8	21.316	16.733	609	61.1	121	5.35	1.69	87.1	14.1	1.67

（续）

型号	截面尺寸/mm						截面面积/cm²	理论重量/(kg/m)	惯性矩/cm⁴			惯性半径/cm		截面模数/cm³		重心距离/cm
	h	b	d	t	r	r_1			I_x	I_y	I_{y1}	i_x	i_y	W_x	W_y	Z_0
16a	160	63	6.5	10.0	10.0	5.0	21.962	17.24	866	73.3	144	6.28	1.83	108	16.3	1.80
16b	160	65	8.5	10.0	10.0	5.0	25.162	19.752	935	83.4	161	6.10	1.82	117	17.6	1.75
18a	180	68	7.0	10.5	10.5	5.2	25.699	20.174	1 270	98.6	190	7.04	1.96	141	20.0	1.88
18b	180	70	9.0	10.5	10.5	5.2	29.299	23.000	1 370	111	210	6.84	1.95	152	21.5	1.84
20a	200	73	7.0	11.0	11.0	5.5	28.837	22.637	1 780	128	244	7.86	2.11	178	24.2	2.01
20b	200	75	9.0	11.0	11.0	5.5	32.837	25.777	1 910	144	268	7.64	2.09	191	25.9	1.95
22a	220	77	7.0	11.5	11.5	5.8	31.846	24.999	2 390	158	298	8.67	2.23	218	28.2	2.10
22b	220	79	9.0	11.5	11.5	5.8	36.246	28.453	2 570	176	326	8.42	2.21	234	30.1	2.03
24a	240	78	7.0	12.0	12.0	6.0	34.217	26.860	3 050	174	325	9.45	2.25	254	30.5	2.10
24b	240	80	9.0	12.0	12.0	6.0	39.017	30.628	3 280	194	355	9.17	2.23	274	32.5	2.03
24c	240	82	11.0	12.0	12.0	6.0	43.817	34.396	3 510	213	388	8.96	2.21	293	34.4	2.00
25a	250	78	7.0	12.0	12.0	6.0	34.917	27.410	3 370	176	322	9.82	2.24	270	30.6	2.07
25b	250	80	9.0	12.0	12.0	6.0	39.917	31.335	3 530	196	353	9.41	2.22	282	32.7	1.98
25c	250	82	11.0	12.0	12.0	6.0	44.917	35.260	3 690	218	384	9.07	2.21	295	35.9	1.92

（续）

型号	截面尺寸/mm						截面面积/cm²	理论重量/(kg/m)	惯性矩/cm⁴			惯性半径/cm		截面模数/cm³		重心距离/cm
	h	b	d	t	r	r_1			I_x	I_y	I_{y1}	i_x	i_y	W_x	W_y	Z_0
27a	270	82	7.5	12.5	12.5	6.2	39.284	30.838	4 360	216	393	10.5	2.34	323	35.5	2.13
27b		84	9.5				44.684	35.077	4 690	239	428	10.3	2.31	347	37.7	2.06
27c		86	11.5				50.084	39.316	5 020	261	467	10.1	2.28	372	39.8	2.03
28a	280	82	7.5				40.034	31.427	4 760	218	388	10.9	2.33	340	35.7	2.10
28b		84	9.5				45.634	35.823	5 130	242	428	10.6	2.30	366	37.9	2.02
28c		86	11.5				51.234	40.219	5 500	268	463	10.4	2.29	393	40.3	1.95
30a	300	85	7.5	13.5	13.5	6.8	43.902	34.463	6 050	260	467	11.7	2.43	403	41.1	2.17
30b		87	9.5				49.902	39.173	6 500	289	515	11.4	2.41	433	44.0	2.13
30c		89	11.5				55.902	43.883	6 950	316	560	11.2	2.38	463	46.4	2.09
32a	320	88	8.0	14.0	14.0	7.0	48.513	38.083	7 600	305	552	12.5	2.50	475	46.5	2.24
32b		90	10.0				54.913	43.107	8 140	336	593	12.2	2.47	509	49.2	2.16
32c		92	12.0				61.313	48.131	8 690	374	643	11.9	2.47	543	52.6	2.09
36a	360	96	9.0	16.0	16.0	8.0	60.910	47.814	11 900	455	818	14.0	2.73	660	63.5	2.44
36b		98	11.0				68.110	53.466	12 700	497	880	13.6	2.70	703	66.9	2.37
36c		100	13.0				75.310	59.118	13 400	536	948	13.4	2.67	746	70.0	2.34
40a	400	100	10.5	18.0	18.0	9.0	75.068	58.928	17 600	592	1070	15.3	2.81	879	78.8	2.49
40b		102	12.5				83.068	65.208	18 600	640	114	15.0	2.78	932	82.5	2.44
40c		104	14.5				91.068	71.488	19 700	688	1220	14.7	2.75	986	86.2	2.42

注：表中 r、r_1 的数据用于孔型设计，不做交货条件。

表 A-4　热轧普通工字钢

符号意义:

h——高度
b——腿宽
d——腰厚
t——平均腿厚
r——内圆弧半径
r_1——腿端圆弧半径
I——惯性矩
W——截面模数
i——惯性半径

型号	截面尺寸/mm						截面面积 /cm²	理论重量 /(kg/m)	惯性矩/cm⁴		惯性半径/cm		截面模数/cm³	
	h	b	d	t	r	r_1			I_x	I_y	i_x	i_y	W_x	W_y
10	100	68	4.5	7.6	6.5	3.3	14.345	11.261	245	33.0	4.14	1.52	49.0	9.72
12	120	74	5.0	8.4	7.0	3.5	17.818	13.987	436	46.9	4.95	1.62	72.7	12.7
12.6	126	74	5.0	8.4	7.0	3.5	18.118	14.223	488	46.9	5.20	1.61	77.5	12.7
14	140	80	5.5	9.1	7.5	3.8	21.516	16.890	712	64.4	5.76	1.73	102	16.1
16	160	88	6.0	9.9	8.0	4.0	26.131	20.513	1 130	93.1	6.58	1.89	141	21.2
18	180	94	6.5	10.7	8.5	4.3	30.756	24.143	1 660	122	7.36	2.00	185	26.0
20a	200	100	7.0	11.4	9.0	4.5	35.578	27.929	2 370	158	8.15	2.12	237	31.5
20b	200	102	9.0	11.4	9.0	4.5	39.578	31.069	2 500	169	7.96	2.06	250	33.1
22a	220	110	7.5	12.3	9.5	4.8	42.128	33.070	3 400	225	8.99	2.31	309	40.9
22b	220	112	9.5	12.3	9.5	4.8	46.528	36.524	3 570	239	8.78	2.27	325	42.7

（续）

型号	截面尺寸/mm						截面面积/cm²	理论重量/(kg/m)	惯性矩/cm⁴		惯性半径/cm		截面模数/cm³	
	h	b	d	t	r	r_1			I_x	I_y	i_x	i_y	W_x	W_y
24a	240	116	8.0	13.0	10.0	5.0	47.741	37.477	4 570	280	9.77	2.42	381	48.4
24b		118	10.0				52.541	41.245	4 800	297	9.57	2.38	400	50.4
25a	250	116	8.0				48.541	38.105	5 020	280	10.2	2.40	402	48.3
25b		118	10.0				53.541	42.030	5 280	309	9.94	2.40	423	52.4
27a	270	122	8.5	13.7	10.5	5.3	54.554	42.825	6 550	345	10.9	2.51	485	56.6
27b		124	10.5				59.954	47.064	6 870	366	10.7	2.47	509	58.9
28a	280	122	8.5				55.404	43.492	7 110	345	11.3	2.50	508	56.6
28b		124	10.5				61.004	47.888	7 480	379	11.1	2.49	534	61.2
30a	300	126	9.0	14.4	11.0	5.5	61.254	48.084	8 950	400	12.1	2.55	597	63.5
30b		128	11.0				67.254	52.794	9 400	422	11.8	2.50	627	65.9
30c		130	13.0				73.254	57.504	9 850	445	11.6	2.46	657	68.5
32a	320	130	9.5	15.0	11.5	5.8	67.156	52.717	11 100	460	12.8	2.62	692	70.8
32b		132	11.5				73.556	57.741	11 600	502	12.6	2.61	726	76.0
32c		134	13.5				79.956	62.765	12 200	544	12.3	2.61	760	81.2
36a	360	136	10.0	15.8	12.0	6.0	76.480	60.037	15 800	552	14.4	2.69	875	81.2
36b		138	12.0				83.680	65.689	16 500	582	14.1	2.64	919	84.3
36c		140	14.0				90.880	71.341	17 300	612	13.8	2.60	962	87.4

（续）

型号	截面尺寸/mm						截面面积/cm²	理论重量/(kg/m)	惯性矩/cm⁴		惯性半径/cm		截面模数/cm³	
	h	b	d	t	r	r_1			I_x	I_y	i_x	i_y	W_x	W_y
40a	400	142	10.5	16.5	12.5	6.3	86.112	67.598	21 700	660	15.9	2.77	1 090	93.2
40b		144	12.5	16.5	12.5		94.112	73.878	22 800	692	15.6	2.71	1 140	96.2
40c		146	14.5	16.5			102.112	80.158	23 900	727	15.2	2.65	1 190	99.6
45a	450	150	11.5	18.0	13.5	6.8	102.446	80.420	32 200	855	17.7	2.89	1 430	114
45b		152	13.5	18.0			111.446	87.485	33 800	894	17.4	2.84	1 500	118
45c		154	15.5	18.0			120.446	94.550	35 300	938	17.1	2.79	1 570	122
50a	500	158	12.0	20.0	14.0	7.0	119.304	93.654	46 500	1 120	19.7	3.07	1 860	142
50b		160	14.0	20.0			129.304	101.504	48 600	1 170	19.4	3.01	1 940	146
50c		162	16.0	20.0			139.304	109.354	50 600	1 220	19.0	2.96	2 080	151
55a	550	166	12.5	21.0	14.5	7.3	134.185	105.335	62 900	1 370	21.6	3.19	2 290	164
55b		168	14.5	21.0			145.185	113.970	65 600	1 420	21.2	3.14	2 390	170
55c		170	16.5	21.0			156.185	122.605	68 400	1 480	20.9	3.08	2 490	175
56a	560	166	12.5	21.0			135.435	106.316	65 600	1 370	22.0	3.18	2 340	165
56b		168	14.5				146.635	115.108	68 500	1 490	21.6	3.16	2 450	174
56c		170	16.5				157.835	123.900	71 400	1 560	21.3	3.16	2 550	183
63a	630	176	13.0	22.0	15.0	7.5	154.658	121.407	93 900	1 700	24.5	3.31	2 980	193
63b		178	15.0	22.0			167.258	131.298	98 100	1 810	24.2	3.29	3 160	204
63c		180	17.0	22.0			179.858	141.189	102 000	1 920	23.8	3.27	3 300	214

注：表中 r、r_1 的数据用于孔型设计，不做交货条件。

附录 B　梁在简单荷载作用下的变形

编号	梁的计算简图	挠曲线方程	端截面转角	最大挠度
1		$v = \dfrac{M_e x^2}{2EI}$	$\theta_B = \dfrac{M_e l}{EI}$	$v_B = \dfrac{M_e l^2}{2EI}$
2		$v = \dfrac{M_e x^2}{2EI}, 0 \leqslant x \leqslant a$ $v = \dfrac{M_e a}{EI}\left[(x-a) + \dfrac{a}{2} \right], a \leqslant x \leqslant l$	$\theta_B = \dfrac{M_e a}{EI}$	$v_B = \dfrac{M_e a}{EI}\left(l - \dfrac{a}{2} \right)$
3		$v = \dfrac{F x^2}{6EI}(3l - x)$	$\theta_B = \dfrac{F l^2}{2EI}$	$v_B = \dfrac{F l^3}{3EI}$
4		$v = \dfrac{F x^2}{6EI}(3a - x), 0 \leqslant x \leqslant a$ $v = \dfrac{F a^2}{6EI}(3x - a), a \leqslant x \leqslant l$	$\theta_B = \dfrac{F a^2}{2EI}$	$v_B = \dfrac{F a^2}{6EI}(3l - a)$
5		$v = \dfrac{q x^2}{24EI}(x^2 - 4lx - 6l^2)$	$\theta_B = \dfrac{q l^3}{6EI}$	$v_B = \dfrac{q l^4}{8EI}$
6		$v = \dfrac{M_e x}{6EI l}(l - x)(2l - x)$	$\theta_A = \dfrac{M_e l}{3EI}$ $\theta_B = -\dfrac{M_e l}{6EI}$	$x = \left(1 - \dfrac{1}{\sqrt{3}} \right) l$ 处, $v_{\max} = \dfrac{M_e l^2}{9\sqrt{3} EI}$ $x = \dfrac{l}{2}$ 处, $v_{\frac{l}{2}} = \dfrac{M_e l^2}{16EI}$

（续）

编号	梁的计算简图	挠曲线方程	端截面转角	最　大　挠　度
7		$v = \dfrac{M_e x}{6EIl}(l^2 - x^2)$	$\theta_A = \dfrac{M_e l}{6EI}$　$\theta_B = -\dfrac{M_e l}{3EI}$	$x = \dfrac{l}{\sqrt{3}}$ 处，$v_{max} = \dfrac{M_e l^2}{9\sqrt{3}EI}$　$x = \dfrac{l}{2}$ 处，$v_{\frac{l}{2}} = \dfrac{M_e l^2}{16EI}$
8		$v = -\dfrac{M_e x}{6EIl}(l^2 - 3b^2 - x^2)$，$0 \le x \le a$　$v = \dfrac{M_e}{6EI}[-x^3 + 3l(x-a)^2 + (l^2 - 3b^2)x]$，$a \le x \le l$	$\theta_A = -\dfrac{M_e}{6EIl}(l^2 - 3b^2)$　$\theta_A = -\dfrac{M_e}{6EIl}(l^2 - 3a^2)$	
9		$v = \dfrac{Fx}{48EI}(3l^2 - 4x^2)$，$0 \le x \le \dfrac{l}{2}$	$\theta_A = -\theta_B = \dfrac{Fl^2}{16EI}$	$v_C = \dfrac{Fl^3}{48EI}$
10		$v = \dfrac{Fbx}{6EIl}(l^2 - b^2 - x^2)$，$0 \le x \le a$　$v = \dfrac{Fb}{6EIl}\left[\dfrac{l}{b}(x-a)^3 + (l^2 - b^2)x - x^3\right]$，$a \le x \le l$	$\theta_A = \dfrac{Fab(l+b)}{6EIl}$　$\theta_B = -\dfrac{Fab(l+a)}{6EIl}$	设 $a > b$，$x = \sqrt{\dfrac{l^2 - b^2}{3}}$ 处，$v_{max} = \dfrac{Fb(l^2 - b^2)^{\frac{3}{2}}}{9\sqrt{3}EIl}$　在 $x = \dfrac{l}{2}$ 处，$v_{\frac{l}{2}} = \dfrac{Fb(3l^2 - 4b^2)}{48EI}$
11		$v = \dfrac{qx}{24EI}(l^3 - 2lx^2 + x^3)$	$\theta_A = -\theta_B = \dfrac{ql^3}{24EI}$	$v_C = \dfrac{5ql^4}{384EI}$

（续）

编号	梁的计算简图	挠曲线方程	端截面转角	最大挠度
12		$v = -\dfrac{Fax}{6EIl}(l^2 - x^2)$, $0 \leqslant x \leqslant l$ $v = \dfrac{F(x-l)}{6EI}[a(3x-l) - (x-l)^2]$, $l \leqslant x \leqslant l+a$	$\theta_A = -\dfrac{1}{2}\theta_B = -\dfrac{Fal}{6EI}$ $\theta_C = \dfrac{Fa(2l+3a)}{6EI}$	$v_C = \dfrac{Fa^2(l+a)}{3EI}$
13		$v = \dfrac{M_e x}{6EIl}(x^2 - l^2)$, $0 \leqslant x \leqslant l$ $v = \dfrac{M_e}{6EI}(3x^2 - 4lx + l^2)$, $l \leqslant x \leqslant l+a$	$\theta_A = -\dfrac{1}{2}\theta_B = -\dfrac{M_e l}{6EI}$ $\theta_C = \dfrac{M_e(l+3a)}{3EI}$	$v_C = \dfrac{M_e a(2l+3a)}{6EI}$

参考文献

[1] 孙训方. 材料力学:Ⅰ[M].5 版. 北京:高等教育出版社,2009.

[2] 孙训方. 材料力学:Ⅱ[M].5 版. 北京:高等教育出版社,2009.

[3] 董云峰. 理论力学[M]. 北京:清华大学出版社,2006.

[4] 李廉锟. 结构力学:上册[M].4 版. 北京:高等教育出版社,2005.

[5] 周国瑾,施美丽,张景良. 建筑力学[M]. 上海:同济大学出版社,2011.

[6] 王俊民,徐烈,王斌耀. 建筑力学复习与解题指导[M]. 上海:同济大学出版社,2011.

[7] 陈平,周贵宝,于世海. 建筑力学同步辅导及习题详解[M]. 西安:陕西师范大学出版社,2006.

[8] 包世华. 结构力学:上册[M]. 武汉:武汉理工大学出版社,2003.

[9] 包世华. 结构力学:下册[M]. 武汉:武汉理工大学出版社,2003.

[10] 杨云芳. 建筑力学[M]. 杭州:浙江大学出版社,2007.

[11] 冷雪峰. 建筑力学:上册[M]. 哈尔滨:哈尔滨地图出版社,2006.

[12] 栾凤艳. 建筑力学:下册[M]. 哈尔滨:哈尔滨地图出版社,2006.

信息反馈表

尊敬的老师：您好！

感谢您多年来对机械工业出版社的支持和厚爱！为了进一步提高我社教材的出版质量，更好地为我国高等教育发展服务，欢迎您对我社的教材多提宝贵意见和建议。另外，如果您在教学中选用了《**建筑力学**》（**王秀丽　主编**），欢迎您提出修改建议和意见。索取课件的授课教师，请填写下面的信息，发送邮件即可。

一、基本信息

姓名：_____　性别：_____　职称：_____　职务：_____

邮编：_____　地址：_____

学校：_____　院系：_____　专业：_____

任教课程：_____　手机：_____　电话：_____

电子邮件：_____　QQ：_____

二、您对本书的意见和建议

（欢迎您指出本书的疏误之处）

三、您对我们的其他意见和建议

请与我们联系：

100037　机械工业出版社·高等教育分社

Tel：010-88379542（O）　刘编辑

E- mail：ltao929@163.com

http://www.cmpedu.com（机械工业出版社·教育服务网）

http://www.cmpbook.com（机械工业出版社·门户网）